火电机组检修全过程规范化管理

■ 中国华电集团公司安全生产部 编著

中国电力出版社
www.cepp.com.cn

内 容 提 要

本书共分十四章，系统介绍了检修全过程管理方法，注重理论与实践相结合，在表述管理内容的同时有意增加了简练的理论阐述，使得一些较为新颖和先进的管理方法有了一定的理论铺垫，力求深入浅出、通俗易懂，旨在增强本书的指导性和可读性，便于先进检修管理思想、方法的运用和推广。在内容编排上力求完整、清晰，对检修工程全过程管理涉及的概念、管理模式进行了详细叙述，对相关管理内容给出了规范化的表格或示例，具有较强的可操作性。

本书主要适用于火电机组的大修（A级检修）管理，其他等级的检修管理可以参照本书并结合企业实际情况进行适当简化后使用。

本书既可作为火电机组检修管理的指导性文件，也可作为火电机组检修管理的培训教材使用。

图书在版编目（CIP）数据

火电机组检修全过程规范化管理/中国华电集团公司安全生产部编著.—北京：中国电力出版社，2008.9（2016.1重印）

ISBN 978-7-5083-7778-0

Ⅰ.火… Ⅱ.中… Ⅲ.火力发电—发电机—机组—检修—企业管理 Ⅳ.TM621.3

中国版本图书馆CIP数据核字（2008）第127514号

中国电力出版社出版、发行

（北京市东城区北京站西街19号 100005 http://www.cepp.com.cn）

北京丰源印刷厂印刷

各地新华书店经售

*

2008年9月第一版 2016年1月北京第四次印刷

787毫米×1092毫米 16开本 20.75印张 556千字

印数6001—7500册 定价**69.00**元

《火电机组检修全过程规范化管理》

编著委员会

主　　任　任书辉

副 主 任　姜家仁　刘传柱　王文琦　谢　云

委　　员　毕诗方　吴立增　汪明波　郭爱国

　　　　　邢世邦　王晓光

主　　编　王文琦

副 主 编　谢　云　毕诗方　汪明波　郭爱国

编写人员　孔凡义　田　亚　李　林　黄　臻　姜　虹

　　　　　何　田　王兴合　郭红闵　温　婧

主要审查人员　张宗震　汪明波　郭爱国　孔凡义　王泳涛

　　　　　徐剑辉　张文鹏　孟　宏

统 稿 人　孔凡义

序

检修管理是设备管理的关键环节，检修管理水平的高低直接决定了机组的安全、经济运行水平和成本控制水平，对企业的效益影响巨大。中国华电集团公司成立以来，一直致力于检修管理体制和检修策略的创新，在检修管理制度建设方面做了大量卓有成效的工作，许多企业形成了具有鲜明特色的检修管理体系。2006 年，中国华电集团公司委托华电国际电力股份有限公司，组织精干人员，在总结集团公司所属企业检修管理经验、分析检修管理实践中存在问题的基础上，吸收国内先进检修管理成果，编写了这本《火电机组检修全过程规范化管理》，是中国华电集团公司在生产管理领域的积极探索和创新。

本书以设备管理、检修管理理论为基础，以检修工程质量、成本、进度的有效控制为中心，对检修准备、施工、总结、评估各个阶段的管理目标、方法、标准等进行了详细论述，给出了管理效能评价模型。本书注重理论与实际相结合，对主要管理模式均有简要理论叙述；注重管理措施的实践性，对相关管理内容给出了大量规范化的表格或示例；注重管控模式的创新与整合，对传统管理模式与现代管理模式进行了有效衔接，具有较强的理论性、指导性、示范性和可操作性。

希望本书的出版能对发电企业规范检修管理、保证检修质量、降低检修成本起到积极的促进作用。

任书辉

2008 年 6 月

前　言

发电企业是资金和技术密集型企业，发电设备是企业的最重要和最主要的有形资产。对发电设备进行科学、有效的管理是企业生产运营管理的核心。由于检修管理是设备管理的关键环节，检修管理水平的高低直接决定了机组的安全、经济运行水平和成本控制水平，直接影响着企业在电力市场中的竞争能力，所以检修管理一直被国内外发电企业高度重视。随着检修管理机制、策略的不断创新，出现了以全员生产维修、点检定修制、以可靠性为中心的维修和商业可靠性理论等有代表性的管理方法和理论，并得到不断发展、完善和推广。近年来，国内各发电企业在检修管理方面进行了大量创新和探索工作，促进了检修管理水平的提升，但就全国范围而言，检修管理的发展水平整体上不均衡，部分企业检修管理基础比较薄弱，管理水平不高。面对电力体制改革带来的企业间的激烈竞争，各发电企业对规范检修管理、提升检修管理水平提出了强烈的需求，急需一本站在检修管理发展前沿并系统地介绍发电企业检修全过程规范化管理的书籍，用以指导和规范检修管理工作，以期迅速提升检修管理水平。

本书以实现火电机组检修管理的“组织管理程序化、过程控制精细化、作业实施标准化、工期控制网络化、修后评估科学化”为目标，以发电机组检修全过程管理为主线，以检修质量、成本、工期控制为中心，参考了有关检修管理发展前沿的理论、制度、办法，借鉴了发电行业内发电企业的先进管理模式，提炼了目前业内行之有效的管理方法和手段。本书系统介绍了检修全过程管理方法，注重理论与实践相结合，在表述管理内容的同时有意增加了简练的理论阐述，使得一些较为新颖和先进的管理方法有了一定的理论铺垫，力求深入浅出、通俗易懂，旨在增强本书的指导性和可读性，便于先进检修管理思想、方法的运用和推广。本书共分十四章，在内容编排上力求完整、清晰，对检修工程全过程管理涉及的概念、管理模式进行了详细叙述，对相关管理内容给出了规范化的表格或示例，具有较强的可操作性。本书主要适用于火电机组的大修（A级检修）管理，其他等级的检修管理可以参照本书并结合企业实际情况进行适当简化后使用。本书既可作为火电机组检修管理的指导性文件，也可作为火电机组检修管理的培训教材使用。

本书第一章由孔凡义编写；第二章由黄臻编写；第三章和第十三章由姜虹编写；第四章由王兴合编写；第五章和第十二章由田亚编写；第六章和第十章由李林编写；第七章和第十一章由何田编写；第八章由郭红闵编写；第九章由温婧编写；第十四章由郭红闵和王兴合共同编写。孔凡义、王泳涛、张文鹏、徐剑辉、孟宏对书稿部分章节进行了初审。本书章节结构由汪明波编制，全文由孔凡义统稿、张宗震审稿。张宗震同志对本书内容提出了很多宝贵建议，在此表示衷心感谢。

由于时间和编者水平所限，不妥之处在所难免，恳请广大读者批评指正。

作者

2008年5月于济南

目　录

第一章 总 则

一、检修全过程规范化管理的目标

发电企业设备检修管理是设备全过程管理的重要组成部分，也是生产技术管理的主要工作内容。检修管理是一项复杂的系统工程，是围绕着企业的生产经营目标提高设备健康水平和设备可靠性而开展的一系列设备检修、维护和管理工作。随着电力体制改革的深入、生产技术水平的提高，重视和加强设备检修的规范化管理，提高设备检修管理水平是至关重要的。检修全过程规范化管理是指运用科学先进的管理思路和现代化的管理方法，组建质量管理体系，对从检修准备工作开始到检修施工、调试验收、试运、竣工总结全过程的每个管理阶段、管理物项进行科学化、标准化管理，以实现检修管理的规范、高效，保证检修工程高质量地在规定时间内完成。

发电企业应建立健全检修管理各项规章制度，制定科学先进的安全、质量、工期、费用管控模式并形成规范化的文件体系，实施从检修准备到总结评估的全过程规范化管理。实施检修规范化管理，就是要通过体系化的制度规范各级人员的管理及作业行为，避免随意性，达到检修“组织管理程序化、过程控制精细化、检修作业标准化、工期控制网络化、修后评估科学化”的目标，使检修管理更加标准化、科学化、高效化，各项管理措施可操作化，从而有效保证检修质量、降低检修成本。

二、检修全过程规范化管理总原则

检修全过程规范化管理应遵循以下原则：

(1) 发电企业检修管理现阶段仍执行“预防为主、计划检修”的方针，应按照“预防性检修逐步向预知性检修过渡”的原则，在定期检修的基础上，逐步扩大状态检修的比例，最终形成一套融定期检修、状态检修、改进性检修和故障检修为一体的优化检修模式，以实现设备可靠性和经济性的最优化。优化检修实施的基本思路是从推行设备点检定修管理入手，选择可靠、实用的状态检测设备和状态信息集成分析、诊断系统，进行设备状态评估，达到检修策略优化的目的。

(2) 发电企业应按照国家、行业或上级主管部门颁发的检修管理制度、技术监督法规、标准、规定和措施以及制造厂提供的设计文件，并参考同类型机组的检修经验以及设备状态评估结果等，合理安排设备检修。以检修的安全和质量为保障，以实现机组修后长周期安全、稳定、经济运行为目标。

(3) 设备检修应自始至终贯彻“安全第一、预防为主”的方针，杜绝各类违章，确保在检修生产活动中的人身和设备安全。

(4) 检修质量管理应贯彻 GB/T 19001 质量管理标准，实行全过程管理，推行标准化作业。

(5) 发电设备检修管理应积极采用 PDCA（即 P—计划、D—实施、C—检查、A—总结）循环的闭环管理方式，注重检修管理的持续改进。

(6) 以追求设备全寿命周期费用最经济为原则，开展检修管理工作，在满足可靠性的前提下，追求检修费用最低，有效控制成本。

(7) 检修管理实行“责任可追溯制”，做到“凡事有人负责，凡事有人监督，凡事有章可循，凡事有据可查”。

(8) 积极学习和运用先进的管理理念和方法，以管理体制的扁平化、管理方式精细化、机构配置精简化、人员素质专业化等为手段，以追求“实效、高效”为原则，不断提升检修管理水平。

三、检修全过程规范化管理总体要求

(1) 发电企业应在规定的期限内完成既定的检修作业，达到质量目标和标准，确保机组安全、稳定、经济运行，以及建筑物、构筑物的安全牢固。

(2) 发电机组检修的全过程管理是运用现代设备管理手段，实施发电机组检修工作的全方位、全过程、全员、闭环的综合管理。

(3) 发电企业应不断改进检修管理方法和手段，优化管理流程，促进组织的扁平化，提高检修管理效率。

(4) 发电企业应按照GB/T 19001—2000质量管理系列标准的要求，设计和建立质量管理体系和组织机构，实行从事后把关转到“防检结合、以防为主”的全面质量管理。认真按照全面质量管理的要求，从大修准备工作开始，采用PDCA循环的质量管理方式，制定各项计划和具体实施细则，做好设备检修施工、验收和修后评估工作。不断总结经验，持续改进。

(5) 检修管理应贯彻精细化、标准化、规范化原则，完善检修作业文件，推行检修作业文件包制度，通过精细化的检修程序文件来规范检修行为，杜绝检修过程中的随意行为，提高检修作业文件的可操作性，提升检修管理水平。

(6) 切实加强设备检修的安全管理。认真执行《电业安全工作规程》和检修工作票制度、危险点分析等有关安全制度，积极采取安全措施，杜绝检修中人身伤亡和重大设备事故。

(7) 加强质量监督，严格按照质量控制点进行验收，确保检修质量。所有项目的检修和质量验收，均应实行签字责任制和质量追溯制。必要时可引入监理制。

(8) 根据自身特点，积极将6S管理（即清理、整理、清洁、维持、安全、素养）运用于检修现场管理，制定检修过程中的环境保护和劳动保障措施，合理处置各种废弃物，改善作业环境和劳动条件，文明施工，清洁生产，不断提高企业管理水平和素质。

(9) 加强检修工期控制，编制各级检修工期网络计划，根据自身特点，借助先进的网络平台和软件，实现检修工期的动态管理。

(10) 设备检修费用管理实行预算管理、计划下达、成本控制、节奖超罚，促进检修费用管理的规范化、定额化、精细化。

(11) 设备检修采用先进工艺和新技术、新方法，积极推广应用新材料、新工具，提高工作效率，缩短检修工期。

(12) 加强检修基础管理工作，对参与检修的所有物项（管理、组织、人力资源、程序、过程等）和质量要素，均应制定和颁发各类制度、程序、措施、计划等。使其始终处于受控状态。

(13) 加强检修人员的业务培训，积极提高参与检修所有人员的技术管理水平，使检修人员努力达到“三熟、三能”。

(14) 积极应用先进的计算机检修管理系统，实现发电企业的检修管理现代化。

(15) 积极探索和应用分析诊断技术和有效的监测手段。条件成熟的发电企业宜建立状态监测和诊断组织机构，准确掌握设备状态，逐步开展状态检修。

第二章 检修管理概论

第一节 设备管理

一、设备管理的基本概念与理论

自从人类使用机械设备以来，就有了设备的管理工作。科学技术的进步和工业领域的变革促进了设备管理的迅速发展。人们对设备管理的基本特性和设备故障规律的深入分析、研究催生了现代设备管理。目前，设备管理已经发展成为一门独立的综合性管理学科，而设备寿命周期管理则是现代设备管理的基本理论之一。

设备的寿命周期是指设备从规划、制造、安装、调试、使用、维修、改造直至报废的生命全过程，如图 2-1 所示。

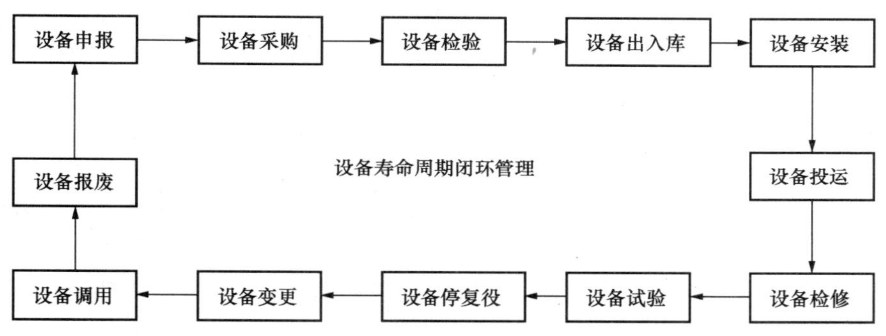

图 2-1 设备寿命周期闭环管理示意

设备寿命周期理论是现代设备管理的基本理论之一，是根据系统工程论、价值工程论、控制论的基本原理，结合企业的经营方针、目标和任务，分析和研究设备全寿命周期的技术、经济、组织管理方面的理论。

技术管理方面，依靠技术进步，加强设备技术管理，研究设备寿命周期的故障特性和维修特性，提高设备有效利用率，采用适用的新技术和有效的技术管理手段，改进设备的可靠性、维修性和可用性。

经济管理方面，掌握设备的技术寿命和经济寿命，对设备的投资、修理和更新改造进行技术经济分析，力争投入少，产出多，效益高，从而达到寿命周期费用最经济和提高设备综合效率的目标。

组织管理方面，强调设备全寿命周期的管理和控制，将设备设计、制造和使用各阶段统一组织管理，强调全过程的闭环管理，运用多种手段，实现设备系统全面的综合管理，不断提高设备管理的现代化水平。

从设备可靠性工程管理角度来讲，通过设备的寿命周期闭环管理可从整体上保证和提高设备的可靠性、维修性和可用性。

所谓设备的可靠性是指在规定的条件下和规定的时间内，完成规定功能的能力。可靠性的概率度量亦称可靠度，所以常常用统计概率来表示。与可靠性有关的物理概念和指标有可靠性 $R(t)$、故障概率 $F(t)$、失效率（故障“强度”）$\lambda(t)$ 和平均无故障工作时间 MTBF 等。

设备的维修性，是指在规定的条件下和规定的时间内，按规定的程序和方法进行维修时，保持或恢复到规定状态的能力；是指可修复设备所具有的维修难易程度。绝大部分设备是可维修的，即当设备发生故障丧失功能时，可以通过维修来恢复其功能。表征维修性的特征量主要有三个：维修度、修复率和平均修复时间。设备的维修性具体表现在设计结构简单，零部件组合合理；修理通道良好，可迅速拆卸，易于检查；通用化和标准化水平高、互换性强等方面，其目的在于提高设备的可利用率。

设备的可用性是指设备在任一随机时刻需要和开始执行任务时，处于工作或可使用状态的程度。设备在使用过程中，不是处于能工作的状态，就是处于不能工作的维修状态。人们期望能工作的时间长，不能工作的时间短，这样，设备的利用率高，即可用性好。可用性的概率度量称为可用度，也称为可用系数，即可修复设备在规定的条件下，规定时间内，维持其功能的概率，分为瞬时可用度、稳态可用度和平均可用度。

与设备可靠性含义相反的概念是设备故障，两者都是设备质量的时间性和综合性的指标。故障是设备在寿命周期过程中必然要发生的现象，它使设备某些或全部功能丧失，会给企业带来直接和间接的经济损失。通过对故障规律的分析研究，可采取合适的措施，力求设备最佳的设备寿命周期费用效率。提高设备的效益是现代设备管理的一项基本要求。

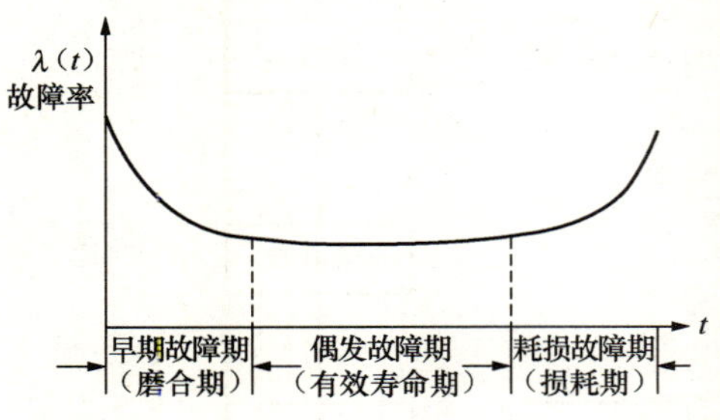

图 2-2 设备故障特征曲线——浴盆曲线

设备故障规律的分析、研究是现代设备管理的基础性工作之一，人们逐步认识设备故障规律的过程也是设备管理理念变化的过程。大量使用和试验证明，大多数设备的故障率是时间的函数。最初，人们对设备故障的认识非常简单，认为设备越陈旧越可能发生故障。随着人们对故障认识的加深，产生了著名的“浴盆曲线”观点。所谓“浴盆曲线”就是一种经典的设备故障率曲线，因设备的构成是多系统或多部件的，如果局部发生故障将导致整个系统不能运作，由其故障发生情况所绘制的曲线，因形似浴盆，故称为浴盆曲线（见图 2-2）。

具体来说，设备故障特征曲线分为三个阶段，即早期故障期、偶发故障期和耗损故障期。早期故障期对于机械产品又叫磨合期。在此阶段，开始的故障率很高，但随时间的推移，故障率迅速下降。此阶段发生的故障主要是设计、制造上的缺陷或使用不当所造成的。进入偶发故障期，设备故障率大致处于稳定状态。在此阶段，故障发生是随机的，其故障率最低，而且稳定，这是设备的正常工作期或最佳状态期。在此阶段发生的故障多因为设计、使用不当或维修不力产生的，可以通过提高设计质量、改进管理和维护保养使故障率降到最低。在设备使用后期，由于设备零部件的磨损、疲劳、老化、腐蚀等，故障率不断上升直至设备寿命终结，该阶段被称为耗损故障期。如果在该阶段开始时进行设备大修，可经济而有效地降低故障率，提高经济效益。而设备大修的结果会使设备故障的规律进入一个新的“浴盆曲线”。

浴盆曲线所表示的是复杂的设备、设备系统或装置在整个使用寿命周期内故障率变化情况，发电设备故障的一般规律也可由“浴盆曲线”来描述。随着科技的进步和对设备故障类型的研究逐渐深入，通过对不同类型设备故障率曲线和规律的研究和试验，目前已将浴盆曲线扩展为 6 种不同的故障率曲线（见图 2-3），进一步揭示了不同类型设备故障的规律，有助于我们选择合适的检修周期、检修时机和检修策略，有效地开展预防性和预知性检修工作。

根据设备故障性质来分，设备的故障分为先天性、磨损性和滥用性三种。其中磨损性故障是最具有普遍性和规律性的故障类型，而阐述磨损性故障的原理和对策，是现代设备管理基本理论的重要内容。

机械设备的磨损可分为有形磨损和无形磨损两个方面。

有形磨损，包括设备在使用过程中，由于摩擦、冲击、振动、疲劳、腐蚀、变形等造成的实物形态的变化，使其功能逐渐（或突然）降低以致丧失；也包括设备闲置过程中，锈蚀、变质、老化等原因造成的实物形态的变化，使功能降低以致丧失。

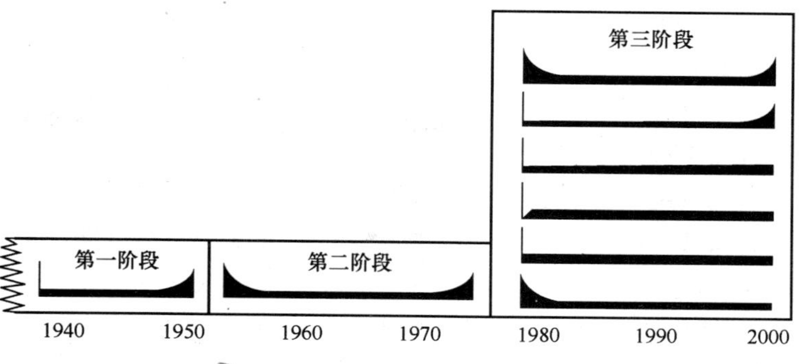

图 2-3 设备故障观点发展的三个阶段

无形磨损表现在设备的价值贬值上，它不是由于使用过程中自然力的影响所产生的。造成贬值的原因有以下两种：

第一种是由于技术进步和劳动生产率的提高，生产同样设备的消耗成本，不断降低，迫使原设备贬值，也称为第一种无形磨损。

第二种是由于出现了比原设备在结构、原理、功能、造价等方面都优越的新设备，原设备显得技术上陈旧，功能落后，由此造成的贬值，也称为第二种无形磨损。

设备磨损的对策就是补偿。设备磨损的补偿就是为了恢复或提高设备系统组成单元的功能，而采取的追加投资的技术组织措施。磨损的方式和程度不同，与其对应的补偿方式也有所不同。设备磨损的补偿方式有三种，即修理、更换和技术改造。对于一些有形磨损，可以通过修复技术来修复。对于有些损耗如零件断裂、材料老化等，只能通过部件或设备更换的方法来恢复其原有功能。而无形磨损的消除，只能在采取措施改进其技术性能，提高其技术的先进性后才能达到。在发电机组检修工作中可能同时存在修理、更换和技术改造工作。这三种不同性质的工作有着显著的区别（见图 2-4），作为补偿方式是一种设备管理的对策，采用哪一种补偿方式，要看设备的磨损形式和磨损程度，但归根结底取决于进行补偿时的经济评价。而补偿的作用，使设备的可靠性、维修性、可用性得到了恢复和提高。

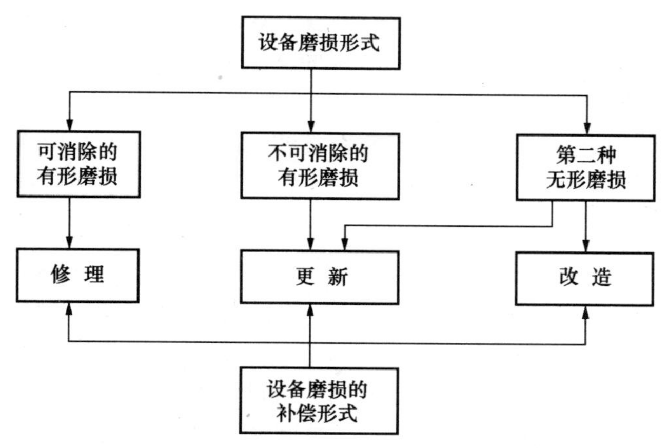

图 2-4 设备磨损形式与补偿形式的关系

所以，设备检修的目的，就是重新完善设备系统，恢复或提高设备的功能。对于设备的损耗在物质形态上给予补偿的同时，也补偿了它的经济价值。设备检修的核心问题是根据设备磨损或损耗情况，结合企业的经营目标，对具体的设备选择正确的检修方式和检修层次，合理安排检修计划并付诸实施。

二、设备管理的内容和任务

设备管理是一项复杂的系统工程。它包括机构设置，方针政策的贯彻，管理制度的制定，技术标准、规程的执行和设备的选购、安装、使用、维修、更新改造直至退役的全过程管理。设备管理的任务是以合理的设备管理费用的投入，保证设备完好，不断提高设备健康水平和技术装备素质，充分发挥设备的效能，全面完成生产任务和安全经济指标，获得良好的设备投资效益。

电力企业是技术、资金密集型企业，企业内部设备技术状态和组织状态的好坏，对企业本身及全社会都有重要的影响，强化设备管理是安全生产的重要保证。电力企业设备管理就是围绕发电设备从选择采购直到报废全过程而开展的系列管理工作，也就是对生产设备从规划、设计、制造、调试、使用、维修、改造、技术反馈到更新、报废全过程全寿命周期进行闭环管理。

发电企业设备管理的根本任务是保证安全、经济的发供电。实施设备管理，其作用就是实现对设备的合理配置，有效调度和使用电力设备，合理安排设备检查，保证安全经济发电，提高设备利用小时数，充分发挥设备的最佳技术性能；有计划地进行设备的维护和检查，采用先进科学技术和管理方法，缩短检修工期，提高检修质量，延长检修间隔；采取有效措施消除设备缺陷，使设备经常处于良好的状态；对设备从选购到报废的各项业务工作进行规范和要求，保证设备全过程管理的有序、高效。

发电企业设备管理遵循三个原则：一是全过程控制的原则，即管好、用好、修好设备，保持设备良好的安全性、可靠性和经济性；二是全员参与的原则，从企业最高管理层到第一线员工都参与设备管理；三是服从的原则，即单台设备服从系统，系统服从于机组，根据机组的安全性、可靠性、经济性的要求，充分利用新技术、新工艺、新材料等先进的科学技术，提高设备的安全、经济、技术性能，满足机组安全经济稳定发电的需要。

设备管理的内容分为设备的技术管理和经济管理两方面。设备的技术管理，包括设备的规划、选购、验收、安装、调试、试运、使用、维修、技术改造和报废各个阶段的管理，以使设备经常保持良好技术状态。设备的经济管理，包括设备的最初投资、维修费用的支出、设备折旧、更新改造资金的筹措与支付的管理，目的是提高设备管理的经济效益。

电力企业就是要从技术和经济两方面进行全面的设备管理，提高设备的经济效益，从而取得最佳的经济效能。

三、设备管理的产生与发展

设备管理的产生与发展是一个逐步演化、变革和完善的过程。发展至今大致可分为三个阶段：第一个阶段为事后维修阶段（也称为故障维修阶段），即西方资本主义工业生产刚开始时，由于设备简单，容易维修，所用维修时间也不长，一般都是在设备使用到出现故障时才安排进行维修，该阶段也称为事后维修阶段。第二个阶段为预防性维修阶段，即到了第二次世界大战期间，各种物品的需求急剧增加，而劳动力却迅速减少，社会的需求促进了设备的机械化程度快速提高，设备的完好程度对社会生产的影响越来越大。任何一台主要设备或一个主要生产环节出了故障，就会影响整个生产线，造成重大的损失。预防设备故障的必要性逐渐突出出来，人们通过定期检查维修，消除了设备缺陷，提高了整个生产线或系统的可靠性，从而逐渐形成了预防性维修的概念，在20世纪60年代，预防性维修主要表现为定期对设备进行大修。设备管理也进入了预防性维修阶段。第三个阶段为设备综合管理阶段，即自20世纪70年代中叶，工业领域的变革进程异常迅猛，设备的机械化、自动化水平得到空前提高，人们对设备的依赖性日益增加的同时，设备的维修费用迅速增加，维修费用已从最初几乎无足轻重的位置上升到成本控制重点的首位。现实的需要催生了现代设备维修管理的基本理论——后勤工程学和设备综合工程学的诞生，设备管理的理念也从定期预防的观念逐渐发展到运用系统工程思想寻求设备寿命周期费用最经济的全寿命综合管理，设备管理发展到目前已进入设备综合管理的新阶段。该阶段出现了以全员生产维修、点检定修制和以可靠性为中心的维修等一批有代表性的管理方法和理论。其特点呈现了由低水平向制度化、标准化、系列化和程序化发展趋势；由不讲究经济效益的纯维修型管理，向修、管、用并重，追求设备一生最佳效益的综合型管理发展的趋势；由设备定期检修向预知检修、状态检修发展趋势；由单一固定型维修方式，向多种维修方式、集中检修和社会化检修发展的趋势。

设备管理的发展史，也是设备检修管理的发展史，设备检修管理在设备管理中占有举足轻重的位置，设备检修费用也是设备管理费用的主要部分。所以，运用现代设备管理理论结合设备管理的新特点进行设备检修管理研究和探讨是非常必要的。

第二节　发电设备检修管理

一、发电设备检修管理的概念、任务

设备检修是指为补偿设备磨损，以恢复和提高设备功能为目标而进行的一切活动的总称。设备检修管理是设备管理的核心工作，是指与设备检修相关的一切管理活动的总和。发电设备检修管理工作是指为恢复和改善发电设备固有功能而进行的所有管理工作，其任务是实施检修成本效益管理，即以合理的成本，维持或改善设备的可靠性、维修性、经济性、环保性。

二、发电设备检修管理的基本内容与要求

发电设备检修管理涉及到检修策略的确定和实施管理、检修项目计划管理、检修过程控制和效果评估管理、参与检修的企业资源的管理以及重要设备状态监测和状态检修的管理等基本内容。可以将其归纳为四个部分，即检修策略管理、检修项目计划管理、检修实施管理和检修基础资料管理。

检修策略管理是一项基础管理工作。检修策略的制定是根据一定的规则确定检修项目形成检修计划。设备检修策略的确定是检修管理的核心部分，应首先根据不同设备在企业生产中的重要性、安全性、维修费用、环保和功能危害程度等方面进行分析评估，确定设备的不同类别。然后针对不同重要程度的设备，根据预防检修的原则和设备点检、诊断结果，运用多种行之有效的手段进行科学合理地分析评估，制定出合理的检修策略和检修计划。

检修项目计划管理主要内容是通过检修项目计划的制定、审批、下达和组织实施以及协调控制，来实现检修管理的预期目标。

检修实施管理包括检修准备、检查、调试、试验、修理、检验、验收、总结、评估等内容并实现闭环管理。对于不同设备和系统，检修规模和内容差别非常大，涉及到企业内部甚至外部的许多部门，这就需要对检修过程和结果进行有效管理和控制，以保证这样一个复杂的系统工程安全、保质、按时、经济地完成。检修实施管理内容应包括：充分的检修准备工作、合理的检修进度安排、严格的检修安全质量控制、科学的检修结果总结与评估。

检修基本资料管理是保证企业检修管理体制正常运行的一项基础性管理工作。必须完善和加强对保证企业生产目标和任务所用设备的基础资料的管理工作，如设备台账管理、技术资料和档案、运行和检修规程、试验和维修记录、运行记录、缺陷和故障记录、备品备件记录等。对这些基础资料管理的基本要求为：其一建立完善的管理规章制度；其二是对基本资料指定部门和专人管理。

三、发电设备的检修方式及检修管理模式

目前国内现行发电设备的基本检修方式有四类，即定期检修、状态检修、改进性检修、故障检修。

定期检修也称为预防性检修，是一种是以时间规定为特征的计划检修，根据设备磨损和老化的统计规律，事先确定检修等级、检修间隔、检修项目及需用备件、材料等的检修方式。

状态检修又称为预知性检修，是指根据状态监测和诊断技术提供的设备状态信息，评估设备的状况及其零部件寿命，在故障发生或零部件寿命终结前，选择合适的检修时机进行检修的方式。

改进性检修又称为改善检修，是指对设备先天性缺陷、频发故障或运行效率低下，按照当前设备技术水平和发展趋势进行改造，从根本上消除设备缺陷，以提高设备的技术性能和可用率，并结合机组检修过程实施的检修方式。

故障检修又称为事后检修，是指设备在发生故障或其失效时进行的非计划检修。

目前，我国发电企业设备检修体制普遍采用计划性检修和定期预防性检修。随着我国电力体制改革的深入，竞价上网、主辅分离、辅业改制要逐步完成，严峻的外部市场环境和自身的生存发展都需要电力企业不断降低生产成本和提高核心竞争力，发电企业的设备检修体制和机制正经历着重大变革。新的检修管理机制的条件基本形成，许多发电企业把提高设备可靠性、降低发电成本作为追求的目标，积极借鉴和吸收国内外先进的设备检修管理经验和模式，推行点检定修制等先进的设备管理机制，开展状态监测，充分掌握设备状态信息，科学评估设备状态，根据设备重要性和设备状态采取不同的检修策略，实行定期检修、状态检修、故障检修和改进性检修为一体的优化检修新模式，取得明显的成效。

优化检修实施的基本思路是从推行设备点检定修管理入手，选择可靠、实用的状态检测设备和状态信息集成分析、诊断系统，进行设备状态评估，达到检修策略优化的目的。

点检定修制最初是日本从美国引进的设备预防维修制发展而形成的，它是全员、全过程对设备进行动态管理，即在设备运行阶段以点检人员为责任主体的一种设备管理模式。应用这种设备管理模式，将有效地防止设备的“过维修”和“欠维修”，在减少设备故障的同时，大大降低了设备的维护时间和检修费用，因此，被广泛应用在各国工业企业领域。我国发电企业最早在20世纪80年代由上海宝钢集团自备电厂引进日本的点检定修制，并经过了二十多年的发展和完善。据有关统计资料表明，推行点检定修管理的单位，设备的故障和机组非计划停运的下降率为40%左右，维修费用下降20%～40%。经济效益和社会效益非常显著。点检定修的先进理念和内涵符合设备管理的客观规律，与我国电力企业深化改革相适应。“新厂新机制”可以采用，老厂的改革也可以借鉴这种模式，所以近年来发展迅猛，逐渐成为有代表性的设备管理模式。

点检定修管理是设备由计划检修向状态检修过渡的有效途径，原国家电力公司在2002年印发了《火力发电厂实施设备状态检修的指导意见》，其中提出点检定修是状态检修的初级阶段。是与我国国情相适应的现代化设备管理模式。实施点检定修管理，有利于提高设备可靠性，并不断降低检修费用；有利于全面提升员工队伍素质，培养和造就一支复合型、多能化的员工队伍。2004年3月国家发改委发布的DL/Z 870—2004《火力发电企业设备点检定修管理导则》，内容从点检定修的术语和定义、总则、发电设备点检管理、发电设备定修管理、点检定修的主要技术标准、台账和基本业务记录等方面进行了定位，为规范点检定修管理起到了指导作用。

点检定修管理是全员、全过程对设备进行动态管理的一种设备管理方法，是在日常加强对设备全面多层次、全过程和全方位管理的基础上，从设备实际状态出发实现优化检修的管理模式。设备点检是借助人的感官和检测工具，按照预先制定的技术标准，定人、定点、定期地对设备进行检查的一种设备管理方法。设备定修是在推行设备点检管理的基础上，根据预防检修的原则和设备点检、诊断结果，运用多种行之有效的手段进行科学合理地分析评估，从而确定检修方式、检修内容、检修周期和工期，并严格按计划实施设备检修的一种检修管理方式。其目的是合理地延长设备检修周期，缩短检修工期，降低检修成本，提高检修质量，并使日常检修和定期检修负荷达到最均衡状态。点检定修制是对设备定人、定点、定期的检查、分析、改进和提高的过程，这种管理方法更加科学、更加先进，采用数据说话、标准作业，趋势分析，通过点检定修数据积累，分析研究出设备零部件失效的规律，不断总结经验，改进和完善技术标准，使设备故障早期发现，最短时间内消除故障和缺陷，从而保证设备的故障率降低，做到耗损性故障在故障前消除、周期性故障在快到周期时消除，从而减少设备缺陷的发生。建立设备的五层防护体系，以使设备受控作为设备管理的主要目标，逐步向状态检修过渡。点检定修制是以点检人员为责任主体的全员设备检修管理制度，可以使设备在可靠性、维护性、经济性上达到协调优化管理。在点检定修制中，点检人员既负责设备点检，又负责设备全过程管理，点检、运行、检修三方面之间，点检处于核心地位。点检员是设备的管理者，负责编制检修计划、点检标准、检修作业文件包等，全面负责所辖设备的全过程管理。

点检定修管理的执行标准有“设备检修技术标准、设备点检（诊断）标准、设备检修作业标准、设备维护保养标准”。各项工作实行标准化作业。强调建立完整的设备技术标准和管理标准体系。强调一切围绕设备的管理工作必须严格执行标准。强调标准在执行过程中必须实行动态管理，不断改进标准和完善标准，从而使设备的管理工作标准化、规范化和制度化。点检定修制是全系统、全过程、全员的综合管理。点检定修是从过去传统的以“修”为主的管理思路转变到以“管”为主的思路上来，改变过去设备坏了才修，改变了过去的计划检修的模式。通过点检找出设备存在的隐患、故障的规律和周期，安排定修进行消除，实现超前控制，预防、预知维修。点检定修管理方式又与设备监测、倾向管理，性能测试、技术监督等相结合，从而从管理思想、管理目标、管理方针、管理组织、管理制度、管理标准、管理方法、管理手段、管理人才、管理措施等方面充分体现了对设备管理的先进性。据统计，2000 年至今我国推广应用点检定修制的发电企业超过了一百多家，实践证明，这种管理模式对于保持设备的健康运转和实现低成本维修有着明显的成效。

四、发电检修体制的发展与变化

我国发电检修体制可以归纳为两种主要类型：一是传统检修体制，20 世纪 90 年代前，我国的发电企业配备的检修人员可以独立或基本独立完成机组大修任务，检修人员约占全厂人员的 40%～50%。由于大修工作在时间上相对集中，检修工作在一年中的工作量分布极不均匀，大修时检修人员紧张，不大够用，没有大修任务时检修人员又大量闲置，由于基本上没有外出检修任务，检修队伍对外交流少，存在劳动利用率差、整体检修素质不高、检修成本较高等突出问题。这种体制发电企业随着电力体制改革的深入开展，在所有发电企业中所占比重迅速降低。另一类就是新型检修体制，从 20 世纪 90 年代开始，有些新建电厂采用新厂新机制，仅配置少量的维护检修人员（主要从事继电保护、热工保护及控制等方面的维护工作）。其中检修管理和维护人员约占全厂人员的 20%～30%。近年来，新建电厂越来越多。这种体制的发电厂有健全的检修管理职能，负责检修计划编制、检修项目的确定、检修质量监督、检修施工验收、检修费用的控制。电厂的检修职工，作为设备检修主人，负责日常设备点检，承担大部分维修工作及现场检修管理，并对施工单位检修工作进行质量验收。机组大修一般通过招标的方式以两三个有实力的检修承包商为主签订大修合同。其特点是：其一，检修质量管理水平有明显的提高。原体制下的质量控制是在一个经济核算体系内部运作，制约监控力度的因素较多；新体制下的质量控制分别在两个经济核算体系中运作，质量管理的职责清晰，力度增大，促进了检修质量明显提高。其二，检修工期控制水平提高。新体制下，业主、承包商双方都有缩短工期的内在动力，加之专业检修公司人员配置合理、检修工期进度控制经验丰富、交叉作业协调能力强，使得检修工期有所缩短。其三，检修费用得到有效控制。新体制下，业主、承包商双方通过经济合同约束，检修费用明显受控。

目前，我国发电设备检修公司大致归纳为以下三种类型：一是发电企业的检修公司，由企业内部的检修车间改制形成，可以在完成本企业检修任务的前提下，在大修间歇期承揽其他发电企业的检修工作。这种检修公司的优点是发电企业内部改组工作量小，对生产秩序的冲击小，比较稳定，检修劳动生产率有所提高。缺点是经营不规范，检修费用相对较高。二是区域性检修公司(或称为集中检修公司)，20世纪90年代前期，我国上海、浙江、天津等省市组建了省级区域性检修公司，负责区域性的机组检修工作，取得了明显成效。检修公司和发电企业是甲乙方关系，订立经济合同相互制约。检修公司市场经济观念有了很大增强，检修公司存在经营上的压力，因此，检修公司注重自身的形象和信誉，注重施工质量和服务承诺，注重控制检修工期和成本，注重员工培训和队伍素质提高，与传统的检修体制相比较，有效劳动利用率有了较大提高。三是社会化检修公司，近年来，检修市场发育较快，催生了一些改制或个人成立的社会化检修公司，承包发电企业的检修工作。这种检修公司具有独立法人资格，不再隶属于发电集团，所以市场意识强烈，经营方式灵活，服务态度较好。目前这种检修公司虽然数量不是很多，个别单位规模不大，但是检修公司发展的一个重要方向。

目前，我国电力检修市场逐步发展壮大，已经形成市场竞争型、关联协议型、战略伙伴型、维修承包型多种检修实体并存的局面。在电力检修市场日趋完善的形势下，发电企业按照市场化改革方向和资源合理优化配置要求，增强市场竞争力，对传统的发电检修体制进行变革，实行区域性检修体制已成为当前的必然选择。

第三节 发电机组检修管理

一、机组检修管理的概念、任务

发电机组检修管理是指发电机组各种等级检修的全过程闭环管理的总称。其任务是保证检修质量，控制检修费用，提高管理效率，提高发电设备的安全性、可靠性和经济性，恢复或提高设备使用性能，延长设备的使用寿命，减少电力生产过程中对环境的不利影响，保持机组可用状态，对在役机组检修过程做到有效监督、控制、评价和考核。

二、机组检修全过程管理的内容与要求

发电机组检修全过程管理是指检修准备、检修计划制订、物质采购、文件编制、施工、调试、冷热态验收以及检修总结评估等检修全部程序的每一管理组织、物项、环节、文件及人员等，均处于受控状态，以达到预期的检修效果和质量目标。

发电机组检修全过程管理是运用现代设备管理手段，实施发电机组检修工作的全系统、全过程、全员、闭环的综合管理。发电机组检修全过程管理大致可分为三阶段：机组检修的前期准备阶段、检修施工实施阶段和检修总结评估阶段（见图2-5）。

具体包括：检修准备管理，检修项目、计划管理，检修安全管理和质量控制，检修工艺管理，检修监理，检修工期控制管理，检修费用管理，检修作业文件包管理，检修外包项目管理，检修现场管理，检修总结与资料整理归档管理，检修指标体系及评价管理等内容。

其中，规范化、标准化的检修准备管理是机组检修成功的基础。加强机组检修准备阶段的组织管理，规范检修准备期间各阶段各项任务、工作的方法和进度要求，明确检修准备工作中协调控制的原则是检修全过程管理的必然要求。检修准备管理就是将机组检修准备工作的各个过程环节、管理原则和方法，包括组织建立、项目确定、文件准备、计划编制、质量控制、人力资源配置、物资采购与合同管理等多个方面进行规范和量化，编制《机组检修准备全过程管理程序》，明确检修准备每一步工作相关单位的责任、责任人、监督人、时间要求等，在检修前下发。检修业主方和承包方应根据《机组检修准备全过程管理程序》的要求，全面落实各项准备工作并按时完成，使得检修准备工作程序化、规范化、标准化，确保机组检修按期开工和顺利进行，为检修高

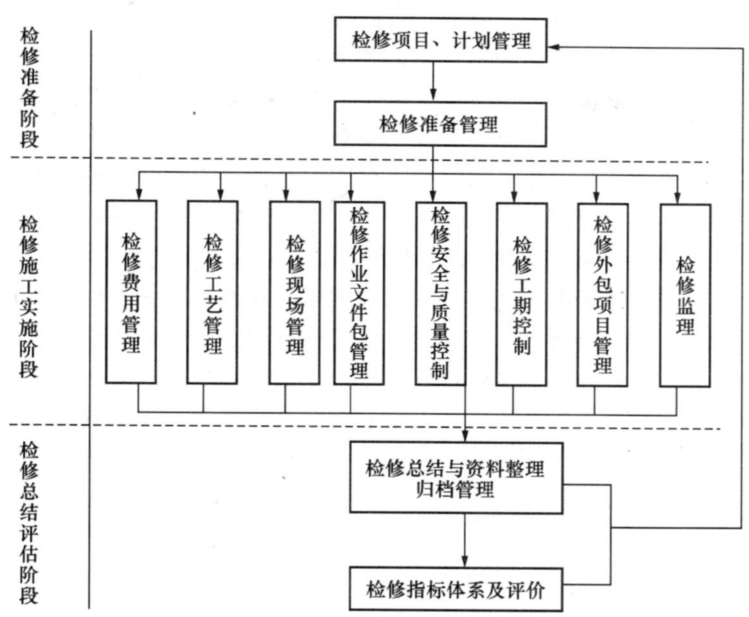

图 2-5　机组检修全过程管理框架图

质量的实施打下良好的基础。

检修项目、计划管理既是机组检修管理前期重要的基础性工作，又贯穿了整个检修管理全过程的始终。检修管理的方针、原则和模式对检修项目、计划管理有着深刻的影响。现阶段机组检修项目、计划管理应按照"预防为主，计划检修"的方针、"统一管理，分级控制"的原则，结合我国电力企业实际发展水平，对机组检修的检修等级组合、检修间隔、大修标准项目、大修特殊项目、科技项目和更新改造项目等进行明确的界定和规范。对检修等级组合规划、定期滚动检修计划、年度检修工程计划编报审批等流程提出标准化、程序化、规范化的要求。

检修安全管理与质量控制是机组检修全过程管理的核心内容之一。设备检修过程中应贯彻"安全第一，预防为主"的方针，加强安全管理，明确安全责任，落实安全措施，确保人身和设备安全。严格执行安全规程、安全规定、工作票制度和发承包安全协议。加强安全检查，定期召开安全分析会。在各项检修工作中推行危险点预控机制，对每一项检修工作均进行有针对性的安全风险分析，做好安全措施，并将其作为检修作业文件包的重要内容之一贯彻到每一项检修工作中去。

在机组检修质量控制方面，应贯彻 ISO9001 标准体系的思想，把管结果变为管因素，实行从事后把关转到防检结合、以防为主的全面质量管理。方法是贯彻 ISO9001 国际标准"事前指导"（修前编制检修质量管理文件、检修作业文件包，规范质量监督的管理性和技术性文件，修前检查文件准备工作，制定质量计划、明确质监点和工作负责人、质监员）、"修中检查"（检修过程中跟踪监督检查、验收签证，并及时纠偏）、"修后检验监督"（修后试验、再鉴定）。质量监督工作"有言在先，有法可依、过程跟踪、随时纠偏"，一切以数字说话，以技术文件记录为客观依据，所有项目的检修施工和质量验收均应实行签字制和质量追溯制。对检修过程实行全过程监督。随着电力检修市场逐步形成，"按定员组织生产"和"新厂新机制"的新建单位不断增加，电力体制改革前普遍实行的三级验收的方式已不能满足新形势下的质量控制管理的要求。许多发电企业通过借鉴核电先进的管理经验，并结合自身特点把 ISO9000 系列管理理念运用到检修质量管理中去，注重技术监督和质量控制的有机结合，在事前提出质量目标、下发质量控制计划，事中实行质检点验收，事后实行再鉴定验收等方式，收到了良好的效果。质量控制也从原来的事后控制变为全过程控制，从原来的内部循环改变为检修业主方和承包方的质量监督和保证体系的外部循环。这样既符合质量体系系统化、规范化、程序化的要求，也符合检修市场发展的要求。

检修工艺管理是保证检修质量的重要手段。检修工艺规程和发电设备检修工艺纪律是检修工艺管理的主要内容，规范化、科学化、精细化、标准化是检修工艺管理的基本要求。同时，许多发电企业实行文明检修考核管理制度、“最佳作业区”评比和“安全文明示范作业区”评比办法，为文明检修提供了规范的管理制度和较好的管理手段。

检修监理是指监理执行者根据事先约定的行为准则，对检修过程进行监督管理，使检修行为和过程符合准则要求，协助设备所有者实现检修目的的行为。实行检修监理是为了规范机组检修全过程的质量监督工作，有效控制和监督检修质量，保证检修质量目标的实现。在机组大修或重大技术改造工程中实行检修监理制是目前各发电企业经常采用的一种有效的管理方式。结合火电机组的管理模式给出检修监理的适用条件和实施流程，通过合同明确业主、监理、检修方三者之间的关系和各自的责任和义务。实施监理制后，相关质量管控方法的变化、完善等工作是实施检修监理制的重要内容。

检修工期控制管理是提高机组检修效率的基本手段之一。目前机组大、小修的停用时间已经定额化，这就意味着，提高检修管理效率，有效缩短检修工期，可以增加发电量，带来客观的经济效益。编制各级检修工期网络计划，根据自身特点，灵活使用网络图、甘特图、关键路线法等描述工具协调、控制工期，实践证明，效果是比较理想的，这些管理方法也被国内发电企业广泛采用。借助先进的网络平台和软件，实现检修工期的动态管理是目前发电企业检修工期管理的发展方向。

检修费用管理是检修管理的核心内容，也是有效控制检修成本、提高企业经济效益的有效手段。检修费用定额管理是目前诸多发电企业采用的费用管理办法。实行预算管理、计划下达、成本控制、节奖超罚是机组检修费用管理的有效手段。企业控制检修费用所采取的预算管理、物资计划的多级审批，物资集团采购、统一调配，工程管理中的招标制度，检修费用的定期平衡、专款专用，检修费用的统计分析等是有效管控方法。检修费用管理的规范化、定额化、精细化是现代检修管理理念的具体体现。

检修作业文件包是设备检修管理的作业性文件，是检修工作实施的规范和依据。检修作业文件包是提供要求检修工作人员完成指定的工作任务和全过程的检修作业活动的书面文件汇总。在检修工作中，是甲方（业主方）规范乙方（承包方）检修行为的管理纽带。检修作业文件包制度的实施，其目的是通过检修程序文件来规范检修行为，杜绝检修过程中的随意行为，提升检修管理水平，提高工作效率。通过对检修工作的组成要素进行全过程的闭环管理，促进检修管理水平的持续改进。

随着电力体制改革的逐步深入和检修市场的迅速发展，发电企业对无力承担的检修项目通过招投标实行外包是比较普遍的做法。检修外包项目管理包括甲方（业主方）对乙方（承包方）的资质审查、招投标管理、合同管理、监督管理等内容，并对甲、乙方两个管理体系在项目的安全、质量、工期、费用控制等方面的管理提出规范化、科学化的要求。

检修现场管理是衡量企业管理水平的一项重要指标。加强检修现场管理，是全面提高企业素质的保证。检修现场管理的基础工作就是 6S 管理（即清理、整理、清洁、维持、安全、素养），6S 管理是组织现场管理最基本、最有效的管理措施之一。检修现场管理是机组检修管理的重要内容，火电机组检修实施 6S 管理，具体包含三部分内容，即检修现场安全管理、检修现场定置管理和检修作业区隔离管理。良好的检修现场管理是检修工作安全、有序、顺利进行的可靠保证，是检修管理人文化、规范化、科学化、精细化的具体体现。

检修总结与资料整理归档管理是检修全过程管理的重要内容。检修总结是指通过对检修全过程的归纳、总结、分析评估，最终得出检修工作的结论和评价。高质量、实事求是地完成检修总结阶段的工作，是检修工作的一项重要内容，也是检修全过程闭环管理的重要一环。检修总结管理的主要内容应包括：通过修后热效率试验等手段分析机组检修的效果；机组大修热态验收管理；重大项目后评估管理；根据检修实绩修订相应标准（工艺、图纸、管理程序、质量文件等）、规程、检修文件包，备品定额等管理文件，完善检修信息管理数据库；检修总结（评价）报告编报流程和要求等。检修总结的主要内容应包括：检修中的项目计划管理情况；施工组织的安全、质量、工期情况；技术监督情况；检修中消除的设备重大缺陷及采取的主要措施；设备重大改进的内容和效果；自动、保护、连锁、定值变动情况；人工和费用的统计分析；主设备检修前后主要技术指标和检修情况；检修后尚存在的主要问题及准备采取的对策等方面情况和对机组检修进行全面总结并作出技术经济评价。结合文件资料的归档要求，制定统一的资料汇总归档管理制度，规范检修资料的总结、整理、归档等工作。机组检修过程中形成的设备检修技术记录、试验报告、质量控制文件、设备异动报告、检修文件包、检修管理程序或检修文件等技术资料应按规定归档。由承包方负责的设备检修记录及有关的文件资料，应由承包方负责整理，并移交发电企业。良好的资料总结、整理和归档，便于日后查阅、追溯和综合分析。

检修指标体系及评价管理，包括检修准备阶段指标评价、检修实施过程指标评价、检修总结指标评价等内容。应按照科学、客观、全面的原则，通过对检修全过程管理的指标进行分析归纳，选取有价值、可重复、具有代表性的统计指标，形成能够科学评价机组检修全过程管理指标及评价体系，全面反映和评价检修全过程各阶段、各层面的工作质量、效率、效果，以促进检修管理的持续改进。

三、机组检修管理的现状与发展

应对电力检修市场化改革的新局面，许多发电企业积极运用现代化管理理念，通过多年的探索和实践，取得了宝贵的管理经验，使得发电厂机组检修管理水平有了显著提高，初步形成了组织有序、管控有力的检修管理规范化机制，机组检修的实施管理呈现出了组织管理程序化、过程控制精细化、检修作业标准化、工期控制网络化、修后评估科学化的新特点。

组织管理程序化是指在检修前下发机组检修准备全过程控制程序，将机组检修的准备工作全面细化、规范为工作程序，检修中按照检修工作包中的相关监督程序、检修程序、验收程序等作业程序执行，杜绝了人为随机性的管理行为，保持了管理机制的高效运作。

过程控制精细化就是运用先进的精细化和全过程控制的理念，改变原来的粗放型的三级验收制度，大力实施质检点验收和修后再鉴定验收，严把检修工序各道关口，将质量控制落实到每项检修工作的各个工序中去，确保每项检修工作质量的可控与在控。

检修作业标准化是指通过多年实行工序卡、作业指导书的实践经验，实行检修作业文件包管理，对检修工作中的人员用工计划、备品备件计划、质量监督与技术监督计划、工作风险分析与安全措施、检修程序和检修报告等项目进行规范，并进一步细化了检修工作指令和作业控制程序，形成了标准化的文件，使检修工作从准备到收工的全过程的每一步都有章可循、有据可查。通过检修程序文件来规范检修行为，控制检修行为的随意性。检修工作文件包制度的实施，有效提升了检修质量水平和检修工作效率。

工期控制网络化是指根据机组检修任务和目标，各部门制定相应的各级网络图，利用网络平台的共享性和实时性，组织、协调检修，科学控制工期，保证机组检修工作有序可控，稳步推进。

修后评估科学化是指建立健全科学的检修管理指标评价体系，对修后设备的运行情况、性能指标、成本费用进行全面、科学、客观地评估。总结经验，找出差距，运用奖惩手段，强化检修工作的闭环管理，保持检修管理的持续改进。

目前，随着电力体制改革不断深化，严峻的外部市场环境和各发电企业自身的生存发展都对提高检修管理水平提出了更高的要求。为推动检修管理水平的不断提升，各发电企业应重点加强以下工作：首先，不断更新检修管理观念，用市场化、集约化、精细化的理念指导检修工作；其次，实行组织扁平化管理，对检修组织实行扁平化管理，减少层次，提高效率和效益；再次，更新检修管理手段，运用先进有效的管理方法，借助计算机管理系统并开发专项的检修管理软件，提高管理效率；最后，不断优化检修管理流程，使检修管理向规范化、程序化、标准化、科学化方向发展。

第四节　发电机组检修管理相关的主要基础工作

发电机组检修管理相关的基础工作关系到发电企业检修管理体制正常运行，是检修工作实施的管理平台，也是规范检修作业的基本条件和要求。发电机组检修管理相关的基础工作主要包括：设备可靠性管理；技术监督管理；设备缺陷管理；设备状态诊断和评估管理；设备基础性资料管理；设备配置、变更、异动管理；检修环境管理；生产建筑物及附属设施的管理；检修用具管理；检修作业文件管理；定额管理；员工培训及定期工作管理等内容。

一、可靠性管理

发电可靠性管理是指发电厂的主机、主要辅机及输变电设备可靠性管理，是发电企业的全面质量管理和全过程安全管理的重要组成部分。发电可靠性管理是用系统工程的观点对设备的可靠性进行控制，即对设备全寿命周期中各项可靠性工程技术活动进行规划、组织、协调、控制、监督，以实现确定的可靠性目标，使设备全寿命周期费用最经济。

发电可靠性管理的基本任务是：对发电设备进行可靠性统计分析，以多项可靠性指标来检验规划、设计、设备制造、基建安装、发电生产各个环节预期的目标和收益，并作为多环节技术进步和技术改造的重要依据；研究和拟定发电可靠性目标；充分发挥发电可靠性指标在生产过程中的指导作用，努力提高发电可靠性。

发电可靠性管理的要求是：准确、及时、完整的填报可靠性管理的基础数据，并做到时间准、状态明、原因清、编码齐、数据全；每月对设备可靠性数据进行分析，找出影响设备可靠性指标的因素，对有规律性和频发性事件作出结论性分析，并提出提高设备可靠性的建议和对策，为决策提供依据。

发电企业可靠性管理工作的主要内容包括：根据发电设备年度停运计划、技术改造计划以及反事故措施计划；结合往年输变电设施可靠性指标情况，测算编制下年度可靠性管理目标计划；根据目标计划认真落实各项检修计划、技术改造计划以及反事故措施计划；结合可靠性事件，及时进行设备可靠性专题分析，指导设备检修维护管理和运行管理；结合机组大修及设备更新改造，对可靠性指标完成情况进行统计分析（机组等效可用系数、等效强迫停运率、计划停运系数、降出力系数、设备利用小时、运行暴露率等），制定针对性措施，努力提高设备的安全性、可用性，完成可靠性目标计划。

根据可靠性分析结论和措施，实施设备检修、更新或技术改造，提高设备可靠性。对检修、更新和改造后的设备运行情况进行跟踪分析，使用可靠性管理指标评价检修或改造效果。

二、技术监督管理

技术监督是指运用科学技术手段，依据国家法律法规，对国民经济各个领域中的技术性问题的有关活动进行监察和督促。其最终目的是保障国民经济活动的正常运行和国民经济管理目标的实现。

电力技术监督工作是提高电力设备可靠性和保证电网安全、优质、经济运行的重要环节和基础，也是电力设备检修管理的基础性工作。电力技术监督工作以质量为中心、以标准为依据、以计量为手段，建立质量、标准、计量三位一体的技术监督体系。贯彻“安全第一，预防为主”的方针，实行技术责任制，按照依法监督、分级管理、行业归口的原则。实施对工程初设审查、设计选型与监造、安装、调试、试生产到运行、检修、停备用、技术改造中的技术性能检测和设备退役报废鉴定的全过程技术监督管理。真正做到凡事有人负责、凡事有人监督、凡事有章可循，凡事有据可查。

发电企业根据有关法律、法规、标准、规程和规定等要求，编制本企业的各项《技术监督管理标准》，组建技术监督网，依据相关标准，对设备整个生命周期的管理活动提供技术支持和监督；组织讨论研究生产中的技术问题，制定防范措施；依靠科技进步，采用和推广成熟、行之有效的新技术、新方法，不断提高技术监督的专业水平，监督、指导检修维护工作和运行管理工作；编制技术监督计划，将技术监督计划落实到每一项检修维护工作中去，并及时总结分析；实现技术监督档案的规范化和制度化管理。形成完善规范的全过程技术监督体系。

三、设备缺陷管理

设备缺陷管理就是对设备缺陷的定义、分类、检测、发现、消除、验收、统计、分析、评估、考核进行的全过程闭环管理的总称。发电企业根据自身情况，结合企业的经营目标，制定《设备缺陷管理标准》，并按照《设备缺陷管理制度》进行设备的缺陷管理工作。《设备缺陷管理制度》规定了设备缺陷管理的职能、管理内容与要求、制度的实施与监督检查，包括设备缺陷记录、缺陷消除记录、设备维修历史记录、缺陷分析记录等。完善的设备缺陷管理，可以为设备检修工作提供翔实的有针对性的资料，使得检修更具有针对性和科学性。同时，通过缺陷分析也可以对设备检修和改造效果进行验证。如对发电设备或系统出现的缺陷按一定的时间段进行统计，分别找出缺陷率较高的缺陷类型和缺陷设备，对缺陷发生的机理进行分析，从而制定相应的治理整改措施。设备缺陷管理的目的是降低同类设备缺陷的发生率，提高设备运行的可靠性。

四、检修费用管理

检修费用管理包括检修费用的计划、统计、分析、平衡与控制管理等。发电企业应建立和健全大修工时、材料消耗和费用统计制度，编制并不断完善设备定期检修的工时和费用定额，并应用有效的管控手段，使定期检修工作的费用管理逐步规范化、定额化、精细化。

五、备品配件管理

备品配件管理包括采购计划管理、合同管理、验收管理、库存管理及物资申请、领用、发放、回收、统计、分析管理等。各发电企业应制定检修材料、备品配件管理制度（内容应包括计划编制、订货采购、运输、验收和保管、不符合项处理、记录与信息等要求），编制设备的备品、配件定额，检修准备阶段，及时编制检修用备品配件需用计划，合理安排备品、配件的到货日期，努力实现备品、配件的国产化工作，以做好备品、配件的管理工作。

六、设备状态综合评估管理

设备状态综合评估管理是指对设备状态监测工作中所采集到的设备状态的综合信息进行汇总、分析，判断设备的实际运行状态，提出相关检修建议的管理工作。设备状态综合评估是根据设备监测结果、规程、标准、设备失效的规律、可靠性分析等，通过分析各渠道获得设备状态综合信息，对设备状态提供一个准确、客观的评估，对设备潜在性故障或功能性故障拿出定性的结论和处理意见。设备状态综合评估管理主要在两个方面对设备状态进行综合分析与评估：一是对设备的潜在性故障进行诊断，分析其故障机理及可能造成的危害，估算检修费用及检修时间，按设备的安全重要性程度以及全厂机组检修计划安排提出检修建议或预防措施；二是对设备状态的趋势进行预测，对呈现劣化趋势的设备提出检修建议或维护建议。

七、检修用具管理

加强对检修工具、机具、仪器的管理，按照有关管理规定对工器具进行定期的检查和检验，确保检修工作使用经过检验合格的工器具。检修现场实行工器具登记制度，防止遗漏在设备或容器内。

八、检修作业文件管理

检修作业实行检修作业文件包制度。检修作业文件包是涵盖设备检修全过程的作业性文件，它包括检修工作全过程中的人员用工计划、备品配件计划、质量检验与技术监督计划、工作风险分析与安全措施、检修程序和检修报告等项目，使检修工作从准备到竣工的全过程的每一步都有章可循、有据可查。通过实施检修作业文件包制度，使得检修工作指令和作业控制程序得到了细化、强化和规范。使用检修程序文件来规范检修行为，控制检修行为的随意性，可有效保证设备的检修质量。

九、设备配置、变更、异动管理

发电企业应制订设备配置、变更、异动管理制度，内容应包括新增设备的配置、设备变更、异动报告等要求，并使之规范化、程序化。

十、检修环境管理

检修环境管理采用事前预防、事中控制、事后验证的管理手段，保证检修前做好预防环境污染的措施；检修中做好防止环境污染的有效控制措施，消除影响设备运行的环境因素，同时避免对建筑物和构筑物造成破坏和污染；检修后验收整体检修工作的同时，验收设备环境状况，确保检修完毕后，为设备留有一个清洁、安全的运行环境。

十一、生产建筑物及附属设施的管理

发电单位应对生产建筑物（厂房、建筑物、构筑物、煤场、灰坝等）和生产附属设施（道路、护坡及与生产相关的生活设施等）进行定期检查维护，并制定相应的定期滚动检修台账，结合实际情况进行检修。

十二、定期工作管理

加强设备的定期试验工作，严格执行定期试验制度或规定，作好各种试验的记录，对定期试验的原始记录和试验报告进行规范管理。

十三、定额管理

定额是指发电企业在生产经营活动中，如在检修、维护、运行生产活动中，对人力、物力、财力等的消耗和使用应达到的预先规定的标准。定额管理工作包括定额的制定、修订、执行与检查等管理工作。与检修维护管理有关的定额工作主要有：工时定额、材料消耗定额、检修费用定额等。定额工作是编制检修项目计划、费用计划、材料消耗计划以及竣工核算、控制人工材料费用消耗的依据，是科学组织、合理控制检修管理工作的有效手段，是降低检修费用、控制检修成本的有力措施。

十四、技术资料管理

技术资料管理既是电力企业生产技术管理的基础，也是检修管理的基础工作。必须加强技术资料的管理工作，保证达到制度化、标准化、规范化。

技术资料包括技术文件资料和技术档案两部分。技术资料包括设备台账、说明书、措施、计划、图纸、纪要、规程、条例、规定、管理办法等。技术资料应具备科学性、服务性、完整性、系统性、真实性、时效性等特点。

与机组检修管理有关的技术资料包括：

（1）设备渗漏点治理资料。设备渗漏点治理资料包括设备密封点清册、设备渗漏点统计考核资料、设备渗漏点治理措施。

（2）设备台账。设备台账是设备管理基本的技术管理手段，包括设备的编码、名称、分类、属性；记录设备全过程管理的信息；详细的设备信息描述；设备技术参数表；设备评定级；检修维护档案；设备异动变更记录；设备异常、障碍、事故记录等内容。建立设备检修台账并及时记录设备检修情况，加强技术档案管理工作，要收集和整理设备、系统原始资料，实行分级管理，明确各级人员职责；大修结束后，根据检修工作情况，及时将检修文件资料补充到设备台账中，确保设备台账的时效性和系统性。

（3）设备治理规划。

（4）检修工艺规程修编。根据历次大、小修和设备改造情况及时补充、修订检修工艺规程；机组检修前修编检修工艺规程，确认其有效性。

（5）各种检修计划管理归档。

（6）设备管理制度。设备管理制度包括检修、运行、技术监督、备品配件和计量管理等制度齐全、责任制落实。根据检修实践取得的经验，对设备管理制度包括检修、运行、技术监督、设备评定级、备品配件和计量管理等制度提出修编意见，定期进行修编，确保设备管理制度的有效性。

（7）重大更新和技术改造项目管理资料。重大更新和技术改造项目管理资料包括立项报告、可行性研究报告、实施计划、评估报告。

（8）备品配件管理资料，备品清册完整。

（9）设备缺陷管理和故障记录资料，制度健全并严格执行，并有实行动态管理的记录。

（10）机组检修总结。机组检修总结包括开工报告、检修项目计划、网络图、检修文件包、质量缺陷报告、不符合项报告、冷态验收资料、设备异动变更、工时定额、材料费用消耗、大小修前后的试验、遗留问题等维修记录。

（11）修前设备状态分析和修后设备状态评估报告。

（12）运行分析及运行提出的缺陷和运行记录。

第三章 检修准备管理

第一节 概 述

机组检修是一项庞大的系统工程，涉及的单位多、专业广、人员杂，而全面、充分的检修准备是保障检修工作能够顺利进行的前提条件，是保证检修管理可控的有效手段，也是机组检修能否成功的重要基础。因此，发电企业应高度重视机组检修准备工作，建立健全机组检修准备工作组织机构，加强准备阶段的组织管理，细化准备程序，强化过程控制，确保优质、高效地完成机组检修准备工作，奠定检修工作的良好基础。

一、检修准备的任务

检修准备管理就是对检修准备阶段涉及的各个环节的管理内容、管理方法和管理要求进行规范和量化，明确相关单位量、质、期及责任部门与人员的要求，全面落实各项准备工作并保证按时完成，以确保机组检修按期开工和顺利进行。检修准备是一项跨单位、多部门、多专业相配合的工作，涉及组织、人员、计划、物资、文件等各个方面，主要包括以下内容：

(1) 按照“三标一体”企业认证要求，建立质量管理体系和组织机构，明确相应责任，组织开展检修准备的各项工作；

(2) 编制检修准备指导性文件，即机组检修准备全过程管理程序，明确准备过程涉及单位的工作内容、标准要求、完成时间、责任部门及人员、检查部门、审核部门，规范检修准备、检修施工、检修总结各阶段管理工作，实现全过程闭环管理；

(3) 依据机组设备状况，结合修前热力试验和缺陷分析，开展对设备状态诊断和评估；

(4) 落实机组检修的各项计划；

(5) 落实机组检修的各项安全技术组织措施；

(6) 做好物资准备，满足检修供应的需要；

(7) 检修工器具准备；

(8) 落实组织和人员；

(9) 外包项目准备；

(10) 检修作业文件准备；

(11) 确定检修监理单位；

(12) 检修准备检查、确认；

(13) 围绕机组检修的安全、质量、工期、费用协调控制要求，编制机组检修管理文件，指导机组检修，实现组织管理程序化；

(14) 规范技术资料管理，针对机组检修形成的技术资料设计或准备相应的资料格式，并明确需移交、存档的资料及整理要求；

(15) 做好相关基础性管理工作，如制定相关管理制度等。

二、组织机构

为保证修前准备的如期完成，确保检修工作的顺利进行，发电企业应在大修开始前 6 个月，小修开始前 3 个月成立检修准备工作组。检修准备工作组是检修准备工作的领导核心，负责检修准备所有工作的计划安排、组织协调、进度控制，以及重大问题的确定和组织处理。

（一）人员组成

检修准备工作组由分管生产副厂长（副总经理）任组长，技术管理部门、设备管理部门、安全管理部门、人力资源管理部门、运行管理部门、物资管理部门、检修承包方及监理组等相关人员为工作组成员。

（二）职责

1. 组长

（1）审查确定大修准备计划或检修准备管理程序，跟踪指导大修准备计划的执行情况；

（2）根据五年滚动检修计划、年度检修计划以及设备健康状况和趋势分析等，确定本年度大修项目；

（3）定期组织召开大修准备工作会议，了解大修准备工作的进展情况，协调解决工作中的难点问题；

（4）审查确定大修重点项目、大修工期、开工日期等；

（5）跟踪协调重大项目和改造项目的准备情况；

（6）组织编制、审查大修网络图和进度计划；

（7）审查大修项目变更；

（8）组织进行大修前的动员。

2. 工作组成员

（1）负责审核各单位、各专业的准备计划，并跟踪、协调、督促、推动准备计划的实施；

（2）协调督促各专业作业文件包的准备和审查；

（3）对于一些重要问题，负责组织相关人员召开专门会议，制定计划，确定方案，落实责任；

（4）负责对外包项目承包方的资质进行审查和监理单位确定。

3. 各部门

（1）技术管理部门代表厂（公司）履行全厂（公司）生产技术管理职能，是设备管理的技术支持方，负责相关标准的审核发布、检修及更新改造计划审核、部门间争议问题的协调处理、设备状态精密诊断、技术监督、重大技术措施制定、设备检修工作的监督考核等工作。

（2）设备管理部门是设备检修管理的组织实施部门，是设备检修的责任者、组织者和管理者，负责设备管理、起草相关标准、编制检修及更新改造计划，提出检修网络图和进度控制计划，是设备验收的责任部门及组织部门，对检修过程的安全、质量、进度、费用负责。

（3）安全管理部门是全厂（公司）安全管理职能部门，具体负责全厂安全监察和文明检修。

（4）人力资源管理部门负责全厂（公司）人力资源配置和培训。

（5）运行管理部门负责检修期间设备、系统隔离，设备再鉴定、试运等工作。

（6）物资管理部门负责检修物资的采购、验收、入库保管、发放等工作。

（7）检修承包方是设备检修的具体实施单位，负责设备检修的组织、实施。

（8）监理组负责检修过程安全、质量、工期监督检查工作。

三、工作方式

检修准备工作组成立以后，设备管理部门应编制《机组检修准备全过程管理程序》（以下简称《管理程序》，参见附录一），明确检修准备各项工作的工作内容、责任部门、完成时间等要求，并在大修前6个月下发。业主方应根据《管理程序》的要求，全面落实各项准备工作，确定后的检修承包方配合做好相关工作，使得检修准备工作程序化、规范化、标准化，确保机组检修按期开工和顺利进行，为检修工作的高质量实施打下良好的基础。

发电企业应定期召开大修准备工作例会，监督、检查各相关单位检修准备工作情况，协调解决准备过程中出现的问题，推动检修准备工作顺利进行。

第二节 计 划 准 备

机组检修的计划准备是检修准备的重要和首要环节，完善的计划是指导机组检修规范化管理的重要依据。因此，检修准备应编制详细、完备的检修相关计划，指导检修工作协调、有序的进行。计划准备主要包括以下内容。

一、计划准备内容

1. 检修项目计划（详细内容参见第四章检修项目、检修计划管理）

检修项目计划也就是机组检修实施计划。制定检修项目计划前，设备管理部门要首先编写检修机组在一个大修间隔内的机组可靠性分析报告，分析并明确影响机组可靠性的主要因素；技术管理部门组织进行机组修前热力试验，设备管理部门根据试验结果，结合机组运行情况提出影响机组经济运行的重点检修项目；运行部门组织召开运行分析会，汇总、分析机组存在的主要设备缺陷并提出运行分析报告；设备管理部门编写发电设备修前状态评估报告；在以上工作的基础上，结合机组实际情况，制定符合机组实际的检修项目计划，明确检修重点。

检修项目计划一般包括：标准项目计划、特殊项目计划、更新改造项目计划，同时还要编制消缺项目计划、技术监督计划、反措项目计划、节能项目计划、阀门（或烟风门、电机）滚动检修计划、热工阀门电机滚动检修计划、公用系统滚动检修计划、热工专业公用系统滚动检修计划、电气母线清扫计划、防磨防爆检查计划、电测/热工仪表周检计划等。

标准、特殊、更改项目计划应包括系统或设备名称、检修项目主要内容、质量标准和要求、技术监督及质检点设置等内容。

机组检修消缺项目应列入检修项目中，但考虑检修项目下发至机组停运检修前消缺项目仍会时有发生，应在机组检修停机前汇总、编制消缺项目计划，并编入检修计划中。消缺项目计划包括系统或设备名称、存在的缺陷或不足、需要备品配件、责任单位等内容。

企业年度反措计划、上级部门下达的有关反措要求，是检修项目计划制定反措项目的重要依据之一，要结合机组实际情况分解落实到检修计划中。机组反措项目计划应包括项目名称、项目内容、完成时间、责任单位、配合单位等。

阀门（或烟风门、电机）等设备的检修周期与机组主设备的检修周期不尽相同；有时虽检修间隔相同，但每次检修程度（检修内容）并不完全相同。对于这样的设备可根据设备的状况、状态监测及分析评估的结果编制滚动检修计划，凡是只有停机才能检修的主要设备的附属设备和辅助设备，其检修要与机组检修同步进行。阀门（或烟风门、电机）滚动检修计划包括设备名称、检修内容、质量标准、检修周期、质检点设置等。

热工专业电动门、气动门等阀门电机滚动检修计划应跟随机务专业阀门（或烟风门、电机）滚动检修计划同步编制。

化学、灰水、输煤等公用系统因检修周期与机组主设备不完全相同，为避免设备失修或过度维修，应编制滚动检修计划并进行滚动检修，其内容同阀门滚动检修计划。

热工专业公用系统滚动检修计划可随公用系统计划同步进行编制。

机组检修过程中，为统筹安排电气母线停电、清扫、检查，避免设备重复停、送电，减少设备的频繁操作，应编制电气母线清扫计划，包括停电范围、工作内容、质量标准、计划时间等内容。

针对锅炉、汽轮机承压部件制定的防磨防爆检查计划包括设备名称、检修内容、质量标准、检修周期、质检点设置等。

按照仪表周检计划，对需在机组检修中安排进行校验的仪表，应编制电测/热工仪表周检计划以明确工作任务。电测/热工仪表周检计划包括表计名称、规格型号、设计编号、质量标准、质检点设置、责任单位等。

2. 技术监督计划（参见第四章检修项目、检修计划管理）

按照技术监督工作规定，检修准备阶段还应编制机组检修中实施的技术监督计划（金属监督、化学监督、高电压监督、热工监督、电测仪表监督等），并经技术监督职能管理及服务单位认可后下发执行。技术监督计划包括机组编号、设备或部件名称、监督项目、监督内容、监督标准和要求、执行单位、配合单位等。

对于特种设备如锅炉及压力容器检验等，为加强控制可纳入技术监督进行管理。根据《电力工业锅炉压力容器监察规程》、《电力工业锅炉压力容器检验规程》以及其他有关标准、规程的要求，编制锅炉及压力容器检验计划。锅炉及压力容器检验计划分为锅炉外部检验计划、锅炉内部检验计划、压力容器内外部检验计划、压力管道及支吊架外部检验计划、压力管道及支吊架定期检验计划。以上计划包括项目名称、工作内容、质量要求、专责人等。

3. 验收计划（参见第四章检修项目、检修计划管理）

验收计划可分为质量检验验收计划和设备再鉴定计划，质量检验验收计划内容包括验收项目名称、内容与标准、项目负责人、质检点设置等内容。

4. 外包项目计划（参见第四章检修项目、检修计划管理）

为便于检修期间外包项目的管理，设备管理部门应根据已确定的检修外包项目，编制外包项目计划。外包项目计划包括项目名称、内容和标准、承包单位、质检点设置等内容。

5. 配合计划（参见第四章检修项目、检修计划管理）

检修过程中由于涉及的厂家和专业较多，为便于施工协调和组织，设备管理部门应根据检修项目施工工艺要求，编制各设备制造厂家需配合计划和各检修承包方或检修专业间配合计划。配合计划包括项目名称、配合主要内容、配合单位。

6. 工期控制计划（参见第八章检修工期控制）

为便于检修工程进度的总体协调，设备管理部门应根据已确定的机组检修重点项目及主要设备检修控制工期要求，编制机组检修四级网络计划，以合理控制检修工期：即一级（里程碑计划）、二级（厂级主线计划）、三级（各专业主线计划）、四级（各专业细分网络计划）。

7. 启动计划（参见第四章检修项目、检修计划管理）

设备管理部门根据机组启动要求，编制设备试运计划和机组启动计划。

8. 试验计划（参见第四章检修项目、检修计划管理）

设备管理部门根据机组启动要求，编制机组停机及启动试验计划。

二、计划的编制要求

检修计划作为机组检修重要的指导性文件，应在检修准备期间按时完成，以确保机组检修的顺利完成：

1. 检修项目计划

（1）检修中落实的反措项目计划由技术管理部门各专业专工负责编制汇总，大修开始前 6 个月完成（年度反措计划应于编制大修工程计划之前编出，并落实到检修计划中）。

（2）标准、特殊、更改项目计划由设备管理部门负责编制，技术管理部门审核，总工程师（或生产副厂长/副总经理）批准，大修开始前 6 个月完成。

（3）阀门/电机滚动检修计划、电气母线清扫计划、锅炉烟风门检修计划、防磨防爆检查计划、电测/热工仪表周检计划由设备管理部门负责编制，技术管理部门审核，总工程师（或生产副厂长/副总经理）批准，大修开始前6个月完成。

2. 技术监督计划

由技术管理部门各技术监督专责人负责编制，将年度技术监督计划中需在检修中实施的监督项目编入大修技术监督计划。大修开始前3～5个月完成。

3. 验收计划

由设备管理部门负责编制，大修开始前3个月完成。

4. 外包项目计划

由技术管理部门专业专工负责编制，大修开始前4个月完成。

5. 配合计划

各项配合计划由设备管理部门负责编制，检修承包方配合，大修开始前3个月完成。

6. 工期控制计划

各级网络计划由设备管理部门负责编制，大修开始前2个月完成。

7. 启动计划

设备试运计划和机组启动计划由运行管理部门负责编制，设备管理部门配合，大修开始前1个月完成。

8. 试验计划

机组停机及启动试验计划由设备管理部门和运行管理部门负责编制，大修开始前1个月完成。

第三节　操作性文件准备

操作性文件主要包括定置图、设备变更异动、措施和检修作业文件包等，是机组检修重要支持性文件，各发电企业应在检修准备阶段予以高度重视。

一、定置管理图（参见第十二章检修现场管理）

定置管理是对生产现场中的人、物、场所三者之间的关系进行科学地分析研究，使之达到最佳结合状态的一门科学管理方法。检修现场定置管理图是对生产现场所有物品进行定置管理，并通过调整物品来改善场所中人与物、人与场所、物与场所相互关系的综合反映图。为保证检修现场物品的定置管理，应绘制检修现场定置管理图并严格按图进行管理。

二、设备异动

设备在长期运转过程中，部件磨损老化直接影响设备的性能和生产效率，或因设备淘汰等因素，需要对设备更新改造、增减拆迁、系统变更，这就出现了设备变更异动。对于检修项目实施后将使生产设备、系统发生变更异动的，应在检修开工前1个月办理完设备异动申请报告；在项目竣工验收后办理设备异动竣工报告。

1. 设备变更异动分类

发电企业主要及辅助生产设备的变更或异动分类，按其设备性质和在生产过程中的重要性，可分为甲、乙、丙三类：

(1) 甲类设备和系统：主要有锅炉、汽轮机、发电机、主变压本体的主要部件改进；主要辅助设备更新改造，增减拆迁；热力系统、电气一次系统、直流系统改进；主要监测表计及继电器变更；重大热控及电气二次回路改进。

(2) 乙类设备和系统：主要有停用或拆除设备上或管路系统、电气系统上多余且不影响设备和系统正常运行者；主、辅设备及系统的一般性改进，而不涉及到设备性能及其保护的改变者；非主要热力系统的管路、阀门变更；保护装置改进及低压动力盘及以下分支系统、照明系统的改变者。

（3）丙类设备和系统：除甲、乙类以外的设备系统，变更时影响到有关图纸、技术资料需改动的均属丙类。

2. 设备异动申请

设备异动申请报告应包含以下内容：

（1）编号；

（2）申请异动的设备名称；

（3）异动类别；

（4）预计开、竣工时间；

（5）设备异动原因及预计效果；

（6）设备异动前的状况说明，必要时在申请单后附有关技术资料、图纸等；

（7）设备异动后的状况说明，必要时在申请单后附有关技术资料、图纸等；

（8）申请人、申请单位签字；

（9）审核、批准人签字。

设备异动申请报告格式见表 3-1。

表 3-1 **设备异动申请报告**

编号：

设备异动名称		异动类别	
预计开工时间	年 月 日	预计竣工时间	年 月 日
设备异动原因及预计效果			
设备异动前状况说明（附图）			
设备异动后状况说明（附图）			
申请人签字	年 月 日	单位签字	年 月 日
运行管理部门意见	运行专工： 年 月 日		
设备管理部门各相关专业会签意见	点检长： 年 月 日		
技术管理部门相关专业意见	专业专工： 年 月 日		
技术管理部门负责人	技术管理部门负责人： 年 月 日		
总工程师	总工程师： 年 月 日		
附有关图纸资料清单			

3. 设备异动变更申请的审批

设备异动变更申请经运行管理部门、设备管理部门相关专业会签后，经技术管理部门专业工程师、负责人审核，总工程师批准后生效。检修承包方负责根据批准的设备、系统异动方案组织施工。

4. 设备异动竣工报告

设备异动竣工验收后，设备管理部门应负责填报异动竣工报告，实现设备异动的闭环管理。

设备异动竣工报告应包含以下内容：

(1) 编号；
(2) 申请异动的设备名称；
(3) 异动类别；
(4) 开、竣工时间；
(5) 设备异动前的状况；
(6) 设备异动后的状况；
(7) 技术交底情况；
(8) 竣工资料整理移交情况；
(9) 试运行情况；
(10) 验收评价；
(11) 竣工资料清单。

设备异动竣工资料作为附件附在报告后，设备异动竣工报告格式见表 3-2。

表 3-2 **设备异动竣工报告**

编号：

<table>
<tr><td>设备异动名称</td><td colspan="2"></td><td>异动类别</td><td></td></tr>
<tr><td>开工时间</td><td>年 月 日</td><td>竣工时间</td><td colspan="2">年 月 日</td></tr>
<tr><td>设备异动前状况（附图）</td><td colspan="4"></td></tr>
<tr><td>设备异动后状况（附图）</td><td colspan="4"></td></tr>
<tr><td>技术交底情况</td><td colspan="4"></td></tr>
<tr><td>竣工资料整理移交情况</td><td colspan="4"></td></tr>
<tr><td>试运行情况</td><td colspan="4"></td></tr>
<tr><td colspan="2">验收评价</td><td colspan="3">检修承包方：
设备管理部门：
运行管理部门：
技术管理部门：
总工程师：</td></tr>
<tr><td colspan="2">竣工资料清单</td><td colspan="3"></td></tr>
</table>

5. 设备异动竣工报告的关闭

设备异动竣工后，丙类异动由设备管理部门组织，检修承包方质检人员、设备管理部门、运行管理部门专业工程师进行验收评价；乙类异动由设备管理部门组织，检修承包方质检人员、设备管理部门、运行管理部门专业工程师进行验收评价；甲类异动由设备管理部门组织，检修承包方质检人员、设备管理部门、运行管理部门、技术管理部门专业工程师和总工程师参加进行验收评价。验收评价为：优、良、合格、不合格。设备异动竣工验收通过后，在竣工资料整体移交完毕，图纸已按异动情况进行修改，检修工艺规程依据异动进行相应修订后，方可由设备管理部门关闭设备异动竣工报告。

6. 设备异动的归档

设备异动申请、竣工报告办理结束后，作为检修作业文件包的附件统一进行归档。

三、措施

1. 设备安全隔离操作卡

机组停运后，为保证设备安全隔离，应制定设备隔离操作卡，明确操作人、监护人、发令人及相应操作内容，便于指导设备隔离操作，其格式如表 3-3 所示。

表 3-3　　机组大修隔离操作卡

序号	操作内容		执行	锁号	复查	备注
1	关闭×号机四抽至×号机辅汽联箱电动门并停电	加锁				
2						

2. 安全、技术、组织措施（参见第十章检修作业文件包管理）

为优化管理流程，简化作业文件，对针对检修特殊项目、更新改造项目或特种作业而制定的专项施工安全、技术和组织措施，应结合检修文件包推广使用，统一纳入检修文件包中，不再单独编制。

四、检修作业文件包（参见第十章检修作业文件包管理）

检修作业文件包作为指导检修的作业性文件，通过检修程序化文件来规范检修行为，涵盖了标准、特殊、更新改造、设备消缺、试验调试等项目。检修准备阶段应在机组检修开工 3 个月前根据检修工艺规程完成修编检修文件包，规范检修作业行为。

五、检修工艺纪律

检修工艺纪律，是发电设备检修实施过程中，为确保人身和设备安全，保证检修工序的顺利进行而规定的检修安全技术措施，是规范检修人员行为、确保检修质量和安全文明生产而制定的约束性规定。

六、规程修编等其他相关文件

各发电企业要结合大小修机组的设备特点和历次检修经验，按时组织修编、审查相应的检修工艺规程，并确认其有效性；要根据企业设备和技术管理情况，准备相关文件资料。

第四节　检修物资准备

检修物资是指检修过程中所需要的物质资料的总和，一般包括设备、备品、配件、材料等。充分的检修物资准备是机组检修工作顺利进行的重要基础，物资质量好坏是机组检修能否成功关键要素。因此，各发电企业在检修准备时必须高度重视物资准备工作。

一、检修物资的分类

检修物资主要包括设备、备品、配件、材料等。设备指能构成固定资产的整台件装置；按照生产和检修计划为修复设备而准备的零部件称作配件；为了能有计划地检修，尽量缩短设备停用时间，也为了设备运行中突然发生事故时能及时抢修，减少抢修时间，必须按计划或周期预先存起来的配件称为备品；材料指消耗性物资。

二、检修物资审批流程

（一）物资需用计划的编制

1. 物资需用计划的分类

检修物资需求计划一般可分为标准项目、特殊项目、更新改造项目、外协加工项目计划。外协加工项目指需要到厂外单位加工的非标准器件和工器具。消耗性材料如破布、盘根、焊条等由设备管理部门按专业统一平衡后在以上相应项目计划中提报，生成消耗性材料的采购工单进行统一平衡后采购。检修开始前或设备解体后发现需补充提报的备品、配件和材料等补充计划在对应项目计划中提报。凡不属于修理范围的项目（如工器具等），不允许计划混报和搭车。

2. 物资需用计划的编制（参见第十章检修作业文件包管理）

（1）物资需用计划由设备管理部门编制的检修作业文件包物料计划自动生成。

（2）编制物资需用计划应包括物资名称、规格型号、编码、需用数量、项目名称、成本科目、物资单价及需用日期、质量要求、控制措施，并按规定流程审批。成本科目为标准项目、特殊项目、更新改造项目等。

（3）编制物资需用计划的同时，为保证订购质量，对重要物资还需向物资管理部门提供完整的、有效的技术资料、合格图纸、质量验收标准、技术要求和质量保证措施，供物资管理部门订货时参考。对检修特殊项目所需的大宗特殊材料，应编制专项采购计划，并制定相应技术规范书附以说明。

（4）外协加工项目计划应附图纸加以说明。

（5）计划消缺项目必须根据设备故障诊断和状态评估结果，结合存在需停机处理的缺陷做物资计划，并列入对应标准项目中。

3. 物资需用计划的编制要求

（1）检修开工前 60～90 天，由设备管理部门编制。

（2）物质需用计划中应包括技术要求和质量控制措施。

（3）对于大宗物质、重要设备、部件等，应编制专门计划，编写技术规范书和质量控制措施。

（4）对外委加工部件还应附上图纸加以说明。

（5）物质部门接到采购计划后，应组织设备和生技部门参与编写物质采购大纲。

（二）物资需用计划的提报

（1）设备管理部门负责编制、提报物资计划，并按物资计划审批流程进行审批。

（2）设备管理部门根据实际需要，将与供货厂家签订技术协议，并连同图纸提供给物资管理部门订货时使用。

（3）对于检修所需进口设备、备品配件，供货周期较长物资，应在开工前 5 个月提报物资需求计划。

（4）其他物资计划应在开工前 4 个月提报需求计划。

（5）因项目变更需要调整物资需用计划时，设备管理部门应在计划变更后 3 日内提报、修订计划，经审批后下达物资管理部门。

（三）物资需用计划的审批

（1）提报的物资计划经设备管理部门点检长审核，主任批准后下达。

（2）批准下达的物资计划，经各发电企业物资库存平衡后，生成的采购计划由物资管理部门进行采购。

（四）物资采购的要求

（1）物资管理部门应建立合格的供货厂家清单，并定期进行评审和修订。物资需用计划下达后，物资管理部门应根据主管公司的规定，按照招投标制、货比三家等原则选择适当的生产或供货厂家采购，必要时要对厂家进行满足质量的能力评价，评价可依据以下条件进行：

1）以往在类似采购工作中的质量资料及其他买方对此供货厂家的质量评价；

2）对供货厂家的质保能力及技术能力的实地调查；

3）对供货厂家产品抽样检查所作的评价。

（2）对供货厂家资质进行审查，并采用招投标形式进行采购。

（3）物资采购必须事先制定验收方法，并形成文件，包括原地验证、收货检查、合格证、试验报告、分析报告等。

（4）物资采购应规定明确的供货要求，包括设备的规格型号、图样、满足规范要求、厂家资质要求、厂家质量保证措施要求等。

（5）制定有关处理质量争端的规定。

三、物资的验收与入库

（1）采购物资需到供方货源处验证时，应在采购合同中规定验收方法及时间安排，由物资管理部门组织实施。

（2）物资到货后，由物资管理部门负责对到货数量及外观质量进行初验，登记后存放，并应在3日内通知设备管理部门、安全管理部门（必要时）与仓库保管员共同对产品质量及文件资料进行验收，合格后签署意见，凡涉及图纸、资料移交时应同时通知档案管理人员参加验收。

（3）采购物资进货检验合格后，进行标识和记录并办理入库手续。

（4）物资入库验收应严把质量关，杜绝不合格产品入库：

1）外协加工件以图纸为准，凡不符合图纸要求的，均为不合格产品，按不符合项程序处理。

2）重要的备品配件应有产品合格证、出厂证明、试验报告（或成分分析）、图纸资料，以上资料缺一者，按不符合项程序处理。

3）大宗材料：锅炉受热面钢管、凝汽器铜管、凝汽器钛管、合金钢管等要有出厂合格证、化学成分分析报告、抽样检查报告、试验报告、技术资料等，以上资料缺一者，按不符合项程序处理。

4）机电产品：风机、水泵、高压电机、高压和大口径阀门等要有出厂合格证和出厂日期、试验报告、技术资料和图纸等，以上资料缺一者，按不符合项程序处理。

5）耐磨件：磨煤机衬板、锅炉燃烧器、方形管、煤粉管道及弯头等要有出厂合格证、试验报告、成分分析报告、热处理报告、技术资料等，以上资料缺一者，按不符合项程序处理。

6）油类：透平油、变压器油、抗燃油等要有出厂证明及制造厂家、出厂合格证、试验报告、成分分析单等，以上资料缺一者，按不符合项程序处理。

（5）不符合项的处置：在物资入库验收时发现不符合项，由物资管理部门负责追索或更换。

四、物资的平衡

物资计划提报审批后，检修准备工作组应定期召开物资平衡会，检查、落实检修物资的到货情况。设备管理部门要随时跟踪计划的执行情况，确保在检修开始前所需物资采购到位。

第五节 检修工器具准备

检修工器具是指在检修工作过程中用以协助检修人员达到某种目的的物件。工器具是机组检修必备的辅助手段，其可用性高低对提高检修效率、保证检修质量发挥着重要作用。机组检修前工器具的准备工作包括工器具的清点、落实、补充、维修及检验、试验。

一、检修工器具的种类

（一）安全工器具

安全工器具是防止触电、灼伤、坠落、摔跌等事故，保障工作人员人身安全的各种专用工具和器具，分为电气绝缘工器具、安全防护工器具两类。

1. 电气绝缘工器具

电气绝缘工器具指高压验电器、高压绝缘棒、绝缘鞋（靴）、绝缘手套、绝缘垫、绝缘夹钳、绝缘台、绝缘挡板、携带型短路接地线等。

2. 安全防护工器具

安全防护工器具指防护眼镜、安全帽、安全带、腰绳、绝缘布、耐酸工作服、耐酸手套、防毒面具（正压式消防呼吸器）、防护面罩、临时遮栏、遮栏绳（网）以及登高用梯子、脚扣（铁鞋）、站脚板等。

（二）常用工器具

一般检修工作中经常用到的常用工器具如下。

1. 小型施工机械及工具

小型施工机械及工具指沙轮机、空气压缩机、水泵、滤油机、千斤顶、链条葫芦等。

2. 电动工具

电动工具指手持角向磨光机、手持电动扳手、手提电钻、手持冲击钻、手持电动锤钻、手持电动往复锯、手持金属切割机、无齿锯等。

3. 风动工具

风动工具指风锤、风镐、风磨等。

4. 通用工器具

通用工器具指扳手、螺丝刀、钳子等。

（三）试验、计量仪器

试验、计量仪器主要包括万用表、测温表、测振表、绝缘电阻表、水平仪、百分表、游标卡尺、各种校验仪、校验台等。

（四）特种设备

机组检修使用到的特种设备主要包括：起重机械、起重工器具和电梯等。

1. 起重机械

起重机械包括桥式起重机、电动葫芦、升降机等。

2. 起重工器具

起重工器具包括麻绳、棕绳、钢丝绳、手拉葫芦、滑车（绳子葫芦）、夹头、卡环、千斤顶、吊钩等。

3. 电梯

电梯包括载人及载货电梯。

(五) 运输车辆

运输车辆主要包括电瓶车、叉车等。

(六) 专用工器具

专用工器具是指发电设备自配的专用工具以及为方便检修自制的专用工具等，如汽轮发电机转子支架、发电机抽转子专用工具等。

二、工器具准备的要求

(1) 各部门、专业应编制检修用工器具、安全用具、常用工器具、特种设备使用计划。

(2) 特种设备需进行定期检修。

(3) 机动运输车辆进行全面检查和保养。

(4) 安全工器具、常用工器具、试验仪器、特种设备等按规程或规定要求进行安全检查、试验，并实行合格证制度。对于上述所用仪器仪表、安全工器具、特种设备等均需有合格证书、试验报告或检测报告，并进行标识。

(5) 检查检修期间计量标准器具在有效周期内，超出有效周期的器具要及时送检。

(6) 对检修承包方自备工器具要按相同的标准进行检查落实及验证，不合格的工器具不允许进入检修现场。

三、检验验收

(1) 安全工器具、常用工器具、运输车辆、特种设备由安全管理部门负责按有关管理制度制定检验计划并监督执行，检验合格后由安全管理部门负责验收把关。

(2) 仪器仪表、测量器具由设备管理部门负责制定检验检定计划并监督执行。

(3) 专用工器具由设备管理部门负责按有关管理制度进行检验。

(4) 对自己没有能力进行试验和检验的项目，由责任部门负责委托具有相应资质的单位进行。

(5) 对检修承包方自备工器具由设备管理部门、安全管理部门按上述职责分工进行检查、落实及验证。

第六节 组织与人员的准备

机组检修是一项跨部门、跨专业的复杂系统工程，需要各部门、专业之间协同配合才能按计划有条不紊地顺利开展，因此要成立检修指挥部负责检修工作组织协调，并配备相应的管理人员，各司其职。同时由于机组检修涉及到设备、系统较多，工作种类繁杂，工作量大，完成这些工作必需足够的专业检修人员。因此，为保证机组检修准备的顺利进行，应在组织和人员准备上进一步细化、落实。

一、检修组织机构准备

机组检修开始前要成立检修指挥部，并配备适当人员，明确职责、界定分工，做到接口严密、信息通畅，才能做到凡事有人负责，保证检修工作的有序进行。

(一) 检修指挥部的组成

1. 总指挥（一名）

由分管生产的副厂长或副总经理担任。

2. 副总指挥（一名）

由总工程师担任。

3. 成员（若干）

由安全管理部门、技术管理部门、设备管理部门、运行管理部门、人力资源部门、物资管理部门、后勤保障部门、各检修承包方、监理组等负责人组成。

4. 各下设机构

根据检修工作的实际需要，检修指挥部一般下设汽轮机、锅炉、电气、热工、燃料、化学、灰水、调试运行等专业组、安全文明保卫监察组、物资协调组、后勤保障组、项目协调组、质量监督验收组、质量监理组。

（1）各专业组：①机、炉、电、热、燃、化、灰专业组长由技术管理部门专业技术负责人担任，相应专业检修承包方检修负责人担任副组长，成员由设备管理部门点检长、运行管理部门专业专工组成。②运行调试专业组由负责运行管理技术负责人任组长，设备管理部门、运行管理部门及检修承包方负责人任副组长，成员由设备管理部门点检员及运行管理部门、检修承包方各专责人组成。

（2）安全文明保卫监察组：由安全管理部门负责人任组长，治安保卫部门负责人任副组长，成员由安全管理部门专工及治安保卫部门人员组成。

（3）物资协调组：由设备管理部门负责人任组长，物资管理部门、检修承包方负责人任副组长，成员由设备管理部门点检、物资管理部门计划员及检修承包方施工负责人组成。

（4）后勤保障组：由后勤保障部门负责人任组长，成员由相关人员组成。

（5）项目协调组：根据检修实际情况，对重大技改或特殊项目可成立专门项目协调组，协调检修安全、质量、工期、费用控制。

（6）质量监督验收组：质量监督验收组全面负责检修的质量监督、检验、验收和技术监督工作，由技术管理部门专业专工和设备管理部门的点检员组成。

（7）质量监理组（如需监理）：对于大型无施工经验的检修工程（如新建铁路等），各发电企业在征得上级主管部门同意后，可聘请有资质的监理机构进行监理，并在检修指挥部中设置质量监理组，协调相关监理事项。

（二）指挥部人员分工

1. 总指挥

全面负责检修工作。

2. 副总指挥

全面负责机组检修技术工作，协助总指挥抓检修总体管理工作。

3. 各成员

根据各自分管的工作负责。

（1）检修施工组织、专业之间工作协调、工程质量管理工作，负责检修防磨防爆工作。

（2）检修技术管理和工艺质量管理，主持检修日常工作并负责召开定期的检修协调会。

（3）检修试运期间的运行管理和机组的调试协调工作。

（4）检修安全文明生产和现场保卫工作。

（5）检修工作的技术管理、技术监督工作。

（6）检修专业之间试运、调试和技术资料管理工作。

（三）检修指挥部职责

1. 检修指挥部

（1）全面负责机组检修的组织和协调工作。

（2）负责检修工期进度、工艺质量、工程质量和检修施工等工作。

（3）负责检修工作的技术管理和技术资料管理，检修防磨防爆和十项技术监督工作。

（4）负责检修试运、运行管理和机组的调试协调工作。

（5）负责检修工作中的安全、文明生产工作。

（6）负责协调、平衡各项目协调组、专业组职权范围以外或专业组间的接口问题。

（7）协调解决检修工作中出现的其他重大事项。

2. 专业组

（1）各专业组组长是各专业检修技术管理的第一责任人。

（2）各专业组要独立解决分管工作的主要技术问题，重大技术问题向大修指挥部请示。

（3）对检修中发现的设备异常制定检修技术措施，并监督所有检修技术措施的实施。

（4）负责分管工作的检修技术资料管理。

3. 项目协调组

（1）各项目协调组组长既是分管工作的组织指挥者，又是技术管理责任人，在管理上接受检修指挥部的领导。

（2）各项目协调组要独立解决分管工作的主要技术问题和施工组织问题，负责各主要施工单位的协调工作，重大问题须向检修指挥部请示。

（3）各项目协调组要对分管工作的施工质量负责。

（4）各项目协调组要严格按照检修重点控制工期及检修指挥部的指示来组织施工，就检修的进度控制向指挥部负责。

4. 物资协调组

负责物资供应，确保不因物资因素影响检修工期。

5. 后勤保障组

做好后勤保证工作，为检修工作提供完善的后勤服务和医务工作保证。

6. 安全文明保卫监察组

（1）全面负责检修的安全以及查禁违章工作。

（2）监督协助现场工作人员做好安全工作。

（3）检修后提出检修安全工作的考评意见。

（4）负责检修现场的治安保卫工作。

（5）负责检修现场的文明生产管理工作。

7. 质量监督验收组

（1）负责质量监督和技术监督计划的编制、审核并监督实施，对技术监督发现的的问题提出整改措施并组织实施。

（2）参与质检点验收并做好质量跟踪，下达不符合项通知单并负责不符合项纠正后的验收；负责检修目标的实施、攻关项目的执行；负责监督检查检修项目质检点的设立与执行，检修质量标准及检修工艺、工序管理的安排与执行，各项技术监督的执行情况。

（3）负责质量监督验收单的收集、整理和归档。

（4）负责技术监督项目的实施和相关资料的收集、整理和归档。

（5）负责组织机组检修冷、热态验收和评比。

（6）负责检修作业文件的编制和审核，组织有关人员学习和技术交底。

（7）负责检查检修文件包的执行情况。

（8）监督检修项目的实施，负责检修项目变更的审查。

（9）负责编写和审批不符合项的处理措施。

（10）负责召集有关技术专题会并编写《技术管理专题备忘》。

8. 质量监理组

质量监理组具体负责机组检修的质量管理验证，并与检修承包方质检人员建立联络。

二、检修人员准备

（一）劳动力平衡

人力资源部门在检修开工前按项目计划、工时定额要求，合理平衡劳动力（包括外包项目的负责人员），办理外借劳动力手续。

（二）检修施工人员的培训

好的检修质量只能通过检修人员的正确检修行为获得，所以，对检修人员尤其是工作负责人的培训尤其显得重要。对检修承包方人员的培训应在检修开始前2个月完成，自有人员的培训可在检修前2周完成。

1. 培训内容

（1）发电企业主要设备系统介绍及检修设备的运行状况和缺陷情况；

（2）检修安全管理、安全规程及文明检修方面有关管理规定；

（3）检修质量、检修工艺方面有关管理规定；

（4）检修作业文件包、有关规程的学习理解和正确执行；

（5）检修组织结构及接口、沟通方式等。

2. 培训要求

（1）对于在检修过程中独立承担特殊性质的工作或专业性较强的设备检修工作的承包方，应在质量、安全等方面进行全面深入的培训，如涉及到特种作业，相关人员还必须持有国家劳动部门颁发的特种作业许可证，并定期进行专业知识培训，以维持或提高其工作技能。

（2）对于在检修期间仅从事一般劳务性工作的承包方，应主要偏重于进行现场安全知识和一般检修工艺纪律等方面的培训。

3. 考试考核

检修人员培训结束后，业主方要对所有参加培训的人员按规定进行安全工作规程、检修工艺规程、检修作业文件包、工艺纪律等考试和考核，考试合格后，才允许进厂从事相应检修工作。对特种作业人员（如起重、高压焊工）进行资格审查和考试后方可上岗。

（三）检修负责人的确定

根据检修项目要求，确定检修项目的施工和验收负责人。

三、落实后勤、宣传、劳动竞赛

落实有关检修后勤保障、宣传报道、劳动竞赛等有关事项，形成上、下齐抓共管的良好氛围。

四、召开大修动员会

在大修开工前1天召开大修动员会，进行检修工作的总动员，对工作进行部署和安排，以鼓舞士气。

第七节　检修技术资料准备

检修技术资料管理是检修全过程规范化管理的重要基础工作，技术资料的规范与完整性是企业管理水平的重要表现之一。检修技术资料管理内容包括：建立健全技术资料管理制度，完善管理组织形式和管理职责，明确检修中应建立和归档的资料目录和规范化要求。特别对有外包检修项目的单位，要明确提出业主方和承包方在资料建立、内容及移交等方面的规范化要求。

第八节 其他准备事项

一、外包项目的落实（参见第七章检修监理、第十一章检修外包项目管理）

对没有配置检修人员的单位，或对工程项目技术含量较高、工程量较大，发电单位没有能力独立完成的工程项目，可根据确定的检修项目工作量大、小制定外包工程项目及实施计划。所有外包工程项目都要通过招标择优选择外包队伍，并由监审部门对招标工作进行监督，严格杜绝转包或再分包现象。必要时，应聘请有资质的监理机构对工程项目进行监理，重点项目聘请监理前，应汇报上级主管部门，并征得同意方可实施。外包工程项目自立项起，要根据外包工程项目及实施计划明确对外发包项目的管理专责人，对外包项目实行全过程管理。施工承包方应具有相应的资质、业绩和完善的质量保证体系，并按有关规定通过招投标方式确定。检修开工前10天，应根据《中华人民共和国合同法》和检修外包管理的有关规定完成所有检修项目外包施工合同及安全协议的签订工作，合同中应明确项目、安全、质量、进度、付款方式、违约责任等条款，并预留适当的质量保证金。各项目工程施工方必须按照合同规定的时间经安全知识教育考试合格后进入现场并配合进行检修前的各项准备工作。承包方的特种作业人员和计量仪表检定人员必须持有相应的资质证书，使用的机具、仪表应符合有关安全和技术规定，并有合格的校验证书。

二、机组检修管理文件

为指导机组检修工作，确保检修工作的有序开展，各发电企业在机组检修开工前应编制、下发各项检修管理文件，组织各检修承包方施工人员进行深入学习，并结合工作实践进行贯彻落实。检修管理文件一般至少包括以下内容。

1. 机组检修目标

为保证机组检修工作的高效完成，确保修后各项指标达到目标要求，应对机组检修安全、质量目标进行明确、量化规定。

2. 机组检修管理办法

为了加强机组检修工作的管理，组织好、协调好检修工作，保证检修的顺利完成，应制定检修管理办法，对机组检修的组织管理、项目管理、质量管理、工期进度管理、检修技术管理、安全管理、奖惩管理给出明确规定，其中要明确检修各方检修组织机构设置和人员，特别是质量控制人员名单和职责权限。

3. 机组检修质量规定

规定机组检修的质量验收要求，对具备质量验收资质人员授权，明确设备检修质量控制程序。

4. 技术资料管理规定

对检修技术资料整理进行规范。

5. 机组检修安全管理及现场文明施工规定

对机组检修过程中的各项安全事项及现场文明施工进行规定，提出明确的管理要求。

6. 机组检修分部试运、调试管理办法

明确分部试运、调试管理程序及管理要求。

7. 机组检修资料的整理规范（参见第十三章检修竣工、总结与资料整理归档）

规范机组检修形成的各种资料格式并提出相应归档要求。

三、检修准备检查和确认

（一）检修准备的检查

检修准备工作组应在检修开工前 1 个月和 15 天分别进行准备情况检查，落实各项准备工作。至少检查以下内容：

1. 检修项目计划与措施的检查

检查检修项目、技术监督项目、隔离安全措施、检修文件包落实情况等。

2. 检修外包项目落实情况检查

检查承包单位情况、手续办理情况等。

3. 物资准备工作检查

按检修项目和备品清册进行检查。

4. 检修机具、测量器具试验情况检查

按试验记录检查实物，测量器具标定应在一个检定周期内。

5. 安全工器具及起吊装置试验情况检查

检查安全带、行灯、电动工具、行车、桥吊等经试验，并应有试验合格证。

6. 机动车辆检修（保养）检查

有车辆检修（保养）记录。

7. 高压焊工练习情况检查

由金属监督人员出具的焊工试样合格证明。

8. 各专业（监督）检修记录表格准备检查

按技术资料管理规定格式准备齐全。

9. 人员培训、考试

检查检修前检修人员安全技术培训、检修工艺规程、检修作业文件包、工艺纪律等学习、培训情况，工艺纪律、安全规程、检修工艺规程的考试情况，做到不合格不上岗。

10. 检修劳动力平衡检查

按计划项目、工时定额，检查劳动力是否合理平衡（包括外包项目的负责人员）。

（二）检修准备的汇报

检修准备检查完毕，检修准备工作组要就检查情况（重点项目、措施、培训、外包、人工、材料、备品、工器具、异动申请、检修文件包）向组长进行汇报，并及时协调处理发现问题。

（三）检修准备的确认

在检修开工前一个月，在自查准备情况均已完成后，由主管生产副厂长/副总经理负责向上级主管部门提报检修准备工作情况汇报材料（汇报材料格式如附录二所示），上级主管部门组织对修前各项准备工作开展情况进行复查确认。

（四）大修质量目标责任书的签订

在检修开始前三周，根据机组实际运行情况和修前试验结果，各发电企业与上级主管部门签订检修质量目标责任书（格式参见附录三），作为检修质量目标考核依据之一。

（五）检修开工报告

在检修开始前一天各发电企业向上级主管部门上报机组检修开工报告，说明检修目标、主要检修项目等。报告由设备管理部门负责编制，技术管理部门审核，分管生产的副厂长或副总经理批准（内容及格式见表 3-4）。

表 3-4 **机组检修开工报告单**

报送日期：

<table>
<tr><td colspan="2">发电单位名称</td><td colspan="3">（盖章）</td></tr>
<tr><td colspan="2">检修机组编号</td><td></td><td>检修等级</td><td></td></tr>
<tr><td colspan="2">电网批准开工日期</td><td></td><td>电网批准竣工日期</td><td></td></tr>
<tr><td colspan="2">检修负责人</td><td></td><td>联系电话</td><td></td></tr>
<tr><td colspan="5">机组修前存在的主要问题：</td></tr>
<tr><td colspan="5">检修准备情况简述，是否向上级主管部门汇报，是否有遗留工作：</td></tr>
<tr><td colspan="5">检修目标：</td></tr>
<tr><td colspan="5">主要检修项目及施工单位</td></tr>
<tr><td>序号</td><td colspan="2">主要检修项目</td><td>施工单位</td><td>是否具备资格</td></tr>
<tr><td></td><td colspan="2"></td><td></td><td></td></tr>
<tr><td></td><td colspan="2"></td><td></td><td></td></tr>
<tr><td colspan="5">填写说明：主要检修项目是指锅炉、汽轮机、发电机三大主要设备，热工控制及重大特殊项目和重大更新改造项目。</td></tr>
</table>

批准：		审核：		填报：	

第四章 检修项目、检修计划管理

第一节 检修工程计划管理

一、发电设备的分类

1. 设备维护与检修的关系

设备的维护保养和检修因为工作内容、作用不同，不可相互代替。检修主要是修理或更换已经磨损、老化腐蚀的零部件，重新完善和修复设备及其系统的局部或整体的形态变化，恢复或提高设备的功能，是对设备磨损的补偿。而维护保养则是处理设备在运行过程中随时发生的技术状况的变化，如脏、松、漏、缺等。研究、掌握设备的磨损与故障规律，是做好设备维修（维护和检修）工作的客观依据。在设备管理过程中，既要坚持“预防为主”的方针，又要坚持检修与维护保养并重的原则。检修与维护是相辅相成的技术性很强的两项工作。高质量检修工作不仅可以减少日常维护工作量，而且便于下次检修；日常维护保养工作做得及时，同时也能保证设备按周期进行检修，减少临故修，甚至可延长设备检修周期，提高设备利用率，获得更好的经济效益。

2. 发电设备的分类

一般可将发电设备分为主要设备、辅助设备和生产建筑物。主要设备是指在发电过程中承担主要功用的设备，如锅炉、汽轮机、发电机、主变压器、机组控制系统等设备及其附属设备。辅助设备是指主要设备以外的生产设备，又分为主要辅助设备和一般辅助设备。主要辅助设备是指在发电生产过程中，直接扶持主要设备运行的设备，如：给水泵、循环水泵、凝结水泵、凝结水升压泵、冷却塔、引风机、送风机、磨煤机、给煤机、给粉机、高压厂用变压器、6kV 及以上开关等。一般辅助设备是指除主要设备、主要辅助设备以外的设备。生产建筑物包括厂房、建筑物、构筑物、水工建筑物等。

二、检修间隔、检修等级组合及停用时间

1. 检修间隔

机组大修间隔是指从上次大修后机组复役时开始，至下一次大修开工时的时间。机组大修间隔的规定如下：

西方进口机组：6～8 年。

国产、前苏联及东欧等国家生产的机组：4～6 年。

对主设备技术状况不良或存在重大设备安全隐患的机组，为确保机组的安全，经过技术鉴定后，由上级主管部门批准后，其检修间隔可低于上述规定。

各发电企业可根据机组的技术性能、实际运行小时数和运行状况，适当调整大修间隔，并鼓励适当延长大修间隔，但应经过对机组性能综合技术论证，同时经上级主管部门批准后实施。新投产机组或汽轮机通流部分进行重大改造后第一次检查性大修间隔原则上不延长。

2. 检修等级组合

检修等级是以机组检修规模和停用时间为原则，将发电机组的检修分为大修、扩大性小修、小修、计划消缺四个等级。大修是指对发电机组进行全面的解体检查和修理，以保持、恢复或提高设备性能。扩大性小修是指针对机组某些设备存在问题，对机组部分设备进行解体检查和修理。

扩大性小修可根据机组设备状态评估结果，有针对性地实施部分大修项目或定期滚动检修项目。小修是指根据设备的磨损、老化规律，有重点地对机组进行检查、评估、修理、清扫。小修可进行少量零件的更换、设备的消缺、调整、预防性试验等作业以及实施部分大修项目或定期滚动检修项目。计划消缺是指当机组总体运行状况良好，对主要设备的附属系统和设备进行消缺。计划消缺除进行附属系统和设备的消缺外，还可根据设备状态的评估结果，安排部分小修项目。组合原则：在两次大修之间，安排一次机组扩大性小修；除有大修、扩大性小修年外，每年安排一次机组小修，并可视情况，每年增加一次计划消缺。如大修间隔为 6 年时，检修等级组合方式为：大修—小修（计划消缺）—小修（计划消缺）—扩大性小修—小修（计划消缺）—小修（计划消缺）—大修（即第 1 年可安排大修 1 次，第 2 年可安排小修 1 次、并可视情况增加计划消缺 1 次，以后照此类推）。主变压器大修间隔可根据运行情况和试验结果确定，一般为 10 年，可同机组大修同时安排进行，每年可安排一次小修。新投产机组或汽轮机通流部分改造后，第一次大修时间可根据制造厂要求、合同规定以及机组具体运行情况决定，若制造厂无明确规定，原则上安排在投产或改造一年后进行。主变压器第一次大修一般为投产后五年，但可根据试验结果，经上级主管部门批准后，适当延长或缩短间隔。

根据机组运行可靠性情况，需在机组小修过程中安排工作量大、实施周期长的重大特殊或技改项目，从而导致机组检修时间（日数）增加，可安排扩大性小修。扩大性小修针对某些设备存在的问题，对其进行解体检查和修理，同时可根据设备状态评估结果，有针对性地实施部分大修项目或定期滚动检修项目。扩大性小修必须在年度检修计划申报时特别注明，由上级主管部门批准。

对电网发电设备有计划消缺检修等级的区域，可对年度内没有安排大修或扩大性小修的机组安排一次计划消缺。计划消缺主要进行主、辅设备的消缺和锅炉防磨防爆检查等检修工作，还可根据设备状态的评估结果，安排部分小修项目。配备流化床锅炉机组的计划消缺周期间隔可单独确定。

3. 停用时间（日数）

机组大、小修的停用时间（日数）是指机组从系统解列（或调度同意检修开工）之时到检修完毕正式交付电网调度的总时间（日数）。各级计划检修的停用时间（日数）规定见表 4-1。

表 4-1　　汽轮发电机组标准项目检修停用时间

机组容量 P（MW）	检修等级			
	大修	扩大性小修	小修	计划消缺
50≤P<100	20～25	12～14	7	4
100≤P<200	32～35	18～24	9～12	6
200≤P<300	40～45	24～30	11～14	8
300≤P<400	50～55	32～36	16～18	9
600≤P<800	60～65	35～40	20～25	10
P≥1000	80～90	35～45	25～30	13
配循环流化床锅炉机组 100 ≤P<200	33～36	22～28	13～16	7

注 1 检修停用时间（日数）已包括带负荷试验所需的时间（日数）。

2 1000MW 机组及配循环流化床锅炉机组的各等级检修的停用时间（日数）因无参考依据，暂定为上述日数。

对于新投产及汽轮机通流部分改造后的机组第一次检查性大修的停用时间（日数），应根据制造厂家要求和合同规定必须检查的项目及机组的具体情况而定，由上级主管部门确定。原则上检查性大修停用时间（日数）比同等级机组正常大修少5～10日。

对于母管制和供热机组的检修停用时间（日数），可根据与其锅炉铭牌出力所对应的凝汽式汽轮发电机组容量在表4-1中查出。

各发电企业可根据实施状态检修范围和深度，适当调整标准项目，同时应相应减少停用时间（日数）；对相应等级检修中实施重大技术改造项目的机组，可适当放宽机组停用时间（日数）的限制，但必须报上级主管部门批准；一个年度时间内，可以结合技术改造，在总停用时间（日数）不变的情况下对各级计划检修停用时间（日数）进行调剂，但需在年度计划中做出明确安排和说明，并须经上级主管部门同意。

在机组计划检修过程中，如发现重大缺陷需要变更检修时间（日数）、变更检修级别时，应在计划检修工期过半之前向上级主管部门和电网调度部门提出申请，由上级主管部门批准后实施。

主要设备的附属设备和辅助设备宜根据设备状态监测及评估结果和制造厂的要求，参照发电设备检修等级、检修间隔组合规定的原则，合理确定其检修等级、检修间隔，并穿插在机组各级检修中执行。

三、检修等级组合规划和定期滚动检修计划

1. 检修等级组合规划

检修等级组合规划主要是发电企业对发电机组在一个大修间隔内各检修等级进行预安排的组合规划，各发电企业应根据检修间隔、检修等级组合的规定，对每台机组编制在一个大修间隔内的“检修等级组合规划”，于每年7月15日以前上报上级主管部门。检修等级组合规划的内容及格式参见附录四。

2. 定期工程项目滚动检修计划的编制

各发电企业应编制五年定期工程项目滚动检修计划。定期工程项目滚动检修计划主要是对后五年需要在机组大、小修中安排的重大特殊项目、重大更新改造项目进行预安排。定期滚动工程项目检修计划要求通过加强设备状态诊断分析，以便及时调整具体执行的项目，做到“应修必修”。各发电企业按附录五的格式填写定期工程项目滚动检修计划，于每年7月15日以前上报上级主管部门。内容应包括：工程名称、工程类别、主要依据和技术措施、预计实施年度、预计停用天数、所需主要器材和备品、预计费用。

四、年度检修工程计划

1. 年度检修工程计划的审批

（1）每年7月底前，上级主管部门在审定检修等级组合规划后，测算并预下达各发电企业下年度检修标准项目费用定额。

（2）每年8月，各发电企业应根据上级主管部门的年度检修重点要求和下达的标准项目费用定额，结合本单位“检修等级组合规划”、“五年定期滚动检修计划”及实际情况，经过充分研究和论证，编制标准项目实施计划（格式参见附录六），实施计划应留足规定的不可预见费。

（3）每年8月，各发电企业应根据本单位的主要设备及辅助设备健康状况、检修间隔和技术经济指标，结合检修等级组合规划、定期滚动检修计划，合理编制下年度检修工程计划（计划编制内容及格式参见附录七）。

年度检修工程计划编制内容主要包括：单位工程名称、检修级别、标准项目、特殊项目及立项依据、主要技术措施、检修进度安排、工时和费用等，标准项目实施计划应作为该检修工程计划的一个独立附件。

单元制机组以机组为独立单元列入年度检修工程计划，母管制机组以锅炉、汽轮发电机组为独立单元列入年度检修工程计划。

锅炉对应的脱硫设备系统的检修直接列入年度检修工程计划，不单独编制，但要作明确说明。

公用系统设备按系统分类作为独立项目列入年度检修工程计划之内。公用系统一般指高压配电系统（包括升压站、启动备用变压器）、柴油发电机、公用厂用电系统（保安段、公用段、化水段、启动炉段、污水处理段、输煤段等）、输煤系统（包括运煤设施和上煤设施）、压缩空气、除灰系统、除渣、燃油、水源地供水、化水、制氢、全厂消防、电视监控、空调、暖通、热网、信息通信、工业泵房设备、循环泵房设备以及提升泵房设备等系统及设备。

生产建筑物（厂房、建筑物、构筑物、灰坝、水工建筑等）按照独立的建筑物列入年度检修工程计划内。生产附属设施（道路、护坡及与生产相关的办公、生活设施等）应逐项列入年度检修工程计划内。

特殊项目、更新改造项目应逐项列入年度检修工程计划内。

（4）各发电企业在 8 月底前将下年度检修工程计划以正式文件上报上级主管部门。同时向上级主管部门申报下年度检修特殊、更新改造项目。

（5）每年 8 至 9 月份，上级主管部门组织对各发电企业申报的检修特殊、更新改造项目进行论证、初审，包括现场调研或听取工程专题汇报；同时审查各发电企业检修标准项目实施计划。

（6）根据上级主管部门的审查意见，各发电企业重新调整检修标准项目实施计划，并将调整后的实施计划在 20 个工作日内报上级主管部门备案，检修标准费用科目按照调整后的检修标准项目实施计划进行设置。

（7）上级主管部门对各发电企业申报的检修工程计划审查论证后，汇总制定下年度检修工程计划，并于 11 月 20 日前对次年第一季度计划检修需安排的特殊、更新改造项目进行预批复，在上级主管部门年度预算完成后分批下达检修特殊、更新改造项目及费用计划。

2. 年度检修工程计划的落实和调整

（1）检修工程计划一经批准，各发电单位要严格执行，做好检修工程计划的落实工作（落实备品、材料，对重大特殊项目做好设计工作并制定施工组织、技术措施，搞好内外联系和协作）。

（2）检修工程计划经过批准后，如果需要增减特殊项目，必须按照项目申报程序以正式文件的形式向上级主管部门申报，经上级主管部门批准后方可实施。

五、年度检修工期计划

1. 年度检修工期计划的编制

每年 7 月，各发电企业应根据上级主管部门的年度检修重点要求，结合本单位情况，经过充分研究和论证，提出下年度检修工期计划（内容及格式参见附录八），于 9 月 15 日以前报上级主管部门。上级主管部门对各发电企业下年度检修工期计划中有关检修等级、停用时间等内容进行审核确认后，再对各发电企业检修日期进行综合平衡，按照规定时间向电网调度部门进行申报。

电网调度部门每年 11 月 15 日前，批复下一年度全网设备检修计划。对于次年一季度进行检修的机组，应作出预安排。

2. 年度检修工期计划的调整和执行

电网调度部门下达的年度检修工期计划中，大修的开工时间原则上不作调整。特殊情况需要调整的，应报电网调度部门审批，在季度、月度检修计划中予以明确。

机组小修、计划消缺和可能影响到电网出力、运行方式及重要用户用电（热）的辅助设备及公用系统设备的检修，其开工时间可在季、月度检修计划进行确认。发电企业因故要求调整季、月度检修进度计划时，应事先（季度检修计划在上季度末月 15 日前、月度检修计划在上月 15 日前）向上级主管部门申报，并经电网调度部门批准，方能按照调整后的季、月度检修计划执行。

检修计划经过批准后，如果需要增减重大特殊/更新改造项目，必须向上级主管部门申报，经上级主管部门批准后方可实施，如果增减的重大特殊/更新改造项目或其他因素对检修工期产生影响，应于机组计划停用时间过半前，向上级主管部门申报，同意后向电网调度部门提出申请，经批准后方可实施。

第二节　检修项目管理

一、检修项目的分类与定义

机组定期计划检修项目分为标准项目、特殊项目。多数情况下在机组检修时还要进行更新改造项目等。

（一）标准项目

（1）大修标准项目一般包括：

1）制造厂要求的项目；

2）全面解体、定期检查、清扫、测量、调整和修理的项目；

3）定期监测、试验、校验和鉴定的项目；

4）按规定需要定期更换零部件的项目；

5）按各项技术监督规定检查的项目；

6）消除设备和系统存在的缺陷和隐患的项目；

7）设备防磨、防爆、防腐检查及处理消缺项目；

8）机组辅助设备、系统的检修项目；

9）执行年度反措需安排的项目；

10）安全性评价需要整改的项目。

（2）小修标准项目的一般包括：

1）消除运行中发生的缺陷；

2）重点清扫、检查和处理易损、易磨部件，必要时进行实测和试验项目；

3）锅炉受热面的防磨防爆检查项目；

4）机组辅助设备的检修项目；

5）各项技术监督规定检查、监督项目；

6）执行年度反措需安排的项目。

（二）特殊项目

检修特殊项目是指在标准项目以外，为消除设备先天性缺陷或频发故障，对设备的局部结构或零部件进行更新或改进，恢复设备性能和使用寿命的检修项目，或部分落实反事故措施及节能措施需进行的项目。发电企业可根据需要安排在各级检修中。特殊项目不构成新的固定资产，且单项费用在10万元以上。重大特殊项目是指技术复杂、工作量大、工期长、费用在50万元及以上或对系统设备结构有重大改变更新的特殊项目。特殊项目由各发电企业根据机组实际运行情况及安全性评价等要求提出。

（三）更新改造项目

更新改造项目包括设备更新项目和技术改造项目。设备更新是指用相同的设备去更换有形磨损严重、不能继续使用（超出服役期）的旧设备或对第二类无形磨损进行补偿；技术改造是指对现有设备和设施，以及相应配套的辅助性生产设施，利用国内外成熟、适用的先进技术，以提高其安全性、可靠性、经济性、可调性、满足环保要求，并增加生产能力而进行的完善、配套和改造。更新改造的投资形成固定资产，是企业的一种资本性支出。

二、检修项目的制定

机组的容量不同，检修项目也不尽相同。即使是容量完全相同的机组，由于服役期限、设备磨损程度等实际情况的不同，每次相同等级的检修，检修项目也不尽相同。频繁的检修或检修不足都将对机组和设备的运行带来危害，因而在检修活动开始前有必要对系统及设备的设计、制造、运行等方面进行综合分析和考虑，精心准备、精心策划，本着“应修必修，修必修好”的原则，科学合理地确定系统和设备检修项目及其内容，既减少部分设备因盲目定期拆检后设备出现的“早期失效”现象，又能完成各种技术监督、制度规定要求所必须完成的检查、检验、清扫、试验等项目，使检修项目和频度达到最佳，减少系统和设备不可用时间，从而达到提高机组的安全性、可靠性和可用率；降低检修成本；延长设备使用寿命；减少环境污染等目的。

除应急检修外，目前发电企业的所有检修、试验、工程改造等项目一般都是通过制定检修计划而得到实施和执行的。检修计划主要包括在检修活动期间所需实施的预防性检修项目、定期试验项目、在役检修项目、更新改造、日常无法实施的检修项目。这种被普遍采用的预防性检修模式的检修计划和项目的确定，应参照下列要求制定：

（1）应以设计和制造方提供的标准、相关技术规范作为参考依据；

（2）应包括需定期安排全面解体、定期检查、清扫、测量、调整和修理的项目，定期监测、试验、校验和鉴定的项目，按规定需要定期更换零部件的项目，设备防磨、防爆、防腐检查及消除设备和系统的缺陷和隐患的项目；

（3）应参考和借鉴同类型机组成熟的检修计划和检修经验；

（4）制定检修项目和频度时，应考虑到系统和设备的级别、安全功能和重要性；

（5）应将各专业、工种和相关项目有机地结合，尽可能将相关设备和与其相关活动编排在一起；

（6）更新改造项目应进行设计和充分评价后方可列入检修计划；

（7）检修计划应符合有关的法律法规及上级有关规定，并落实反措、技术监督等有关项目；

（8）对检修计划的任何修改及升版应有充分依据和记录，说明修改的原因和理由，防止随意修改，保证检修项目的正确性和连续性；

（9）应定期对检修计划进行审查，以保证检修计划的适用性。

检修项目计划制定的程序：收集技术资料；编制项目计划初稿；专业讨论；部门审查；提交会审；修改项目计划；批准下达。

不论采用何种检修模式，要保证以后检修活动中检修计划执行的正确性和连续性，在完成一次检修活动后，应根据检修项目完成的实际情况对检修计划进行修改和升版，主要包括以下内容：

（1）各检修执行单位将检修项目完成情况反馈到检修计划编制的负责部门，负责部门应对完成情况进行汇总统计，并将检修项目完成的内容反馈到检修计划中；

（2）对检修计划进行跟踪，对未能及时实施的检修项目（遗留项目），应查明原因并重新安排，同时进行反馈；

（3）对检修结果不合格的项目应重新计划；

（4）对日常因设备故障已进行过的检修项目，必须反馈到检修计划中，同时做好对检修计划相应调整，防止重复性检修；

（5）加强设备定期检查，对不同的故障模式采取针对性的检修策略。

三、标准项目

（一）机组检修的标准项目要求

机组各级检修的标准项目可根据设备的状况、状态监测的分析结果进行增减，原则上在一个大修周期内所有的标准项目都必须进行检修。凡是只有停机才能检修的设备，其检修应与机组检修同步进行。

（二）锅炉大修标准项目参考

1. 汽包

（1）检修人孔门，检查和清理汽包内部的腐蚀和结垢。

（2）检查内部焊缝和汽水分离装置。

（3）测量汽包倾斜和弯曲度，检查膨胀指示装置。

（4）检查清理水位表连通管、压力表管接头、加药管、排污管、事故放水管等内部装置。

（5）检查清理支吊架、顶部波形板箱及多孔板等，校准水位指示计。

（6）拆下汽水分离装置，清洗和部分修理。

2. 水冷壁管和联箱

（1）清理管子外壁、焦渣和积灰，检查管子焊缝及鳍片。

（2）检查管子外壁的磨损、胀粗、变形、损伤、烟气冲刷和高温腐蚀，水冷壁测厚，更换少量管子。

（3）检查支吊架、拉钩，检查膨胀间隙。

（4）调整联箱支吊架紧力。

（5）检查修理、校正管子、管排及管卡等。

（6）打开联箱手孔或割下封头，检查清理腐蚀、结垢，清理内部沉积物。

（7）割管取样。

3. 过热器、再热器及联箱

（1）清扫管子外壁积灰。

（2）检查管子磨损、胀粗、弯曲、腐蚀、变形情况，测量壁厚及蠕胀。

（3）检查修理管子支吊架、管卡、防磨装置等。

（4）检查、调整联箱支吊架。

（5）打开手孔或割下封头，检查腐蚀，清理结垢。

（6）测量在450℃以上蒸汽联箱管段的蠕胀，检查联箱管座焊口。

（7）割管取样。

（8）更换少量管子。

（9）校正管排。

（10）检查出口导汽管弯头、集汽联箱焊缝。

4. 省煤器及联箱

（1）清扫管子外壁积灰。

（2）检查管子磨损、变形、腐蚀等情况，更换不合格的管子及弯头。

（3）检修支吊架、管卡及防磨装置。

（4）检查调整联箱支吊架。

（5）打开手孔，检查腐蚀结垢，清理内部。

（6）校正管排。

（7）测量管子蠕胀。

5. 减温器

(1) 检查修理混合式减温器联箱、进水管，必要时更换喷嘴。

(2) 表面式减温器抽芯检查或更换减温器管子。

(3) 检查修理支吊架。

6. 燃烧设备

(1) 清理燃烧器周围结焦，修补卫燃带。

(2) 检修喷燃器，更换喷嘴，检查、焊补风箱。

(3) 检查、更换燃烧器调整机构。

(4) 检查、调整风量调节挡板。

(5) 燃烧器同步摆动试验。

(6) 燃烧器切圆测量，动力场试验。

(7) 检查点火设备和三次风嘴。

(8) 检查或更换浓淡分离器。

(9) 检修或少量更换一次风管道、弯头，风门检修。

7. 汽水管道系统

(1) 检查调整管道膨胀指示器。

(2) 检查高温高压主汽管、再热器管、主给水管焊口，测量弯头壁厚。

(3) 测量高温高压蒸汽管道的蠕胀。

(4) 高压主蒸汽管法兰、螺丝、温度计插座的外观检查。

(5) 检查、调整支吊架。

(6) 检查流量测量装置。

(7) 检查处理高温高压法兰螺栓。

(8) 检查排污管、疏水管、减温水管等的三通、弯头壁厚及焊缝。

(9) 检修安全阀、水位测量装置、水位报警器及其阀门。

(10) 检修各常用汽水阀门。

(11) 检修电动汽水门的传动装置。

(12) 更换阀门填料并校验灵活。

(13) 安全阀校验、整定试验。

(14) 检修消声器及其管道。

8. 空气预热器

(1) 清除空气预热器各处积灰和堵灰。

(2) 检查、更换部分腐蚀和磨损的管子、传热元件，更换部分防腐套管。

(3) 检查修理和调整回转式空气预热器的各部分密封装置、传动机构、中心支承轴承、传热元件等，检查转子及扇形板，并测量转子晃度。

(4) 检查、修理进出口挡板、膨胀节。

(5) 检查修理冷却水系统、润滑油系统。

(6) 检查修理吹灰装置及消防系统。

(7) 检查修理暖风器。

(8) 漏风试验。

9. 给煤和给粉系统

(1) 检修给煤机、给粉机、输粉机。

（2）对下煤管、煤粉管道缩口、弯头、膨胀节等处的磨损进行修理或更换。

（3）清扫及检查煤粉仓，检查粉位测量装置、吸潮管、锁气器、皮带等。

（4）检修防爆门、风门、刮板、链条及传动装置等。

（5）清扫、检查消防系统。

（6）检查风粉混合器。

（7）检查、修理原煤斗及其框架焊缝。

10. 磨煤机及制粉系统

（1）消除磨煤机和制粉系统的漏风、漏粉、漏油及修理防护罩，检查修理风门、挡板、润滑系统、油系统等。

（2）检修细粉分离器、粗粉分离器及除木器等。

（3）检查煤粉仓、风粉管道、粉位装置及灭火设施，检查更换防爆门等。

（4）球磨机：

1）检修大小齿轮、联轴器及其传动、防尘装置。

2）检查筒体及焊缝，检修钢瓦、衬板、螺栓等，选补钢球。

3）检修润滑系统、冷却系统、进出口料斗螺旋管及其他磨损部件。

4）检查轴承、油泵站、各部螺栓等。

5）检修变速箱装置。

6）检查空心轴及端盖等。

（5）中速磨煤机：

1）检查本体，更换磨损的磨环、磨盘、磨碗、衬板、磨辊、磨辊套等，检修传动装置。

2）检修石子煤排放阀、风环及主轴密封装置。

3）调整加载装置，校正中心。

4）检查清理润滑系统及冷却系统，检修液压系统。

5）检查修理密封电机，检查进出口挡板、一次风室，校正风室衬板，更换刮板。

（6）高速锤击式、风扇式磨煤机：

1）补焊或更换轮锤、锤杆、衬板及叶轮等磨损部件。

2）检修轴承及冷却装置、主轴密封及冷却装置。

3）检修膨胀节。

4）校正中心。

11. 各种风机（引风机、送风机、排粉风机、一次风机、密封风机等）

（1）检查、修补磨损的外壳、衬板、叶片、叶轮及轴承保护套。

（2）检修进出口挡板、叶片及传动装置。

（3）检修转子、轴承、轴承箱及冷却装置。

（4）检查、修理润滑油系统及检查风机、电机油站等。

（5）检查修理液力耦合器或变频装置。

（6）检查、调整调节驱动装置。

（7）风机叶轮校平衡。

12. 燃油系统

（1）检修油枪及燃油雾化喷嘴、油管连接装置。

（2）检修进风调节挡板。

（3）油管及滤网清理。

(4) 检修燃油调节门及进、回油门。
(5) 检修燃油泵及加热装置。
(6) 检查、修理燃油速断阀、放油门、电磁阀等。
(7) 油位指示装置检查及标定。
(8) 检查油管管系的跨接线及接地装置。

13. 除尘器本体

(1) 清除内部积尘，消除漏风。
(2) 水膜除尘器：
1) 检修喷嘴、供水系统及水膜试验。
2) 修补瓷砖、水帘、锁气器、下灰管。
(3) 静电除尘器：
1) 检查、修理阳极板、阴极线、框架等。
2) 检查、修理阴、阳极振打装置、极间距等。
3) 检查、修理传动装置、加热装置、锁气器等。
4) 检查均流板、阻流板等磨损情况或进行少量更换。
5) 检查输灰灰斗及拌热、搅拌装置。
6) 检查壳体密封性，消除漏风。
7) 检查高压发生器、配电装置、控制系统、电缆及绝缘子。

14. 钢架、炉顶密封、本体保温

(1) 检修看火门、人孔门、防爆门、膨胀节，消除漏风。
(2) 检查修补冷灰斗、水冷壁保温及炉顶密封。
(3) 局部钢架防腐。
(4) 疏通及修理横梁的冷却通风装置。
(5) 检查钢梁、横梁的下沉、弯曲情况。

15. 炉水循环泵

(1) 检查、修理炉水泵及电动机。
(2) 检查、修理过滤器、滤网、高压阀门及管路。
(3) 检查、清理冷却器及冷却水系统。

16. 附属电气设备

(1) 检修电动机和开关。
(2) 检查、校验有关电气仪表、控制回路、保护装置、自动装置及信号装置。
(3) 检修配电装置、电缆、照明设备和通信系统。
(4) 预防性试验。

17. 其他

(1) 锅炉整体水压试验，检查承压部件的严密性。
(2) 本体漏风试验。
(3) 检修本体吹灰器。
(4) 检查、修理灰渣系统及装置。
(5) 检查膨胀指示器。
(6) 检查加药及取样装置。
(7) 检查、修补烟道。

(8) 检查风道系统。

(9) 检查、修理高、低压疏水系统及装置，校验其安全门。

(10) 检查、修理排污系统。

(11) 按照金属、化学监督及锅炉压力容器监察的规定进行检查。

(12) 锅炉效率试验。

(三) 汽轮机大修标准项目参考

1. 汽缸

(1) 检查、修理汽缸及喷嘴，清理检查汽缸螺栓、疏水孔、压力表孔及温度计套管。

(2) 清理检查隔板套、隔板及静叶片，测量隔板挠度，必要时处理。

(3) 清理、检查滑销系统。

(4) 测量上、下汽缸结合面间隙及纵横向水平。

(5) 测量调整隔板套及隔板的洼窝中心。

(6) 检查更换防爆门膜片，检查去湿装置、喷水装置。

(7) 高中压进汽短管密封更换。

(8) 修补汽缸保温层。

2. 汽封

(1) 清理、检查、调整、少量更换轴封、隔板汽封。

(2) 清理、检查汽封套。

(3) 测量轴封套变形，测量调整轴封套的洼窝中心。

3. 转子

(1) 检查主轴、叶轮及其他轴上附件，测量及调整通流部分间隙、轴颈扬度及对轮中心（轴系）。

(2) 检查测量轴颈锥度、椭圆度及转子弯曲，测量叶轮、联轴器、推力盘的瓢偏度、晃动度。

(3) 修补研磨推力盘及轴颈。

(4) 清理检查动叶片、拉筋、复环、铆钉、硬质合金片，必要时末级叶片防蚀处理。

(5) 部分叶片测频，叶片、叶根探伤检查。

(6) 对需重点监视的叶轮键槽、联轴器联结螺栓进行探伤检查。

(7) 转子焊缝探伤检查。

4. 轴承

(1) 清理检查支持轴承、推力轴承，必要时进行修理，测量、调整轴承及油挡的间隙、轴承紧力。

(2) 清扫轴承箱。

5. 盘车装置

检查和测量齿轮、蜗母轮、轴承、导向滑套等部件的磨损情况，必要时修理、更换。

6. 调速系统

(1) 清洗检查调速系统的所有部套，检查保护装置及试验装置，测量间隙和尺寸，必要时修理和更换零件。

(2) 检查调速器、危急保安器及其弹簧，必要时作特性试验。

(3) 检查配汽机构。

(4) 调速系统静态特性、汽门严密性、危急保安器灵敏度等常规试验及调整。

7. 油系统

(1) 清理、检查调速油系统、润滑油系统及其设备部件。测量有关部件的间隙和尺寸，必要时修理及更换零件。冷油器水压试验。

(2) 清理、检查密封油系统及其设备部件，必要时修理、更换零部件。

(3) 清理、检查抗燃油系统及其设备部件，伺服阀性能试验。

(4) 检查修理密封瓦，测量调整间隙。

(5) 循环过滤透平油、抗燃油。

(6) 顶轴油系统及滤网清理。

8. 汽水管道系统

(1) 检查、修理主汽门、旁路门、抽汽门、抽汽止回阀、调速汽门、安全门。

(2) 检查、修理高、低压旁路系统管道和阀门。

(3) 检查、修理空气门、滤水网、减温减压器。

(4) 主蒸汽管蠕胀测量。

(5) 检查、调整管道支吊架、膨胀指示器。

(6) 修理调整阀门的驱动装置。

(7) 检查、修理高低压疏水扩容器、疏水门等。

9. 凝汽器

(1) 清洗凝汽器，根据需要抽取冷凝管进行分析检查，必要时更换少量损坏的冷凝管。

(2) 检查、修理凝汽器水位计、水位调整器等附件。

(3) 凝汽器水室防腐处理。

(4) 检查凝汽器喉部膨胀节。

(5) 检查真空系统，消除泄漏。

(6) 凝汽器灌水查漏。

(7) 检查、修理二次滤网和胶球清洗装置。

10. 抽气器及真空泵

(1) 检修主、辅抽气器和冷却器，并进行水压试验。

(2) 清洗、检修真空泵、射水泵和抽气冷却器。

11. 回热系统

(1) 检查、修理抽汽回热系统。

(2) 检查修理回热系统设备的附件。

(3) 加热器筒体、疏水弯头测厚，焊缝探伤。

(3) 加热器水压试验，消除泄漏。

12. 水泵

(1) 检查、修理凝结水泵、疏水泵、给水泵、升压水泵以及其他水泵，必要时更换叶轮、导叶。

(2) 检查、修理或更换水泵出入口门、止回阀、入口滤网、油泵。

(3) 检查汽动给水泵汽轮机、电动给水泵升速箱及液力偶合器。

(4) 清理、检查润滑油系统。

(5) 水泵组联轴器找中心。

13. 除氧器

(1) 检查、修理除氧器及其附件，进行水压试验，校验安全阀。

(2) 检查、修理除氧头配水装置。

14. 循环水系统

(1) 检查、修理循环水泵及出口蝶阀。

(2) 检查、清理循环水管道，检修阀门。

(3) 检查、修理一次滤网。

(4) 检查并少量更换水塔填料、配水装置、除水器。

(5) 冷却水塔水池清淤。

15. 附属电气设备

(1) 检修电动机和开关。

(2) 检查、校验有关电气仪表、控制回路、保护装置、自动装置及信号装置。

(3) 检修配电装置、电缆和照明设备和通信系统。

(4) 预防性试验。

16. 其他

(1) 按照金属、化学监督及压力容器监察的规定进行检查。

(2) 汽轮机效率试验。

(四) 汽轮发电机大修标准项目参考

1. 定子

(1) 检查端盖、护板、导风板、衬垫。

(2) 检查和清扫定子绕组引出线和套管。

(3) 检查和清扫铁芯压板、绕组端部绝缘，并检查紧固情况，必要时绕组端部喷漆。

(4) 检查、清扫铁芯、槽楔及通风沟处线棒绝缘，必要时更换少量槽楔。

(5) 水内冷定子绕组进行通水反冲洗及水压、流量试验。

(6) 波纹板间隙测量。

(7) 检查、校验测温元件。

2. 转子

(1) 测量空气间隙。

(2) 抽出转子，检查和吹扫转子端部绕组，检查转子槽楔、护环、心环、风扇、轴颈及平衡重块。

(3) 检查、清扫刷架、滑环、引线，必要时打磨或车削滑环。

(4) 水内冷转子绕组进行通水反冲洗和水压、流量试验，氢内冷转子进行通风试验和气密试验。

(5) 内窥镜检查水内冷转子引水管。

(6) 转子大轴中心孔、护环探伤，测量转子风扇静频。

3. 冷却系统

(1) 空冷发电机：清扫风室，检查严密情况，必要时油漆风室；检查及清扫空气冷却器和气体过滤器。

(2) 水内冷发电机：检查及清理冷却系统，进行冷却器水压试验，消除泄漏。

(3) 氢冷发电机：检查氢气冷却器和氢气系统、二氧化碳系统，消除漏气，更换氢冷发电机密封垫；发电机的整体气密性试验。

4. 励磁系统

(1) 检查、修理交流励磁机定子、转子绕组、铁芯，必要时打磨或车削滑环。

(2) 检查、清扫励磁变压器。
(3) 检查无刷励磁机定子、转子绕组、铁芯，测试整流元件及有关控制调节装置。
(4) 检查、测试静态励磁系统的功率整流装置。
(5) 检查、修理励磁开关及励磁回路的其他设备。
(6) 检查清理通风装置、冷却器。
(7) 自动励磁调节装置校验和励磁系统性能试验。

5. 其他

(1) 检查油管道法兰和励磁机轴承座的绝缘件，必要时更换。
(2) 检查、清扫和修理发电机的配电装置、母线、电缆。
(3) 检查、校验监测仪表、继电保护装置、控制信号装置和在线监测装置。
(4) 电气预防性试验。
(5) 发电机外壳油漆。
(6) 灭火装置检查清扫。

（五）控制系统大修标准项目参考

1. 热工设备外部检查

(1) 检查测量管路及其阀门。
(2) 检查热工检测元件（如测温套管）。
(3) 检查热工盘（台）底部电缆孔洞封堵情况，核对设备标志。

2. 热工仪表

(1) 检查、校验各类变送器。
(2) 校验各类仪表、测温元件及其补偿装置。
(3) 检查、校验分部元件，成套校验仪表系统。

3. 热工自动系统

(1) 检查、校验热工自动系统及其装置、部件，进行静态模拟试验，检查、校验执行机构。
(2) 动态调整、扰动试验。

4. 热工保护及连锁系统

(1) 调校一、二次元件、执行装置及其控制回路。
(2) 检查、调校保护定值、开关动作值，检查试验电磁阀、挡板、电动机等设备和元件。
(3) 进行保护及顺控系统、连锁系统逻辑功能试验。

5. 分散控制系统（DCS）

(1) 清扫、检查或测试系统硬件及外围设备，必要时更换。
(2) 检查电源装置，进行电源切换试验。
(3) 检查测试接地系统。
(4) 检查系统软件备份，建立备份档案。
(5) 检查、测试数据采集和通信网络。
(6) 检查控制模件、人机接口装置。
(7) 测试事故追忆装置（SOE）功能。
(8) 检查屏幕操作键盘及其反馈信号。
(9) 检查、测试显示、追忆、报警、打印、记录、操作指导等功能。
(10) 检查、核对输入/输出（I/O）卡件通道和组态软件。
(11) 切换试验控制器冗余功能。

6. 协调控制系统（CCS）

(1) 检查校验变送器、一次元件。

(2) 检修执行器阀门，进行特性试验。

(3) 检查状态指示，进行功能试验。

(4) 调校伺服放大器。

(5) 进行定值（负荷）扰动试验。

(6) 检查氧量测量装置，标定氧化锆探头，必要时更换。

(7) 检查控制系统组态、参数设置，验证运算关系，进行静态模拟试验、动态试验、负荷摆动试验。

(8) 检查电/气转换器、执行机构和变频器。

(9) 电缆绝缘测试。

7. 炉膛安全监控系统（FSSS）

(1) 检查输入电源接地系统。

(2) 检查、检验电磁阀、挡板、变送器、热电偶。

(3) 检查、校验压力开关及取样管、温度开关、流量开关、火焰监测系统设备，进行油泄漏试验。

(4) 检查和修改软件。

(5) 检查燃烧器管理控制回路，校验燃烧器顺控投入情况。

(6) 检查 I/O 投入。

(7) 进行锅炉吹扫、油枪及点火枪动作试验、主燃料丧失跳闸（MFT）功能模拟试验。

(8) FSSS 系统模拟试验。

8. 数据采集系统（DAS）

(1) 校验现场元器件及外来信号一次元件，检查输入信号。

(2) 进行硬件测试、状态检测。

(3) 检查量程及单位。

(4) 校验测点误差。

9. 汽轮机数字电液控制系统（DEH）

(1) 检查、校验一次元件及变送器等外围设备。

(2) 检查、测试系统硬件、软件。

(3) 检查、测试 I/O 信号、参数量程。

(4) 检查执行机构动作情况。

(5) 进行系统冷态整套调试。

(6) 进行系统热态优化。

10. 给水泵小汽轮机数字电液系统（MEH）

(1) 检查、校验一次元件及变送器等外围设备。

(2) 检查、测试系统硬件、软件。

(3) 检查、测试 I/O 信号、参数量程。

(4) 检查执行机构动作情况。

(5) 进行系统冷态整套调试。

(6) 进行系统热态优化。

11. 顺序控制系统（SCS）

(1) 校验安装测量元件、继电器。

(2) 校验、测试卡件，整定参数。

(3) 校验 I/O 信号、逻辑功能、保护功能。

(4) 检查、试验执行机构动作情况。

(5) 进行分回路调试及有关保护试验。

(6) 进行系统程控功能联调。

12. 汽轮机监测仪表系统（TSI）

(1) 检查、校验探头、前置器、传感器。

(2) 校验二次表及各组件。

(3) 检查示值，进行整定校验、系统成套调试和功能确认。

(4) 检查输入电源、接地系统。

13. 旁路自动调节系统（包括高压旁路压力自动、高压旁路温度自动、低压旁路压力自动、低压旁路温度自动）

(1) 校验、安装变送器与一次元件。

(2) 检查调节阀动作情况，进行特性试验。

(3) 静态模拟试验、系统联动试验、功能确认。

(4) 热态调整试验。

14. 外围控制系统（化水、输煤、废水、除灰、除渣、凝水处理）

(1) 检查、试验一次元件、开关、二次门。

(2) 检查、修理控制卡件、机柜、报警装置。

(3) 清扫检查电源装置，进行电缆测试。

(4) 进行系统功能调试。

15. 汽轮机保护系统（ETS）

(1) 校验一次元件，进行取样点确认。

(2) 进行保护试验、定值确认。

(3) 逻辑功能试验。

(4) 系统试验检查。

16. 炉机电大连锁系统

(1) 检查、试验开关触点、继电器。

(2) 设备动作试验。

(3) 设备动作顺序试验。

17. 电缆

(1) 检查、清扫、修补电缆槽盒、桥架。

(2) 检查各类电缆敷设情况，检查接线、标志、绝缘。

(3) 检查电缆封堵、防火。

(4) 检查电缆接地情况。

(5) 检查试验电缆火灾报警监视装置系统。

18. 其他

(1) 检查、修理火焰、汽包水位监视器。

(2) 检查、修理信号及报警系统。

(3) 检查、修理基地调节器。

(4) 检查、修理电源及仪表伴热系统。

(5) 测试元件、电缆绝缘。

(6) 检查接地系统。

(六) 湿法脱硫装置设备大修标准项目参考

1. 增压风机

(1) 检查增压风机紧固件、连接件及附件。

(2) 检查、修理增压风机动静部分，必要时更换动叶。

(3) 清理、检查润滑和液压油系统及设备。

(4) 检修进出口挡板、叶片及传动装置。

(5) 检查、调整调节驱动装置。

(6) 检查、修理主轴承。

(7) 检查、清理喘振探头。

2. 气—气热交换器（GGH）

(1) 检查、清理转子提升设备。

(2) 检查、清理驱动系统及传动部件。

(3) 检查轴封系统，调整密封间隙。

(4) 检查转子支承轴承、导向轴承。

(5) 检查表面换热元件。

(6) 检查、修理高压冲洗水系统和高压冲洗水泵。

(7) 检查、检修烟气密封系统和烟气密封风机。

(8) 检查、修理压缩空气系统和检修压缩空气风机。

3. 吸收塔

(1) 检查、修理内壁衬胶。

(2) 检查、修理喷嘴、喷淋层支架衬胶。

(3) 检查除雾器、除雾器支架衬胶。

(4) 检查搅拌器。

(5) 检查、检修浆液外排泵。

(6) 检查、检修氧化风机，清理其进口滤网。

(7) 检查、检修排空泵。

(8) 检查、清理溢流孔、低液位取样口，检查人孔门。

4. 浆液循环泵

(1) 检查泵的地脚螺栓。

(2) 清理、检修进口滤网。

(3) 检查联轴器连接螺栓。

(4) 检查、修理吸入端泵盖、磨耗增强板。

(5) 检查轴、轴套，必要时更换轴承。

(6) 检查、修理叶轮，必要时更换。

(7) 更换机械密封和密封件。

5. 真空脱水皮带机

(1) 检查和清理脱水皮带及其附件。

(2) 检查、修理皮带调整空压机，清理进口滤网。

(3) 检查、修理滤布清洗水泵。

(4) 检查、修理液环真空泵，酸洗液环真空泵。

(5) 检查、清理滤液分离器及附件。

(6) 检查、修理、调试跑偏装置、冲洗水流量控制装置。

6. 烟气系统

(1) 检查、调整烟气挡板调节装置。

(2) 检查、修补烟道内壁防腐层。

(3) 检查、修理烟气挡板密封风机。

(4) 检查膨胀节、法兰、人孔门的严密性。

7. 石灰石粉储运及浆液制备系统

(1) 检查、清理石灰石粉仓内壁、流化槽、布袋除尘器。

(2) 检查、清理、修理石灰石粉给料器、输料机。

(3) 检查、清理浆液罐及其浆液孔板、回流孔板、通风滤网。

(4) 检查、检修气化风机，清理其进口滤网。

(5) 试验、调整石灰石粉仓安全卸压阀。

8. 石膏脱水及储存系统

(1) 检查、清理循环水收集箱、清洗水收集池、过滤水箱、石膏浆液罐、滤液分离器、石膏仓。

(2) 检查、修理石膏输送过滤器、石膏仓卸料装置。

(3) 检查、修理石膏浆液泵、石膏外排泵。

(4) 检查、修理石膏分配器、石膏旋流器。

9. 事故浆池及浆液输排系统

(1) 检查、清理事故浆液罐内壁衬胶。

(2) 检查、修理事故浆液泵、事故浆液排空泵、事故浆液排空坑搅拌器、石膏浆液至事故浆池的孔板。

10. 工艺水系统

(1) 清理工艺水池。

(2) 检查工艺水管道孔板。

(3) 检查、修理工艺水泵和稳压阀。

11. 废水处理系统

(1) 检查、清理澄清/浓缩罐、中和/絮凝箱、废水储存罐、净水箱、石灰仓、石灰消化罐、石灰浆液罐等容器。

(2) 检查、检修浓浆返回泵、浓浆外排泵、石灰浆液循环泵、净水泵、废水泵、废水循环泵、废水收集池外排泵。

(3) 检查、修理废水旋流器。

(4) 检查、修理聚电解质输送机、絮凝剂加药泵、硫酸氯铁加药泵、TMT15 加药泵。

(5) 检查、检修涤气器风机。

(6) 检查、修理聚电解质喷雾器、酸雾洗涤器。

(7) 检查、修理系统内搅拌器。

(8) 检查、修理石灰给料器、石灰输送机。

(9) 检查、修理石灰仓除尘器。

12. 其他

(1) 检查、调试控制系统。

(2) 检查稳压阀、安全阀、切换阀。

(3) 衬胶管道抽样检查。

(4) 清理地坑、地沟。

(七) 变压器大修标准项目参考

1. 外壳和绝缘油

(1) 检查和清扫外壳及其附件，消除渗油、漏油。

(2) 检查和清扫防爆管、压力释放阀、气体继电器等安全保护装置。

(3) 检查呼吸器。

(4) 检查及清扫油位指示装置。

(5) 进行绝缘油的电气试验和化学试验，并根据油质情况，过滤或再生绝缘油。

(6) 检查外壳、铁芯接地。

2. 铁芯和绕组

(1) 非密封式变压器第一次大修若不能利用打开大盖或人孔盖进入内部检查时，应吊罩（芯）检查，以后大修是否吊罩（芯），根据运行、检查、试验等结果确定。

(2) 吊罩（芯）后应检查铁芯、铁壳接地情况及穿芯螺栓绝缘，检查及清理绕组及绕组压紧装置、垫块、引线各部分螺栓、接线板。

(3) 测量油道间隙，检测绝缘材料老化程度。

(4) 更换已检查部件的全部耐油胶垫。

3. 冷却系统

(1) 检查风扇电动机及其控制回路。

(2) 检查、修理强迫油循环泵、油流继电器及其控制回路、管路、阀门。

(3) 检查、清理冷却器。

4. 分接开关

检查、修理有载或无载分接开关切换装置。

5. 套管

(1) 检查、清扫全部套管。

(2) 检查充油式套管的绝缘油质。

6. 其他

(1) 更换全部密封胶垫。

(2) 进行预防性试验、局部放电试验。

(3) 检查及清扫与变压器一次系统配电装置及电缆。

(4) 检查、校验测量仪表、保护装置、在线监测装置及控制信号回路。

(5) 消防系统检查和试验。

(6) 排油坑清理。

四、特殊项目

特殊项目不构成新的固定资产，且单项费用在10万元以上。重大特殊项目是指技术复杂、工作量大、工期长、费用在50万元及以上或对系统设备结构有重大改变更新的特殊项目。特殊项目应由各发电企业结合机组实际运行情况及安全性评价的整改要求提出，报上级主管部门审核批准后安排在各级检修计划中执行。

（一）锅炉大修特殊项目参考

1. 汽包

(1) 更换、改进或检修大量汽水分离装置。

(2) 拆卸50%以上保温层。

(3) 汽包补焊、挖补及开孔。

2. 水冷壁管和联箱

(1) 更换联箱。

(2) 更换水冷壁管超过5%。

(3) 水冷壁管酸洗。

3. 过热器、再热器及联箱

(1) 更换管子超过5%，或处理大量焊口。

(2) 挖补或更换联箱。

(3) 更换管子支架及管卡超过25%。

(4) 增加受热面10%以上。

(5) 过热器、再热器酸洗。

4. 省煤器及联箱

(1) 处理大量有缺陷的蛇形管焊口或更换管子超过5%以上。

(2) 省煤器酸洗。

(3) 整组更换省煤器。

(4) 更换联箱。

(5) 增、减省煤器受热面超过10%。

5. 减温器

(1) 更换减温器芯子。

(2) 更换减温器联箱或内套筒。

6. 燃烧设备

(1) 更换燃烧器超过30%。

(2) 更换风量调节挡板超过60%。

(3) 更换一次风管道、弯头超过20%。

7. 汽水管道系统

(1) 更换主蒸汽管、再热蒸汽管、主给水管段及其三通、弯头，大量更换其他管道。

(2) 更换高压电动主汽门或高压电动给水门、安全阀。

(3) 割换高温高压管道监视段。

8. 空气预热器

(1) 检查和校正回转式预热器外壳铁板或转子。

(2) 更换整组防磨套管。

(3) 更换管式空气预热器10%以上管子。

(4) 更换回转式空气预热器传热元件超过20%。

(5) 回转式空气预热器转子围带翻身或更换。

(6) 回转式空气预热器上下轴承更换。

9. 给煤和给粉系统

(1) 更换整条给煤机皮带或链条。

(2) 更换煤粉管道超过20%。

(3) 工作量较大的原煤仓、煤粉仓修理。

(4) 更换输粉机链条（钢丝绳）。

10. 磨煤机及制粉系统

(1) 检查修理基础。

(2) 修理滑动轴承球面、乌金或更换损坏的滚动轴承。

(3) 更换球磨机大齿轮或大齿轮翻身，更换整组衬瓦、大型轴承或减速箱齿轮。

(4) 更换中速磨煤机传动蜗轮、伞形齿轮或主轴。

(5) 更换高速锤击式磨煤机或风扇式磨煤机的外壳或全部衬板。

(6) 更换或改进细粉分离器或粗粉分离器。

11. 各种风机（引风机、送风机、排粉风机、一次风机、密封风机等）

(1) 更换整组风机叶片、衬板或叶轮、外壳。

(2) 滑动轴承重浇乌金。

12. 燃油系统

清理油罐。

13. 除尘器本体

(1) 修补烟道及除尘器本体。

(2) 更换大面积的瓷砖。

(3) 重新调整静电除尘器极间距。

(4) 更换阴极线超过20%。

(5) 更换阳极板超过10%。

14. 钢架、炉顶密封、本体保温

(1) 校正钢架。

(2) 拆修保温层超过20%。

(3) 炉顶罩壳和钢架全面防腐。

(4) 重做炉顶密封。

15. 炉水循环泵

电动机绕组更新。

16. 附属电气设备

(1) 大量更换电力电缆或控制电缆。

(2) 更换高压电动机绕组。

17. 其他

(1) 锅炉超水压试验。

(2) 烟囱检修。

(3) 化学清洗。

(二) 汽轮机大修特殊项目参考

1. 汽缸

(1) 更换部分喷嘴组。

(2) 修刮汽缸结合面。

(3) 补焊汽缸大量裂纹。

(4) 更换隔板套、隔板。

(5) 吊开轴承箱，检查修理滑销系统或调整汽缸水平。

(6) 更换高温合金钢螺栓超过 30%。

2. 汽封

更换汽封超过 30%。

3. 转子

(1) 叶片调频。

(2) 联轴器铰孔。

(3) 更换全部联轴器螺丝。

(4) 转子动平衡。

(5) 大轴内孔探伤。

(6) 直轴。

(7) 重装或整级更换叶片。

(8) 更换叶轮。

4. 轴承

(1) 重浇轴承乌金或更换轴承。

5. 盘车装置

更换整套盘车装置。

6. 调速系统

(1) 更换调速保安系统整组部套。

(2) 机组调速系统甩负荷试验。

7. 油系统

(1) 冷油器换芯。

(2) 更换润滑油或抗燃油。

(3) 清扫全部油管道。

(4) 密封瓦更换。

8. 汽水管道系统

(1) 更换主蒸汽管、给水管及其三通、弯头。

(2) 大量更换高、中、低压管道。

(3) 大规模调整、更换运行 20 万 h 以上的主蒸汽管道的支吊架。

9. 凝汽器

(1) 更换冷凝管 20%以上。

(2) 凝汽器酸洗、预膜及大规模防腐。

10. 抽气器及真空泵

(1) 更换真空泵转子。

(2) 更换抽气器。

11. 回热系统

(1) 更换热交换管子超过 20%。

(2) 加热器疏水系统改进。

12. 水泵

(1) 更换水泵叶轮、轴。

(2) 汽动给水泵汽轮机换叶片。

(3) 汽动给水泵汽轮机动平衡试验。

13. 除氧器

(1) 除氧器超压试验。

(2) 除氧头改造。

(3) 处理大量焊缝。

(4) 更换除氧器填料。

14. 循环水系统

(1) 更换叶轮、轴。

(2) 循环水管道大面积防腐。

(3) 大规模更换循环水管道、阀门。

(4) 大量更换水塔填料、配水装置、除水器。

(5) 水塔筒体、立柱防腐。

15. 附属电气设备

(1) 大量更换电力电缆或控制电缆。

(2) 更换高压电动机绕组。

(三) 汽轮发电机大修特殊项目参考

1. 定子

(1) 更换定子线棒或修理线棒绝缘。

(2) 定子端部绕组接头重新焊接。

(3) 更换25%以上槽楔或端部隔木。

(4) 铁芯局部修理或解体重装。

(5) 抽查水内冷定子绕组水电接头超过6个。

(6) 更换水内冷定子绕组引水管超过25%。

(7) 定子绕组端部测振。

2. 转子

(1) 拔护环，处理绕组匝间短路或接地故障。

(2) 更换风扇叶片、滑环及引线。

(3) 更换转子绕组绝缘。

(4) 更换转子护环、心环等重要结构部件。

(5) 更换转子引水管。

3. 冷却系统

(1) 冷却器铜管内壁酸洗。

(2) 更换冷却器。

4. 励磁系统

(1) 更换励磁机定子、转子绕组或滑环。

(2) 励磁变压器吊芯检修。

(3) 更换功率整流元件超过30%。

(4) 大量更换控制装置的插件。

5. 其他

更换配电装置、较多电缆、继电器或仪表。

(四) 火电厂控制系统大修特殊项目参考

1. 热工仪表

(1) 更换大量表计或重要测量元件。

(2) 更换大量表管。

2. 热工自动系统

更换重要的测量、执行装置。

3. 热工保护及连锁系统

更换重要的测量、执行装置。

4. 分散控制系统 (DCS)

(1) 更换重要的测量、执行装置。

(2) 软、硬件版本升级。

5. 协调控制系统 (CCS)

(1) 更换重要的测量、执行装置。

(2) 软、硬件版本升级。

6. 炉膛安全监控系统 (FSSS)

(1) 更换重要的测量、执行装置。

(2) 软、硬件版本升级。

7. 数据采集系统 (DAS)

(1) 更换重要的测量、执行装置。

(2) 软、硬件版本升级。

8. 汽轮机数字电液控制系统 (DEH)

(1) 更换重要的测量、执行装置。

(2) 软、硬件版本升级。

9. 给水泵小汽轮机数字电液系统 (MEH)

(1) 更换重要的测量、执行装置。

(2) 软、硬件版本升级。

10. 顺序控制系统 (SCS)

(1) 更换重要的测量、执行装置。

(2) 软、硬件版本升级。

11. 汽轮机监测仪表系统 (TSI)

(1) 更换重要的测量、执行装置。

(2) 软、硬件版本升级。

12. 旁路自动调节系统（包括：高压旁路压力自动、高压旁路温度自动、低压旁路压力自动、低压旁路温度自动）

(1) 更换重要的测量、执行装置。

(2) 软、硬件版本升级。

13. 汽轮机保护系统 (ETS)

(1) 更换重要的测量、执行装置。

(2) 软、硬件版本升级。

14. 炉机电大连锁系统

(1) 更换重要的测量、执行装置。

(2) 软、硬件版本升级。

(五) 烟气湿法脱硫装置设备大修特殊项目参考

1. 增压风机

更换全部风机叶片。

2. 气—气热交换器 (GGH)

更换换热元件超过20%。

3. 吸收塔

(1) 修理防腐衬胶面积超过100m²。

(2) 更换喷嘴超过20%。

(六) 主变压器大修特殊项目参考

1. 外壳和绝缘油

(1) 更换绝缘油。

(2) 更换或焊补散热器。

(3) 变压器外壳油漆。

2. 铁芯和绕组

(1) 补焊外壳。

(2) 修理或更换绕组。

(3) 绕组干燥。

(4) 修理铁芯。

(5) 密封式变压器吊罩。

3. 冷却系统

(1) 更换泵或电动机。

(2) 更换冷却器芯子。

4. 分接开关

更换切换装置部件。

5. 套管

(1) 更换套管。

(2) 套管解体检修。

6. 其他

检查充氮保护装置。

五、更新改造项目

1. 更新改造的原则

更新改造项目投资形成固定资产，是企业的一种资本性支出，应遵守以下原则：

(1) 更新改造应引进吸收先进成熟的技术，以安全为基础，以效益为中心，以提高设备的健康水平、落实反事故技术措施和节能降耗为重点，以国家产业政策和上级有关规定为依据，有重点、有步骤地进行；

(2) 更新改造资金应重点使用，并进行充分的投资经济效益评估，发挥资金的使用效益；

(3) 加强工程管理，努力缩短工期，保证质量，降低造价。

2. 更新改造的范围

(1) 消除影响发电企业安全、可靠运行的设备缺陷和公用系统存在的问题，提高效率和出力，挖掘现有设备的潜力；

(2) 降低供电煤耗、油耗、水耗、厂用电等，提高发电设备的经济性；

(3) 机组提效、增容改造；

(4) 改善劳动条件及劳动保护措施；

(5) 对发电设备和设施进行延长寿命改造；

(6) 提高环保设备、设施的安全、经济及可靠性；

(7) 其他更新改造项目。

3. 更新改造计划编制和申报的基本原则

(1) 制定更新改造项目计划时，必须明确更新改造的方向和目标，计划项目要具有充分的效益分析。

(2) 突出重点项目和关键项目，防止短期行为和盲目上项目的做法。

(3) 主体改造和与之配套的工程应作为同一项目，没有直接联系的若干独立项目不得合并为一个项目，也不得将一个独立项目进行多项分解。

(4) 计划项目要区分轻重缓急，对能解决涉及人身和重大设备安全、不符合国家或行业法律法规且存在严重隐患的项目要排列在优先位置。项目的排序状况将作为审核立项和批复费用的重要参考依据。

4. 更新改造年度工程计划的编制、审批

(1) 更新改造年度工程计划根据五年滚动规划和设备的技术状况、主要技术经济指标、安全生产情况、反事故技术措施以及运行中发现的缺陷为依据进行编写。

(2) 每年1～8月份，各发电企业向上级主管部门分批报送经过充分论证的下年度更改项目。

(3) 上级主管部门将更改工程项目的审查纳入日常管理程序，并根据实际情况对工程项目组织审查论证，包括现场调研或听取工程专题汇报。

(4) 8月底，各发电企业向上级主管部门报送下年度更新改造工程项目计划（含一般更改及零购计划）的正式文件，包括：正式申请报告、计划汇总表、项目申请书或项目可行性研究报告。

(5) 上级主管部门对各发电企业申报的项目进行审查论证，制定下年度更改项目和预算计划，根据实际情况，按照时间进度分批下达实施。为保证施工工期的要求，对于需结合一季度机组检修进行的技改项目，或预计工期在上半年，但供货周期较长的更改项目，上级主管部门可根据各单位申请，在年底前提前下达预控计划供各发电企业参照执行。

第三节 机组检修计划管理

计划管理是整个检修过程管理的核心，坚持“以计划为龙头”的方针是检修成功的基础和保障。因此，在检修过程中要严格按照检修计划来组织检修活动、运行隔离及相关试验，以确保发电机组生产的安全、稳定。机组检修计划可分为检修项目计划、技术监督计划、质量验收计划、外包项目计划、各类配合计划、工期控制计划、设备试运及机组启动计划、各类试验计划等。

一、机组检修计划

(一) 机组检修项目计划

1. 机组检修项目计划的内容

检修项目计划一般包括：标准项目计划、特殊项目计划、更新改造项目计划，并应制定或修改阀门（或烟风门、电机）滚动检修计划、热工阀门电机滚动检修计划、公用系统滚动检修计划、热工专业公用系统滚动检修计划、电气母线清扫计划、防磨防爆检查计划、电测/热工仪表周检计划等（落实到标准、特殊、改造项目计划中）。为便于管理，应单独编制本次检修的反措项目计划、消缺项目计划、节能项目计划、技术监督计划，并在检修计划中落实。

2. 机组检修项目计划的编制要求

（1）首先由各发电企业设备管理部门提交需进行大修机组在一个大修间隔内的机组可靠性分析报告（格式见附录九），明确影响机组可靠性的最主要因素。

（2）组织进行机组修前热力试验，根据修前热力试验评估报告（格式见附录十），结合机组运行情况提出影响机组热效率的重点检修项目。

（3）运行管理部门召开运行分析会，汇总、分析机组存在的主要设备缺陷。

（4）设备管理部门提交发电设备修前状态评估报告（格式见附录十一）。

（5）确定检修重大项目。重大项目为具备以下一个或几个特点的项目：①该发电机组首次实施；②影响机组可用率的大型设备检修；③跨部门的大型作业；④高风险活动等。在大修前，大修指挥部应组织相关人员对大修重点项目的准备情况进行检查，项目负责人及项目组主要成员须参加检查。检查内容应包括：项目内容介绍，项目文件、人员和资源的准备情况，项目准备计划的执行情况，项目的风险及防范预案等。

（6）在以上工作的基础上，参照火电机组大修标准项目和特殊项目内容，结合上级主管部门批复的年度检修工程计划的重点检修项目、年度反事故技术措施项目计划、节能措施、年度科技项目计划，明确需在检修中实施的项目，制定符合机组实际的检修项目计划，明确检修重点。

3. 机组检修项目计划的格式

检修项目计划主要包括设备名称、检修内容、质量标准、技术监督项目、质检点设置等内容。

（1）标准、特殊、更改项目计划，其格式如表 4-2 所示。

表 4-2　　标准、特殊、更改项目计划

序号	系统或设备名称	检修项目	质量标准和要求	技术监督	质检点

（2）消缺项目计划。消缺项目计划主要包括系统或设备名称、存在缺陷及不足、需要备品配件、责任单位等内容，其格式如表 4-3 所示。

表 4-3　　消缺项目计划

序号	系统或设备名称	存在缺陷及不足	需要备品配件	责任单位

（3）阀门（或烟风门、电机）、热工阀门电机、公用系统、热工专业公用系统滚动检修计划。对于汽水系统阀门、风烟系统挡板、电机及公用系统设备，因其检修周期、检修内容都与机组主设备检修不尽相同，若每次都随机组同步安排检修，易造成设备的过维修或欠维修，甚至会出现检修损坏。因此，对于这些设备的管理，应由企业设备管理部门根据检修规程、设备说明书等要求，结合实际检修经验和设备状态诊断分析结果，编制相应的滚动检修规划。在检修计划中，应

包括设备名称、检修内容、质量标准、质检点设置、检修周期等内容。滚动检修计划格式如表 4-4 所示。

表 4-4　　滚动检修计划

序号	设备名称及规格	检修内容	质量标准	质检点	检修周期

(4) 电气母线停电清扫计划。格式如表 4-5 所示。

表 4-5　　母线停电清扫计划

序号	停电范围	工作内容	质量标准	计划时间

(5) 防磨防爆检查计划。锅炉、汽轮机承压部件包括锅炉受热面、压力容器、四大管道、各类导汽导水管、热力系统的疏水、排污、取样、放空管等，这些承压部件穿越空间大、走向复杂、介质温度压力高，其爆漏成因和发展具有相当的隐蔽性、滞后性、突发性，且危害较大。因此，对相应的防磨防爆工作，为防止机组的非计划停运或设备损坏，应在机组检修前制定防磨防爆项目计划。防磨防爆项目计划应包括设备名称、检修内容、质量标准、质检点设置、检修周期。

防磨防爆项目计划由发电企业锅检专责人编制，由技术管理部门负责人审核，发电企业总工程师批准后执行。

防磨防爆项目的确定应依据一定的标准和规定，防磨防爆项目计划的编制依据有：

1)《防止电力生产重大事故的二十五项重点要求有关部分》(国电发 [2000] 589 号)；

2)《火力发电厂金属技术监督规程》(DL 438—2000)；

3)《防止火电厂锅炉四管爆漏技术导则》(能源电 [1992] 1069 号)；

4)《压力容器安全技术监察规程》(质监局锅发 [1999] 154 号)；

5)《发电机组压力式除氧器安全技术规定》(能源安保 [1991] 709 号)；

6)《在用压力容器检验规程》(劳动部 1990)；

7)《电力工业锅炉压力容器安全性能检验大纲》；

8)《电力工业锅炉压力容器监察规程》(DL 612—1996)；

9)《电力工业锅炉压力容器检验规程》(DL 647—2004)；

10)《锅炉压力容器安全监察暂行条例》；

11)《蒸汽锅炉安全技术监督规程》。

机组检修防磨防爆项目计划格式如表 4-6 所示。

表 4-6　　防磨防爆项目计划

序号	设备名称及规格	检修内容	质量标准	质检点	检修周期

(6) 电测/热工仪表周检计划。根据技术监督规定，为保证仪表检定周期在允许范围内，应编制仪表周检计划并结合机组检修进行仪表检定，仪表周检计划格式如 4-7 所示。

表 4-7 电测/热工仪表周检计划

序号	表计名称及规格	设计编号	质量标准	质检点	责任单位

（二）技术监督及锅炉压力容器监察项目计划

1. 发电企业技术监督

(1) 技术监督的目的：技术监督是指根据国家、行业颁布的有关标准、规程，对运行及检修中的设备实施测试、分析，掌握其性能和变化规律，进而指导生产，提高设备可靠性，并反馈到设计、制造部门，以提高产品质量。发电企业技术监督是指在金属、化学、高电压、热工、电测、继电保护、能耗等方面，对设备健康水平与安全、质量、经济运行方面的重要参数、性能与指标进行监督、检查、调整与评价。电力技术监督贯彻“安全第一、预防为主”的方针，按照依法监督、分级管理、行业归口的原则，实行技术责任制，对电力生产和建设实施全过程、全方位的技术监督管理。在电力生产的全过程中，严格执行技术监督制度是保障发电企业安全经济运行的基础。另外，通过对电力技术监督报告的分析，还能为电力管理、生产、营销部门的科学决策提供重要依据。

各发电企业技术监督工作应以质量为中心，以标准为依据，以计量为手段，建立起质量、标准、计量三位一体的技术监督体系。技术监督工作要依靠科技进步，采用和推广成熟、行之有效的设备诊断新技术，不断提高技术监督的专业水平。

(2) 技术监督的内容：发电企业技术监督包括金属监督、化学监督、热工监督、电测监督、高电压监督等。在机组检修计划编制前应与技术监督部门协调，确定需要在本次检修中进行的技术监督内容，按照有关规定和机组的实际情况制定有关技术监督项目，如电测仪表监督计划、金属监督计划、化学监督计划、高电压监督计划、热工监督计划等。

1）金属监督的主要内容是对高温金属部件、承压容器和管道及部件、蒸汽管道、高速旋转部件（汽轮机大轴、叶轮、叶片、发电机大轴、护环）金属材料的组织、性能变化、寿命评估，缺陷分析，焊接材料和工艺等检测和监督，目的是通过对受监部件检测和诊断，及时了解并掌握设备金属部件的质量情况和健康状况，防止由于选材不当、材质不佳、焊接缺陷、运行工况不良、应力状态不当等因素而引起的各类事故，从而减少非计划停运次数，提高设备安全运行的可靠性，延长设备的使用寿命。在机组大修、扩大性小修中，发电企业设备管理部门金属专工应针对机组的状况，根据 DL 438—2000《火力发电厂金属技术监督规程》及上级部门有关规定和相关专业确定金属技术监督检测项目，并制定检测项目计划。在项目中至少要包括金属材料的技术监督、焊接质量的技术监督、主蒸汽管道和再热蒸汽管道的技术监督、受热面管子的技术监督、锅筒的技术监督、联箱和给水管道的技术监督、汽轮发电机转子的技术监督、高温螺栓的技术监督、大型铸件的技术监督等内容。

2）化学监督的主要内容是对水、汽、电力用油（气）、燃料品质，热力设备的腐蚀、结垢、积盐，热力设备停备保护，在线化学仪表等进行检测和诊断。在机组检修中的主要任务是加强汽水系统热力设备的监督，检查热力设备解体后的腐蚀、结垢和积盐情况，检查炉管、凝汽器铜管腐蚀和结垢，检查汽水分离设备、水处理设备、加热器及管道、取样冷却器、加药设备及胶球清洗装置的工作情况，做好热力设备停用时的保护和锅炉化学清洗工作；加强油务监督，对变压器油、汽轮机油及其他旋转设备润滑油进行检验和变压器油中溶解气体进行色谱分析，防止油质劣化和避免潜伏性故障的发生，保证发供电设备的安全运行。

3）高电压技术监督工作的主要任务是贯彻高电压技术监督的各有关标准、规程和制度，做好高压设备的选型工作，按时进行电气设备预防性试验、及时发现和消除绝缘缺陷，分析处理事故，制订防范措施，总结掌握设备绝缘变化规律。高电压监督工作范围包括电气设备的绝缘强度、绝缘配合、防污闪、过电压保护及接地装置进行监督检查，并对电气设备进行交接和预防性试验。在机组检修中，应根据年度绝缘预防性试验计划下发电气设备的高电压监督计划。

4）电测仪表监督是对电压、电流、功率、电量、频率、相位及其测量装置进行检查和监督。电测仪表监督范围：电工测量仪器，指示仪表（电测），数字仪表（电测），记录仪表（电测），电能表（包括最大需量表及分时分度表），测量互感器，电测计量用变送器，电工测量仪表、仪器的检定装置；测量系统的二次回路。

5）热工监督是对压力、温度、流量、质量、转速、振动检测装置，自动调节、控制、保护、连锁系统及其投入率、动作正确率进行检查和监督。热工仪表及控制装置监督管理的任务是：通过对热工仪表及控制装置进行正确的系统设计、安装调试，以及周期性的与日常的检验、维修和技术改进的工作，使之经常处于完好、准确、可靠状态，以保证机组能安全经济运行。因此，热工监督管理的目的是保证机组的安全经济运行。热工仪表及控制装置的检修工作一般随机组检修进行。有些不安装在机组主要设备上的设备则应安排好年度检修计划，定期检修。随机组检修的设备也要事先排出检修计划，按计划进行检修工作。热工仪表及控制装置在检修后要进行系统调试，仪表装置的系统误差应在规程允许范围内，自动及远方操作装置动作应灵活可靠，方向正确。保护及热工信号装置应逐个进行试验，以确认正确可靠，热工仪表及控制装置系统调试的时间应当在总工期内留出。有些热工仪表及控制装置须在点火启动后或达到额定参数后进行调整和试验。

6）环保监督主要是对污染排放监测与环保设施效率进行监督。

7）节能监督是对发电设备的效率、能耗，输电线路、变电设备损耗进行检测和监督。火力发电企业节能监督主要是对综合经济指标，如供电煤耗及锅炉效率、机组热耗、厂用电率等，及影响机组经济运行的重要参数、性能、指标进行监督、监测、检查、调整和评价。在机组大修前应进行性能试验。对影响机组经济性较大、需要通过设备检修解决的缺陷，属于标准项目的，按相应标准进行检修及验收，对于特殊项目，应制定欲达到的指标并在检修完成后进行经济性能和指标的测试及考核。根据热力系统和设备的优化分析，落实节能技术改造项目。在大修中应做好设备、管道及阀门的保温工作，使外壁温度在规定值内。

8）继电保护监督是对电力系统继电保护、安全自动装置及其投入率、动作正确率进行检查和监督。

9）汽轮机监督是对与汽轮机主机、附属系统有关的设备及安全经济运行指标、参数控制进行检查和监督。

10）锅炉监督是对与锅炉本体、附属系统有关的设备及安全经济运行指标、参数控制进行检查和监督。

（3）机组检修技术监督项目计划：金属监督、化学监督、热工监督、电测监督、高电压监督等应由各技术监督专责人根据相应技术监督标准、规定或规程，结合企业实际情况，制定下发监督项目计划。项目计划包括设备或部件名称、监督项目、监督内容、监督标准或要求、执行部门和配合部门等内容，其格式如表 4-8 所示。其他监督，如锅炉监督、汽轮机监督、环保监督、节能监督、继电保护监督，在机组大修确定检修项目计划时，应依据各专业技术监督有关规定和要求进行。

表 4-8 ×号机组大修化学技术监督计划

序号	设备或部件名称	监督项目	监督内容	监督标准和要求	执行部门	配合部门

2. 锅炉压力容器检验

(1) 锅炉压力容器检验的概念：压力容器是指同时具备最高工作压力大于等于 0.1MPa；内径大于等于 0.15m，且容积大于等于 $0.025m^3$；介质为气体、液化气体或最高温度高于等于标准沸点的液体三个条件的容器。锅炉压力容器的检验包括锅炉、热力系统压力容器和主要汽水管道的检验。

(2) 在役锅炉检验的范围：①汽包（水包），内（外）置式分离器；②联箱；③受热面；④锅炉范围内的管道、管件、阀门及附件；⑤锅水循环泵；⑥大板梁、钢架、高强螺栓、吊杆等承重部件。

(3) 在役锅炉检验的分类和周期：①外部检验：每年进行一次；②内部检验：结合每次机组大修进行，其检验内容列入锅炉年度大修计划；③超压试验：一般两次大修进行一次；根据设备具体技术状况，经上级主管锅炉压力容器安全监督部门同意，可适当延长或缩短超压试验间隔时间；超压试验可结合大修进行，列入特殊项目。

遇有下列情况之一时，也应进行内外部检验和超压试验：

1) 停用 1 年以上的锅炉恢复运行时；

2) 锅炉改造、受压元件经重大修理或更换后，如水冷壁更换管数在 50%以上，过热器、再热器、省煤器等部件成组更换及汽包进行了重大修理时；

3) 锅炉严重超压达 1.25 倍工作压力及以上时；

4) 锅炉严重缺水后受热面大面积变形时；

5) 根据运行情况，对设备安全可靠性有怀疑时。

(4) 在役压力容器检验范围：

1) 压力容器本体及其接管和支座；

2) 压力容器安全附件（包括安全阀、压力表、水位表等）；

3) 压力容器自动保护装置（包括高低压加热器疏水调节器、压力式除氧器压力及水位自动调节装置等）。

(5) 在役压力容器检验分类与周期：

1) 外部检验每年至少进行一次。

2) 内外部检验（结合机组大修进行）：安全状况等级为 1～2 级的，每 2 个大修间隔进行一次（不超过 6 年）；安全状况等级为 3 级的，每次大修进行一次（不超过 3 年）；安全状况等级为 4 级的，根据检验报告所规定的日期进行。

3) 超压水压试验，每两次内外部检验期内，至少进行一次。

有下列情况之一的容器，应缩短检验间隔时间：

1) 投运后首次内外部检验周期一般为 3 年；

2) 材料焊接性能较差，且在制造时曾多次返修的；

3) 运行中发现严重缺陷或筒壁受冲刷壁厚严重减薄的；

4) 进行技术改造变更原设计参数的；

5) 使用期达 20 年以上、以技术鉴定确认不能按正常检验周期使用的；

6）材料有应力腐蚀情况的；

7）停止使用时间超过两年的；

8）经缺陷安全评定合格后继续使用的；

9）检验师（员）认为应该缩短周期的。

（6）在役压力管道定期检验范围：管子（直管）、管件（弯管、弯头、三通、异径管、接管座、法兰、封头、流量孔板等）、管道附件（支吊架、管夹、管托、坚固件等，安全附件及主要阀门）。

其检验分类与周期：

1）外部检验，每年进行一次；

2）定期检验，结合机组大修进行。

（7）锅炉压力容器检验项目计划：压力容器内外部检验计划、压力管道检验计划、锅炉内外部检验计划，需要进行锅炉超压试验的将其列入特殊项目计划。

检验项目计划依据下列标准和规程并结合机组设备的自身状况编制：①《压力容器安全技术监察规程》；②《压力容器使用登记管理规则》；③《在用压力容器检验规程》；④《电力工业锅炉压力容器安全性能检验大纲》；⑤《电力工业锅炉压力容器监察规程》（DL612－1996）；⑥《电力工业锅炉压力容器检验规程》（DL647－2004）。

检验项目计划由锅检专业技术人员编写，经审核后由发电企业总工程师或分管生产的副厂长/副总经理批准执行。

（三）质量验收计划

机组检修质量验收宜采用质检点验收和设备再鉴定相结合的方式，为明确机组修后质量验收项目，应编制机组检修质量检验验收计划及设备再鉴定计划。质量检验验收计划包括验收项目、内容和标准、项目责任人、质检点设置、责任单位，格式如表4-9所示。

表4-9　质量检验验收计划

序号	验收项目	内容和标准	项目责任人	质检点	责任单位

设备再鉴定的目的是为验证修后设备性能参数满足相关规定要求，保证设备正常发挥其运行功能，确保投运后的可靠性。没有检修过的设备不在再鉴定范围之列。设备再鉴定可分为系统恢复前的空载试验（即品质再鉴定）和系统恢复后的带负荷试验（即功能再鉴定）。为保证再鉴定工作的顺利进行，应编制设备再鉴定计划。

（四）外包工程项目计划

对没有配置检修人员的发电企业，或对工程项目技术含量较高、工程量较大，发电单位没有能力独立完成的工程项目，可根据确定的检修项目工作量大、小制定外包工程项目计划，格式如表4-10所示。

表4-10　外包工程项目计划

序号	项目名称	内容和标准	承包单位	质检点

（五）专业配合项目计划和需制造厂配合项目计划

发电企业的检修活动是一项涉及到多专业、多工种相互配合的系统工程。检修过程中任何相关的检修试验活动都必须经过有计划的安排才可在现场顺利实施，并在实际执行过程中接受计划的控制和跟踪。这种计划管理方式能使检修过程中各部门、各专业之间的工作统一协调，统筹考虑各专业检修项目及接口关系，缩短关键路径上的工时，避免在实际执行过程中项目或资源产生矛盾，保证检修项目在执行中的有序性和可控性，从而达到对整个检修活动的有效控制的目的。因此，在检修计划中应包括各专业相互配合完成的项目计划。

随着科学技术的发展进步，新技术、新工艺、新材料的应用越来越广泛。发电企业在机组检修时不可避免地要用到新产品，对于新产品的安装、调试与使用等各个阶段的技术工艺和质量控制要点都有可能不被使用方熟知，在一般的技术协议中，也要求制造厂（或供应方）提供一定的配合工作。在社会化大生产中，检修中所需更换或检修的设备构成也可能是由几家制造厂（供应商）提供，在检修中可能需要各制造厂分别提供配合工作。对于需要制造厂提供配合或服务的项目，需要提前确定计划，这样，在机组检修过程中就可避免仓促联系、制造厂临时抓人到现场服务造成的工时的浪费、人力资源的浪费等。

需制造厂配合的项目计划、专业配合项目计划由发电企业设备管理部门各专业负责编制，内容应包括设备（或系统）名称、项目配合内容、配合时间、配合单位，其格式如表 4-11 所示。

表 4-11　　配合项目计划

序号	项目名称	配合主要内容	配合专业

（六）启动计划

发电设备修后试运和机组启动阶段，为保证工作有序进行，协调好各相关单位的工作进度，确保机组检修如期完成，应编制设备试运及机组启动计划，格式如表 4-12 所示。

表 4-12　　设备试运及机组启动计划

序号	名称	计划时间	工作内容	备注

（七）试验计划

机组停机和修后启动过程中，安排的大量试验项目需在统一计划的协调下进行，应编制涵盖机组停机和修后启动阶段所有试验项目的试验计划，指导机组试验，格式如表 4-13 所示。

表 4-13　　试验计划

序号	试验名称	试验内容	计划试验时间	试验措施落实情况	试验部门

二、机组检修计划的优化

在保证检修质量的前提下，机组检修计划应该进行优化，这样有利于提高机组的可用率和负荷因子，降低发电机组的运行成本。但在一个大修间隔内，机组设备的检修标准项目都应该得到执行。优化应遵循以下原则：

（1）在满足运行技术规范且充分考虑设备安全、机组运行风险时，根据设备评估与状态诊断分析结果，尽量将某些预防性维修项目平衡到设备的检修周期内各级检修中，减少检修的工作量，避免过修；

(2) 尽量利用新技术、新方法，提高可靠性，延长检修周期，缩短检修时间，减少检修项目；

(3) 检修工作量尽量平衡分配，合理使用人力、工器具等资源，减少无谓浪费；

(4) 统筹考虑各专业检修项目及接口关系，尽量缩短关键路径（主线）上的工时；

(5) 尽可能将同一隔离线上或互相关联的设备检修安排在同一次检修中进行。

第四节　检修项目变更管理

一、项目变更

机组检修项目计划制定时，由于方方面面因素影响，使得通过测量仪表、诊断仪器对设备状态的分析、诊断、评估可能存在一定的偏差，另外，由于距检修开工还有一段时间，设备难免会出现进一步劣化的倾向，因此在检修过程中会出现（或发现）一些在原定检修项目中没有计划的异常问题，为确保设备的健康状况及修后安全稳定运行，必须对检修项目计划进行调整，增减检修项目、费用，调整人力资源、质量控制计划和工期计划等，以适应形式变化的需要。在检修施工过程中，由于系统的隔离、突发事件的发生等因素，也会造成一些检修项目无法实施，出现延迟执行的现象。以上种种在检修过程中经常出现的因设备、系统、资源或其他不可抗拒因素影响，使项目计划无法正常实施完成，而需对其重新进行评估、调整、添删项目的情况，称为项目变更。

机组检修过程中不可避免地会发生项目变更，而检修项目的变更自然而然地会对检修结果产生影响，因此，控制好检修项目的变更是检修管理需做的一项重要内容。

二、项目变更程序

检修项目变更程序：对于检修中需要调整的检修项目（新增或削减），由变更提出人（检修项目工作负责人、设备管理部门或技术管理部门人员等）提出并填写检修项目变更申请单（见表4-14），说明项目变更名称、项目变更属性、项目变更内容及详细原因，经运行管理部门、设备管理部门、技术管理部门审核，总工程师（或生产厂长/副总经理）批准后生效。对于项目的削减，技术管理部门要会同运行管理部门确定其影响，并制定防范或补救措施，确保设备安全经济运行。对于增加的项目，设备管理部门要确定施工的质量验收计划、工期计划，准备备品配件，确定人力资源，编制并下发检修文件包（或有关措施），安排项目实施。对于项目的变更，设备管理部门要根据该变更项目对检修过程的影响合理调整检修工序和工期，确保检修过程安全、质量和工期的协调。

项目变更程序的基本步骤如下：

(1) 填写项目变更申请：有些变更申请也许现阶段不会被接受，但将来可能会成为有效的参考资料。因此，对于任何变更申请，都应填写变更申请内容、提出人、联系方式并存档；

(2) 澄清项目变更细节，分析变更申请的必要性，并对变更申请产生的原因进行分析，如，是由于在准备期对设备状态判断有误产生的项目变更，还是由于外部事件产生的原因。

(3) 有关人员分析项目变更申请对现有检修进度的影响程度，填写相应的内容到变更申请中，并确认相应的人力、费用等成本估计。

(4) 根据项目变更后对检修进度、费用及检修过程可接受的影响程度制定对此申请所需采取应对措施的建议，并填写相关的风险及风险应对计划。

(5) 讨论项目变更后产生的影响，解决项目变更所需要的条件和相应费用的变化，及可接受的程度，以此来确定是否实施变更。

表 4-14 机组检修项目变更申请单

年 月 日

<table>
<tr><td>申请单位/申请人：</td><td rowspan="2">变更项目属性</td><td>增加</td><td></td></tr>
<tr><td>变更项目名称：</td><td>削减</td><td></td></tr>
<tr><td colspan="4">变更原因及内容（可增设附页）

工作负责人：＿＿＿＿单位负责人：＿＿＿＿</td></tr>
<tr><td colspan="4">运行管理部门意见：

签字：＿＿＿＿ 年 月 日</td></tr>
<tr><td colspan="4">设备管理部门审核意见：

签字：＿＿＿＿ 年 月 日</td></tr>
<tr><td colspan="4">技术管理部门审核意见：

签字：＿＿＿＿ 年 月 日</td></tr>
<tr><td colspan="4">批准：

签字：＿＿＿＿ 年 月 日</td></tr>
</table>

(6) 负责生产的副总经理（副厂长）（或总工程师）批准相应的检修项目变更、进度计划、人员和费用计划。

(7) 设备管理部门将项目变更加入现有项目的项目详细计划中，更新相关的项目文档，通知有关人员相应的项目内容、进度、人员、费用的变更。

(8) 执行并提交项目变更。

(9) 在项目变更被接受后，终止变更申请。

(10) 记录实际项目变更所带来的影响，对应该吸取的教训进行分析。

第五章 检修质量控制

第一节 概 述

质量在ISO9000族标准中的定义是“一组固有特性满足要求的程度”。经验证明，质量不仅包括结果，也包括质量的形成和实现过程，即在过程中以人的工作质量来保证产品质量，来保证结果。因此，质量不仅指产品质量，也可指过程质量和体系质量。

质量控制是通过采取一系列检修作业和活动对各个过程实施控制，包括对质量方针和质量目标控制、文件和记录控制、物资采购控制、检修和试运转控制、验收控制、修后维护控制等。为了更有效地指导发电企业实施质量控制，实现预期的质量方针和质量目标，必须有一套完善的、行之有效的质量控制原则。

一、发电设备检修质量控制的特点

设备检修是设备磨损的实物补偿，一般是由工作人员依据已知的程序，通过手工、辅助工具对某一设备进行拆卸、检查、检验、修理、更换、装复、调校、维护的综合过程。

发电机组检修是一项系统工程，由多个系统、数百个环节构成，纵横交错，立体作业，每一个过程都要保证每个环节的质量，否则就会殃及下一个环节。

发电设备检修工程质量主要有以下特点：

(1) 影响检修质量的因素较多。参与检修的人员、检修机具、设备状况、材料、备品、检修工艺、检修程序及文件、环境等均直接或间接地影响机组检修质量。

(2) 检修质量存在波动性。由于机组检修较为复杂，不像一般产品生产中具有流水性作业、有规范的生产工艺、稳定的生产环境、完善的检修和检测条件，所以其质量控制困难、波动大。

(3) 检修质量存在一定的隐蔽性。发电设备检修过程中，隐蔽工程多，若不及时进行质量检查，事后只能从表面检查，就很难发现内在的质量问题。

(4) 质量验收存在局限性。检修工作结束后的整体验收无法再次验证施工内在质量，因此，项目终检存在一定的局限性，这也更加验证了质量控制过程的重要性。

二、发电设备检修质量控制的原则

发电设备检修质量控制是发电企业通过采取一系列作业技术和活动对各个过程实施控制，包括对质量计划、控制程序、文件和记录、不符合项的控制等，是为了使所检修的设备、系统以及检修过程达到规定的质量要求，防止偏离规定标准从而使其保持或恢复正常状态作业。

检修工作必须贯彻“应修必修、修必修好”的方针，并强化检修全过程质量控制，应坚持以下质量控制原则：

(1) 发电设备检修工作，应重视质量意识，自始至终地坚持“质量第一”、“应修必修、修必修好”的方针。要反对为抢发电量或回避事故考核而硬撑，该修的不修，以及为抢工期而忽视质量。检修的质量不仅关系到设备的可靠性、可用性、发电量及经济利益，还关系到运行人员及检修维护人员的生命安全。

(2) 设备检修质量的控制，应坚持预防为主的原则。应事先对影响质量的各种因素加以控制，而不能是消极被动，等出现质量问题后再进行处理，造成不必要的损失，所以要重点做好质量的事先控制和事中控制，以预防为主，加强过程和质检点的质量检查、控制、监督。同时应用各种科学手段，把检修管理提高到新的水平。

（3）坚持以人为核心的原则。人是发电设备检修的决策者、组织者、管理者和操作者，检修过程中各单位、各部门的人员质量意识、工作水平都直接和间接地影响工程质量，所以发电设备检修要以人为核心，重点控制人的素质和人的行为，提高检修员工的质量意识，充分发挥人的积极性和创造性，让每个员工了解自身贡献的重要性，充分发挥个人潜能，以员工的工作质量保证设备的检修质量。

（4）坚持过程控制的原则。将活动和相关的资源作为过程进行管理，可以更有效地得到期望的结果。所谓过程，就是使用资源将输入转化为输出的活动。通常，一个过程的输出将直接成为下一个过程的输入。多个过程相互关联和相互作用，就成为过程网络。发电企业内诸多过程的系统应用，连同这些过程的识别和相互作用及其管理，可称为“过程方法”。过程方法的优点是对诸多过程及其系统进行连续的控制，并监视和测量过程的有效性。

（5）坚持采用系统的管理方法。“将相互关联的过程作为系统加以识别、理解和管理，有助于企业提高实现目标的有效性和效率。”管理需要方法，而方法具有系统性则有助于目标的实现并提高管理效率和有效性。系统方法的特点在于，它围绕某一认定的方针和目标，策划并确定实现这一方针、目标的关键活动，识别由这些活动所构成的过程，分析这些过程的相互作用和影响，按某种方式或规律将这些过程有机地组合成一个系统，管理这个系统并使之协调运行，最大程度地实现预期的结果。所以，管理的系统方法就是对过程网络及其目标的管理，是系统论在质量控制中的应用。

（6）坚持质量标准的原则。检修质量标准是评价检修质量的尺度，工程质量是否符合合同规定的质量标准要求，应通过质量和质量标准对照，符合质量标准要求的才合格，不符合质量标准的就不合格，必须返工处理。

（7）坚持持续改进的原则。“持续改进总体业绩应当是企业的永恒目标。”持续改进作为一种管理理念、企业的价值观，在质量控制体系活动中是必不可少的要求。通过持续改进，可以提高企业的实力，增强竞争的优势，提高快速而灵活的反应能力，可以适应内外环境的变化，成为企业发展的动力。

三、发电设备检修质量控制的内容

检修质量控制的内容是根据检修质量控制的原则，针对控制对象采取必要的措施和方案，它包括：

（1）确定控制对象并明确控制标准。前期准备中应按照设备运行情况并结合相关规定、规程制定明确的检修项目，并明确检修程序、验收标准等。

（2）制定具体控制方法，如现在部分发电厂推行的检修作业文件包，以及严格执行检修工艺规程等有关措施。

（3）明确检验方式及方法，检修质量控制实行质检点（H、W、P 点）验收和设备再鉴定相结合的方式，必要时可引入检修监理制。

（4）加强过程控制，进行跟踪检查、验证、记录。质检人员（QC 人员）应按照质量检验验收计划的规定，对直接影响检修质量的 H、W、P 点进行检查和验证，所有项目的检修施工和质量验收应实行签字责任制和质量追溯制。

（5）重点关注不符合项的发现与控制。检修过程中发现的不符合项，应填写不符合项通知单，并按相应程序处理。

（6）及时总结，完善质量管理和技术文件及措施，便于持续改进。

四、相关术语和定义

（1）质量，是指“一组内在特性”满足“要求”的能力（满足要求的主体：顾客或其他受益者）。

(2) 质量管理，是指有关质量的指导和控制活动。

(3) 质量方针，是指由组织的最高管理者正式发布的该组织总的质量宗旨和质量方向。

(4) 质量目标，是指有关质量所追求或旨在达到的标准。

(5) 质量管理体系 (QMS)，是指建立质量方针和质量目标，并实现此目标的体系。

(6) 质量手册，是阐明和拟定设备检修质量方针和目标，并描述和实施质量管理体系的纲领性文件。

(7) 质量计划，是指对特定的项目、产品、过程或合同，规定由谁及何时应使用哪些程序和相关资源的文件。针对特定的工程项目，为完成预定的质量控制目标，编制专门规定的质量措施，资源和活动顺序的文件。质量计划包括编制依据、项目概况、质量目标、组织机构等。

(8) 质量控制 (QC)，是指发电企业不直接从事具体检修或作业活动的独立的质量验证人员，一般指设备管理部门专业人员或设备管理部门授权的质检人员，他们对检修质量是否达到检修规程或相关技术规范所规定的验收标准所进行的独立质量检查活动。

(9) H 点即停工待检点，是指必须由质量验收人员按工艺要求进行检查并认可签字后，检修工作才能继续往下进行的质量控制点，是不可逾越的控制点。

(10) W 点即见证点，是指工作负责人通知质量验收人员后，质量验收人员可选择参加，如不参加检验，检修工作可继续往下进行的质量控制点。

(11) P 点即厂级验收点，是指较为重要的需要业主方总工程师参与验收的质量控制点，如锅炉水压试验、汽轮机扣缸验收、发电机穿转子验收等。

(12) 设备再鉴定，是指通过对检修后设备的试运行，检查设备是否达到检修规程和系统功能的要求，包括设备品质再鉴定和设备功能再鉴定。

(13) 设备品质再鉴定，是指在全面检查工作程序和内容、质量符合有关要求，质检点工序完成并验收合格后，对单台设备空载试转是否合格的验证。

(14) 设备功能再鉴定，是指通过对修后设备带负荷试运行，进行验证和鉴定其设备性能参数是否达到设计值，以及是否满足系统运行要求。设备功能再鉴定是在品质再鉴定验证合格后对设备的一种检验。

(15) 不符合项，是指由于特性、文件或程序方面不足，使其质量变得不可接受或无法判断的项目，包括异常项和不合格项。

(16) 异常项，是指由于业主方制定的文件或程序方面不足，使质量变得不可接受或无法判断的项目。它不能用已批准的程序或文件中的信息解决，可以通过业主方、检修承包方采取适当的措施进行纠正，使质量符合要求；或由于检修工作人员未认真执行工艺纪律，使质量不符合标准，设备特性不符合要求，检修承包方可以通过纠正措施达到标准要求的项目。

(17) 不合格项，是指没有满足某个与检修质量有关的规定要求，包括了一个或多个质量特性偏离规定要求或缺陷，即不能彻底消除、只能让步接受的质量缺陷。

第二节 检修质量控制的要求

一、检修质量控制的基本要求

发电设备的检修是提高设备健康水平、恢复和提高设备性能的重要环节。按照过程的方法和系统的观点，可以将发电设备的检修活动策划为若干个过程，并对这些过程进行系统的管理，从而达到保证检修质量的目的。质量控制是预防和避免出现检修质量问题和缺陷的重要手段。

发电企业要能长期、稳定地提供品质合格、数量充足的电能，其内部不仅要有一个好的技术规范，还需要加强检修质量控制，两者缺一不可。发电企业应建立并保持一个质量控制体系，这个体系应覆盖本企业所有的质量控制体系范围和所有过程。检修质量控制要满足以下要求。

（一）突出预防为主

质量控制时，必须对什么人、用什么材料、什么样机械、采取什么方法、什么的环境进行全面系统的控制，而事前控制尤为重要，施工阶段的事前控制，是建立好质量保障体系的首要步骤，搞好这个环节，坚持预防为主，防患未然，把质量隐患消除于萌芽状态，才能保证项目质量符合决策阶段确定的质量要求。

（二）加强过程管理

质量控制体系的有效运行实际上是通过对一系列相关过程进行控制来实现的。建立质量体系首先要结合机组检修，确定影响质量的因素以及应采取的措施和方法，使影响质量的所有因素均在受控中。

（三）强调系统优化

质量控制体系是为实现质量控制的方针目标，有效地开展各项质量活动而建立的相应的管理体系。研究体系的方法是系统工程，系统工程的核心是整体优化。建立、保持、改进质量体系的各过程，必须从企业整体出发，综合协调、强调总体优化。

（四）实现质量与效益共赢

有效的质量控制体系，既要能满足上一步输出对下一步输入的质量的要求和期望，也要能获得尽可能大的企业效益，希望用尽可能少的投入，做到质量和效益的统一。

二、检修质量控制的文件编制

发电企业建立检修质量控制文件的价值是便于沟通意图、统一行动，有利于检修质量控制的实施、保持和改进。质量控制文件具有极强的操作性，是发电企业检修质量控制运行的法规性依据。通过文件的阐述，使行之有效的管理手段和方法制度化、法规化，可使各项质量控制活动有法可依、有章可循，从而保证质量控制水平。编制质量体系文件方式和程度必须结合企业的规模、检修的复杂程度和人员的能力等综合考虑，不能找个模式照抄照搬，也不必抄标准的条款。

（一）检修质量控制文件的编制原则

1. 系统协调原则

质量控制文件是对企业的质量控制的完整描述，以规范各项质量活动。在内容编排和章节划分上要体现出系统的层次性。文件的内容应与企业的其他管理体系文件或管理制度相协调。

2. 合理优化原则

文件结构合理，有关要求循序渐进，结合实际，做不到的不可超前编入。

3. 操作适用原则

文件的适用范围界定明确，内容符合企业实际，便于执行和监督检查。保证文件中的规定能在运行中做到，既符合标准要求，又符合具体实际，具有适用性、可行性和可操作性。

4. 证实检查原则

文件和记录不仅要可行，还必须可查，可追踪到承包方和个人，客观事实不因地点、时间、人员的改变而改变。

5. 文件编号原则

文件编号遵循通用、简明、易于识别的原则，通常以汉语拼音、代码、数字等来表征文件属性、组织代码、文件类别、文件顺序和发布年份等。

（二）检修质量控制文件的内容

检修质量控制的文件分为两个层次：第一层是质量控制程序文件，如质量验收管理标准；第二层是作业指导文件，如检修作业文件包、检修记录等。

1. 质量控制程序文件

质量控制程序文件是质量管理文件的重要组成部分，是质量管理手册的具体展开和有力支撑，程序文件不同于一般的业务工作规范或工作标准所列的具体工作程序，而是对质量管理的过程方法所需展开的质量活动的描述。

质量控制程序文件包括：文件控制程序、质量验收程序、质量记录控制程序、不符合项管理程序等。

2. 作业指导文件

在当今发电设备检修中，广泛使用检修作业文件包作为检修作业的文件。发电企业的检修工作中推行检修作业文件包的做法，是发电企业在贯彻 ISO9000 族标准，在检修活动中采取的一种可操作性很强的控制方法。检修作业文件包是由业主方技术人员整理和提供，在检修过程中由承包商检修工作负责人携带、保管、使用、记录和补充的书面文件的汇总，最终形成检修管理工作的经验反馈和永久性的记录报告。记录是文件的一种，它更多用于提供产品符合要求和体系有效运行的证据，记录不是证据的唯一形式，检修记录包含在检修作业文件包中。

三、检修质量控制的组织管理措施

（一）建立健全机组检修组织机构

机组检修准备期间成立机组检修指挥部，检修指挥部全面负责机组检修的组织和协调工作，是有关机组检修事务的最高裁决机构，是机组检修顺利进行及检修质量保障的组织结构；成立的机组检修专业组具体负责各个专业相关检修项目的实施、质量控制等。成立的重点项目协调小组具体负责机组检修中的重大（特殊、更改、科技）项目的实施、质量控制等。

（二）健全会议制度

1. 检修指挥部日常例会

机组检修指挥部定期召开例会，听取各专业组、检修专业组、项目协调小组关于检修工作的进展情况，充分发挥网络管理技术的优势，以网络关键线路为主干线，抓住主线、协调辅线，及时调整。在保证检修安全、质量的前提下，以主线带辅线、辅线促主线，环环相扣，有效地协调各专业之间、各施工单位有关安全、质量和进度中存在的问题。

2. 重点项目阶段性质量评审会

对于汽轮机扣缸、发电机穿转子等特殊的厂级验收点（即 P 点），一般由检修指挥部召集、生产厂长或总工程师参加（一般应主持）召开阶段性质量评审会，对该项工作计划执行、质检点验收、缺陷消除、文明生产以及软件资料的整理情况等逐项总结验收，对项目中重要的数据、步骤进行核实验证，对下一步工作作出安排部署，并由生产厂长或总工程师主持作出能否进行下一步工作的决定。

例如：汽轮机扣缸前的质量评审会，承包商提前提交设备解体检修报告给相关单位，会上承包商责任工程师通报汽轮机解体检修报告，有关专家一起评审回装技术数据及问题处理结果是否达到技术标准或要求，评价遗留问题可能产生的影响及风险，决定是否扣缸。

3. 解体汇报会

设备全面解体后，发电单位组织召开设备解体汇报会，组织解决解体过程中发现的重大问题，对下一部检修计划作出调整，同时向上级主管部门汇报。

4. 不定期召开专业组或项目协调会议

检修中的质量控制重点要抓好主设备和主要辅助设备的两个分析会：一是设备解体后的分析

会，分析设备解体过程中发现的问题、寻找设备运行中异常的原因、讨论对这些问题的处理方案，提出设备检修过程中要特别注意的事项；二是设备组装前的分析会，检查设备解体后分析会上提出的各项方案措施的执行情况、设备检修的规范性和符合性，检查是否存在无法消除的缺陷并制定防范措施等。

分析会必须有必要的记录文件，该文件应包括：设备解体情况报告和组装前的检修报告、特殊缺陷的处理方案和总结报告、记录卡、不符合项报告单（出现不符合项的）、分析会纪要、遗留问题的防范措施等。

5. 机组启动前冷态验收会

冷态验收是指机组检修复装结束、分部试运完成后，机组正式启动前，对检修项目计划完成情况以及检修质量、试验结果进行检查、评价、认可，以确定机组修后是否达到整体启动条件。为保证验收细致，冷态验收会议宜分专业进行，由机组检修指挥部召集，生产厂长或总工程师主持，对检修过程中软件、硬件整体验收评价，它是机组检修质量控制的有效手段。

6. 机组启动后热态验收

热态验收是指检修竣工后30天内，机组修后热力试验后，对机组运行状况、设备效率、设备缺陷的消除情况、检修人工、材料、工程费用、文件管理等方面进行的整体鉴定分析和评价，它是对承包商检修后机组性能的整体评价，是检修工程质量考核的重要依据之一。

（三）建立质量考核制度

质量考核制度和经济责任制是促进检修质量的有效手段，能够将考核结果与检修质量有机结合，起到促进检修质量的引导示范作用，激励参与机组检修的人员的责任心、压力感，最大限度地发挥考核在检修质量控制中的功用，从而有效地约束检修行为，有效地保证检修质量。

质量考核制度主要包括两类：一是业主方约束承包方检修行为的检修外包指标考核（参见第十一章），它是业主方与承包方签订的机组检修合同中的重要组成部分，是业主方对承包方的考核，主要考核机组修后各项指标；二是检修管理考核细则（参见附录十二），它是对业主方参与检修人员的相关行为的规范。

第三节　检修质量的过程控制

一、检修质量控制过程简述

发电企业机组检修通常可以分为修前准备、检修实施、修后调试三个主要阶段，发电机组检修的质量控制也相应地分为修前准备阶段质量控制、检修实施阶段质量控制、修后调试阶段质量控制三个主要过程。

（一）修前准备阶段质量控制

1. 修前准备阶段质量控制内容

修前准备阶段质量控制工作是整个检修过程质量控制工作的基础和前提，是保证检修质量的关键环节，要进行必要的计划、操作性文件、物资、工器具、组织与人员、外包队伍、检修管理文件等准备工作。检修管理文件准备主要是编制适时的检修管理文件，明确检修的质量目标，汇集必要的控制程序以规范检修管理，保证检修质量。

具体地说，就是要做好以下工作：

（1）机组检修的计划准备是检修准备的重要环节，完善的计划是指导机组检修规范化管理的重要依据。因此，检修准备时，应编制详细、完备的计划，明确大修工作内容，指导检修工作协调、有序的进行。

(2) 操作性文件主要包括定置图、设备变更异动、设备安全隔离操作措施和检修作业文件包(含质量标准、检验验收项目、安全技术组织措施等)、检修工艺纪律等，是机组检修重要支持性文件，发电企业应在检修准备阶段予以高度重视。

(3) 检修物资是指检修过程中所需要的物质资料的总和，一般包括设备、备品、配件、材料等。充分的检修物资准备是机组检修工作顺利进行的重要基础，物资质量好坏是机组检修能否成功的关键要素。

(4) 检修工器具是指在检修工作过程中用以协助检修人员达到某种目的的物件。工器具是机组检修必备的辅助手段，其可用性高低对提高检修效率、保证检修质量发挥着重要作用。机组检修前工器具的准备工作包括工器具的清点、落实、补充、维修及检验、试验。

(5) 机组检修是一项跨部门、跨专业的复杂系统工程，需要各部门、专业之间协同配合才能按计划有条不紊地顺利展开，因此要成立检修指挥部负责检修工作组织协调，并配备相应的管理人员，各司其职。同时机组检修涉及到的设备、系统较多，工作种类繁杂，工作量大，完成这些工作需要足够的专业检修人员。因此，为保证机组检修准备的顺利进行，应在组织和人员准备上进一步细化、落实。

(6) 为指导机组检修工作，确保检修工作的有序开展，发电企业在机组检修开工前应编制、下发各项检修管理文件。

(7) 对于需要检修外包和聘请检修监理的单位要按程序落实外包事宜。

(8) 检修准备检查和确认，在检修开工前一个月，在自查准备情况均已完成后，由主管生产副厂长/副总经理负责向上级主管部门提报检修准备工作情况，上级主管部门组织进行修前各项准备工作开展情况复查确认。

2. 修前准备阶段质量检验验收计划的编制(参见第四章检修项目、检修计划管理)

设备管理部门根据下发的检修项目编制检修质量检验验收计划，检修项目规定专门的质量措施、资源和活动顺序，属于检修必备的文件之一，应根据检修工序和其他要求设置控制点(W、H、P)，围绕这些关键点编制整体的质量控制计划，报技术管理部门审核，检修副总工程师审定，最后由总工程师批准后下发执行。主要是明确检修项目的质检点设置，便于统计汇总，指导检修作业文件包的质检点设置。

(1) 合理设置“W”点、“H”点、“P”点。选择控制点的目的是将影响检修质量的关键工序选出来，通过有关的质量验收人员的验证和见证活动，以证实所进行的检修活动满足质量要求，决定哪些是关键质量工序，需要写入检修质量计划中。

1) “W”点的设置原则。W点适用于重要的质量控制点，是质量计划中的主要控制点类型。W点的选择范围：选择重要设备的检修过程中的检查和试验工序。以下环节也要酌情设置W点：①根据以往经验，容易出现质量问题的环节；②使用不常用工艺技术的环节。

2) “H”点的设置原则。H点适用于关键工序、与安全相关系统设备、重要设备及影响发电企业指标的检修质量控制点，在选取时应遵循保证检修质量并尽可能少的原则，该点对检修工作效率有一定的影响。

H点的选择范围：选择安全相关系统/设备和关键、重要设备的检修活动及影响发电企业指标的重要的中间检查、最终检查和最终试验作为H点。以下工作步骤一般要设置H点：①出现质量问题事后不能进行复检或复检非常困难的工序，例如：设备常规检修后扣盖复装。②出现的质量问题不能通过返工加以纠正或将花费巨大代价才能纠正的工序，例如：确定某些加工件尺寸、加工标准的环节和加工过程的环节。③验证是否符合工艺技术标准的关键环节，如：测量设备零部件的装配间隙、转动机械联轴器中心的最终检查或品质再鉴定等工序。④重要关键设备检修开工前的先决条件检查。⑤工作结束前的检查，如容器关闭时的检查。

3）“P”点的设置原则。“P”点是指较为重要的需要业主方总工程师参与验收的质量控制点，一般有：①重大技改项目、特殊项目、科技项目的质量验收；②重大标准项目的关键点质量验收，一般有：锅炉汽包封门前验收、锅炉水压试验、锅炉空气动力场试验、汽轮机扣缸验收、发电机穿转子前验收、主变压器吊罩、机炉电大连锁、ETS功能试验等；③业主方认为有必要设置为P点的质检点。

4）P点设置的必要性。发电企业机组检修质量验收主要有以下两种形式：一种是采用质检点验收的形式，强调检修过程的质量控制；另一种是采用质检点与三级验收相结合形式，即采用零星、分段、厂级三级验收方式并结合H、W质检点进行验收。

从目前各发电企业验收方式的实际执行情况来看，由于大家对三级验收的理解各不相同，有的认为三级验收是一种整体验收方式，有的则认为三级验收是指根据检修项目的重要性和难易程度而确定的检修项目的验收级别，因而造成三级验收制度在实际执行中千差万别，甚至在不少企业流于形式，变成简单的结果验证和资料检查，不利于检修过程质量控制，也就很难保证良好的检修质量把关。

目前随着检修体制不断变革，检修甲、乙方的合同关系越来越普遍，同时伴随着检修作业文件包的推广使用，检修工序程序化管理成为一种发展趋势，对检修质量的验收越来越注重对检修过程和要素控制，作为质量过程控制重要手段的质检点验收方式显现出了更大的优势。因此从这个意义上讲，对检修质量控制强化过程控制，取消三级验收制，采用合理的质检点设置，把好质量验收关是完全可行的，这点在核电企业的实践中已经得到了很好验证。

三级验收制虽有弊端，但对于较重要的厂级验收项目，特别是涉及重大的、跨专业的厂级验收项目，在人员组织、协调及验收人员级别（如总工程师参与）等组织形式都有很多优势。综合上述因素，为简化验收流程，融合原有三级验收好的经验，对于重大的、跨专业的厂级验收项目，可扩大H点的参加人员，并将其上升为P点，由业主方总工程师参加把关并负责人员组织、协调，有利于项目总体质量控制。

（2）质量检验验收计划（参见第四章检修项目、检修计划管理）。

（二）检修实施阶段质量控制

在检修实施中，检修人员应严格按照检修程序（质量检验验收计划、质量控制程序、不符合项的管理、再鉴定程序等）中的要求进行工作。具体地说，应该做好以下工作：

（1）验证检修程序的符合性及有效性。

（2）签证质量计划中的各项质量控制点。

（3）管理和控制检修过程中出现的不符合项。

（4）特殊过程的控制。特殊过程的控制必须满足特定程序要求。对这些过程所使用的设备能力进行鉴定并对操作人员的资格进行认可。

（5）对外包项目或外包检修人员要敦促其内部质量控制和自检，加强业主或监理方对其进行质量控制与监督。具体工作包括：对工作负责人的跟踪，文件包的使用与检查，质量控制人员的检查与监督，不符合项的统计、跟踪、分析，事件的及时报告和经验反馈。

（三）修后调试阶段质量控制

修后调试阶段质量控制工作是发电企业检修质量控制的一个很重要的环节。各检修承包方必须按文件规定完成检修项目的最终检验和试验，向发电企业提供一个完全符合规定要求的优质机组。具体如下：

（1）进行设备修后再鉴定。设备修后再鉴定的目的是为了验证修后设备性能参数满足相关规定和要求，保证设备正常发挥其运行功能，确保设备投运的可靠性。没有检修过的设备不在再鉴定范围之列。设备再鉴定调试一般分为两个阶段，第一阶段为系统恢复前，如气动、电动阀门试验和电机空载试验、热工逻辑试验等，即品质再鉴定。第二阶段为系统恢复后，如泵、风机等转动设备带负荷试验，即功能再鉴定。本处内容着重描述气动阀、电动阀和转动设备的再鉴定过程，因为这些设备的再鉴定通常无法由工作负责人单独完成。品质再鉴定是空载和不带介质的再鉴定，功能再鉴定是带负载和介质的再鉴定。

（2）检查检修作业文件包关闭情况。文件包关闭的条件：设备所有检修活动结束，检查过程检验已完成、文件包的记录等符合规定，检修质量符合要求；再鉴定工作结束，质量合格；不符合项已关闭。

（3）进行整组启动控制。检修完成，设备、系统恢复前，要确认所有影响整体启动的因素均已排除；确认已按调试程序完成所有冷态调试项目后机组冷态验收合格，整组启动试验正常，记录完整。

整组启动需要具备的条件：

1）检修工作已全部结束；

2）不存在重大的设备缺陷或隐患；

3）所有的隔离已解除；

4）检修中加装的临时措施已拆除；

5）冷态验收报告已通过且不存在重大分歧；

6）所有影响设备整体启动的因素已排除；

二、机组检修质量监督与控制

在检修准备阶段成立的专门的质量监督验收组织，负责对整个检修实施阶段的检修状况进行检查和监督。质量控制人员应对设备检修的各种标准的适用性、技术数据的正确性、工艺的可靠性等专业技术问题负责，必要时对一些重要数据进行复测、对一些重要过程进行复现，从而达到质量控制的目的，同时对质量控制体系在检修实施中的有效性和符合性进行检查和监督，关心检修文件是否齐全，标准是否明确，各种接口是否通畅，运作是否有效，各种程序文件是否得到了有效执行，必要的防范措施是否提出、确认和实施等。

1. 质量验收的方法

（1）发电企业机组检修质量验收宜实行质检点验收和设备再鉴定相结合的方式，必要时可引入监理制。

（2）质量验收实行检修人员自检和验收人员检验相结合的原则，必须自检合格后方能申请上一级验收。

（3）设备检修工作至某一质检点时，在自检合格后由工作负责人提出验收申请。验收申请应提前4h书面通知验收人员。验收人员在接到验收申请后，应在规定时间内到达验收现场，在核对确认检修质量合格，技术记录及有关资料齐全无误后，签字认可，与检修人员共同对检修质量负责。

（4）W点验收不合格，设备管理部门有权决定将其上升为H点。

（5）技术监督项目还应有有关监督专责人和相关监督网成员参加，会同承包方共同检查、验收签字。

（6）所有项目的检修施工和质量验收实行签字负责制和质量可追溯制。

2. 检修质量的基本要求

（1）设备检修后，检修项目无漏项，设备缺陷已消除；

(2) 达到各项检修工艺质量标准；

(3) 设备清洁见本色，卫生无死角；

(4) 可靠性、经济性提高，满足系统要求；

(5) 设备修后性能参数达到设计值；

(6) 各种信号、标志齐全，正确，安全设施完善；

(7) 监测装置、安全保护装置、主要自动装置投入率 100%，动作可靠。

3. 质量验收参加人员（见表 5-1）

表 5-1　　检修项目质量验证人员列表

验收方式		参加人员		
质量控制点	W 点	检修承包方工作负责人	检修承包方 QC	业主方 QC 人员/监理质监员
	H 点	检修承包方工作负责人	检修承包方 QC	业主方 QC 人员/监理质监员
	P 点	检修承包方工作负责人	检修承包方 QC	业主方 QC 人员/业主方总工程师

注　业主方的质量验收人员需要明确，如果没有专职的 QC 人员，可以由设备管理部门的点检人员担任，或维护部门的人员担任，QC 人员均需要经过培训合格，并正式公布。如果聘请检修监理，则质量验收人员由监理质监员担当，此时业主方如果有质量验收人员应与监理质监员同等对待，质量验收签字业主方只需同等级别的一人签字。检修承包方的 QC 同样需要经过培训合格，并正式公布。

4. 质量验收流程（见图 5-1）

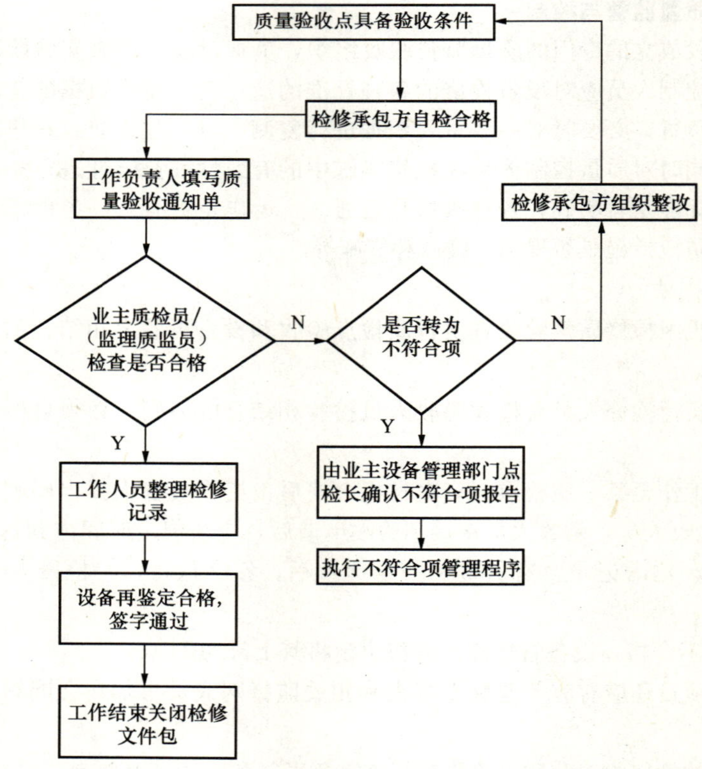

注：图中带阴影的方框为聘请检修监理时监理公司的质监人员代替质检员参与质量验收。

图 5-1　质量验收流程

5. 质量验收结果

(1) 质量验收的评价。质检点评价分为合格、不合格两个档次。

(2) 质量验收合格的评价标准。设备质检点验收单齐全；检修各项技术记录、试验报告和质检点验收报告等原始记录正确，详细，整洁；各种数据符合质量标准的上限；检修后现场及设备整齐，清洁，标志齐全。

(3) 凡达不到“合格”条件的设备评为“不合格”。

(4) 对于验收不合格的项目，设备管理部门质量验收人员有权行使质量否决权，限期整改，同时对承包方提出考核。

(5) 如果属于不符合项，则转入不符合项处理流程（见本章不符合项的管理）。

三、设备质量缺陷报告（QDR）管理

设备质量缺陷报告制度适用于发电设备检修质量缺陷的管理，其中规定了机组检修过程中设备质量缺陷的发现、报告、处理、关闭等全过程闭环管理事项。凡是在系统、设备、部件和构筑物的检修过程中，发现符合QDR填写原则所规定的缺陷，都应及时填写QDR，并按照QDR的处理过程进行处理，使缺陷得到有效的记录和跟踪处理。

1. QDR的填写原则

(1) 设备检修过程中发现的检修作业文件包预期之外的可以消除的能够达到验收标准的质量缺陷，应该填写QDR，主要包括（但不限于）：①材料、零部件、设备或系统结构已损坏；②设备、零部件未安装、调试到位或安装、调试存在缺陷；③设备、零部件发生磨损、老化、腐蚀、划伤、锈蚀、变形、汽蚀、油结等现象，需要更换备品备件或仅需要记录缺陷；④设备、部件功能异常，技术参数不符合规范；⑤用于设备、系统上的零部件、备品备件或材料与设计或合同技术规范不符；⑥零部件或设备不能按照已获批准的图纸、规范或设计进行安装；⑦材料、零部件、设备或系统结构已损坏或在超出设计条件的状态（如超压、过电压、过热、过应力状态或其他对其质量有危害的条件）下工作；⑧使用非正常检修手段破坏设备或零部件的完整性时；⑨设备零部件等安装时技术数据超出程序规定的标准时；⑩因操作检修不当产生设备零部件损伤时。

(2) 不应填写QDR的情况：①项目工作组成员在现场发现的一些小缺陷，能在其职责范围内通过简单的处置即能及时处理时，这些缺陷的处理往往不需要业主方专业工程师的审批；②对工作包中已明确要求检修的和预期的缺陷，不必填写质量缺陷报告；③发现设备标签或标牌有缺陷时，不需要填写QDR而直接进行处理；④对设备检修过程中必须更换的部件，如法兰垫片、密封圈等，不填写QDR。

2. 工作流程（见图5-2）

(1) 质量缺陷的发现。

①设备检修过程中，检修工作负责人发现有影响设备质量的缺陷或异常，要及时填写QDR，并通知业主设备管理部门相关专业人员。

②检修工作负责人认真填写QDR中设备异常描述及建议措施，提交至业主设备管理部门。

(2) 质量缺陷的确认与处理。设备管理部门应组织有关成员及时到现场进行调查，确认是否属于设备质量缺陷。若有检修监理的单位，监理质监员应参与缺陷的确认。

(3) QDR的审批。

1) 设备管理部门点检长接受QDR后，首先对QDR进行编号，编号原则为AB—XXX。AB为专业汉字名称的第一个字母，如汽机（QJ）、锅炉（GL）等；XXX为阿拉伯数字顺序号。

2) 设备管理部门点检长根据现场调查分析结果，在QDR相应位置填写原因分析和处理意见，报技术管理部门批准。若有检修监理的单位，监理质监员应参与缺陷处理方案的编制和审查。

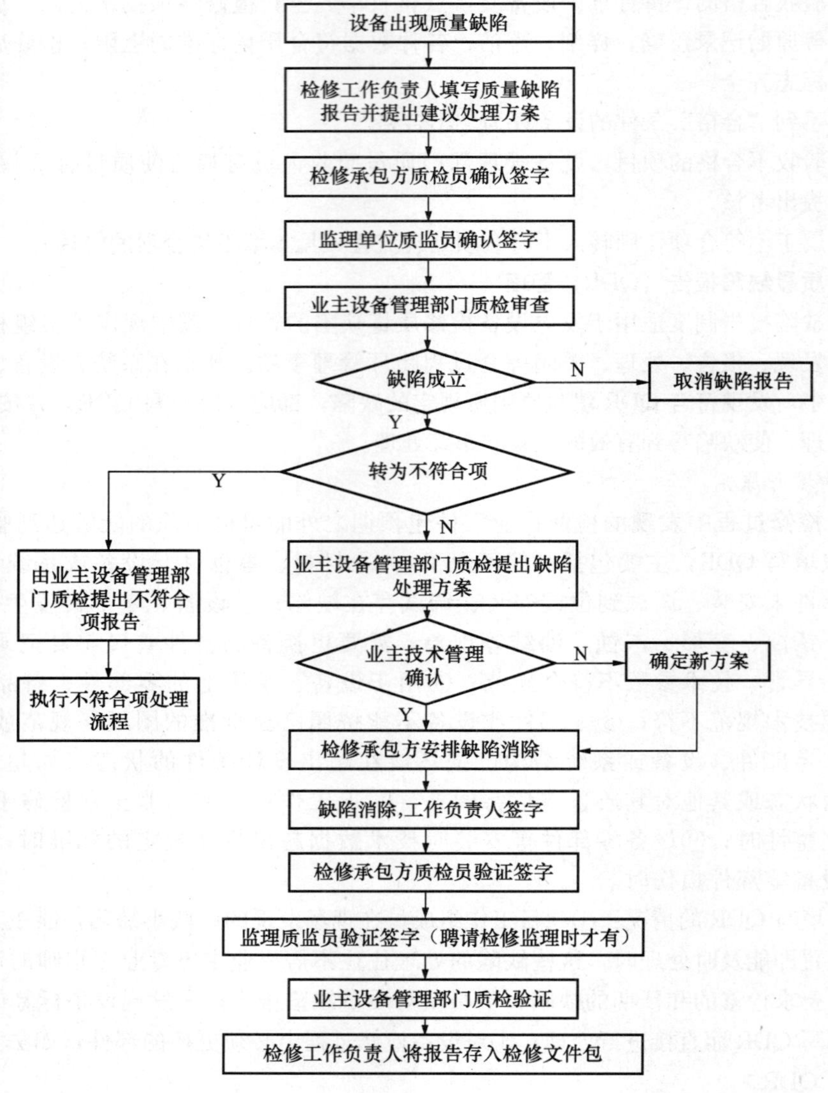
设备出现质量缺陷
检修工作负责人填写质量缺陷报告并提出建议处理方案
检修承包方质检员确认签字
监理单位质监员确认签字
业主设备管理部门质检审查
缺陷成立
N
取消缺陷报告
Y
转为不符合项
Y
N
由业主设备管理部门质检提出不符合项报告
执行不符合项处理流程
业主设备管理部门质检提出缺陷处理方案
业主技术管理确认
N
确定新方案
Y
检修承包方安排缺陷消除
缺陷消除,工作负责人签字
检修承包方质检员验证签字
监理质监员验证签字（聘请检修监理时才有）
业主设备管理部门质检验证
检修工作负责人将报告存入检修文件包

图 5-2 设备质量缺陷报告流程

(4) QDR 的执行。

1) 批准后的 QDR，由设备管理部门点检负责下发至检修工作组。

2) 检修人员按照批准后的 QDR 处理意见进行施工，完成后填写执行情况并申请验收。

(5) 验收。对 QDR 处理结果的验收一律执行“H”点的验收规定。若有检修监理单位，其质监员应参与缺陷的验收。

(6) 关闭。质量验收后，检修工作负责人将 QDR 提交给设备管理部门进行确认，关闭签字。

(7) 归档。QDR 作为该项工作检修工作文件包的一个附录一并存档，并贴入设备台账中。

(8) 质量缺陷的让步接受。业主设备管理部门的点检长判断该质量缺陷无法处理，需要让步接受时执行不符合项的程序。

四、不符合项的管理

(一) 不符合项的定义（见第一节）

(二) 检修过程不符合项的判定标准

(1) 按照检修程序执行到某工序无法进行下去；

(2) 检修程序、记录卡片等检修文件中存在明显影响检修质量的问题；

(3) 达不到检修程序所规定的技术要求；

(4) 检修过程序中没有要求更换的零部件损坏或发现不能消除的达不到验收标准的质量缺陷；

(5) 更换的备品备件其规格型号外形尺寸等不合要求；

检修过程中发生以上情况之一时，应判定为不符合项。

(三) 不符合项控制程序

1. 范围

不符合项控制程序适用于机组检修过程中发现和发生的影响质量的异常项和不合格项的管理工作。

2. 要求

(1) 发现和报告不符合项是所有参加检修人员（业主方、检修承包方、监理方）的共同责任；

(2) 各检修项目的工作负责人应按批准后的“处理意见”进行施工；

(3) 设备管理部门质量验收人员将组织对项目的不符合项进行跟踪验证；

(4) 聘请检修监理时，质监人员在检修过程工作中发现不符合项时，应及时通知检修人员停工，按控制程序进行纠正，并参与验证合格，以确保设备检修的质量；

(5) 对于无法按照检修程序完全保证检修质量，需要作出让步时，需总工程师作出最终审批。

3. 不符合项处理流程（见图 5-3）

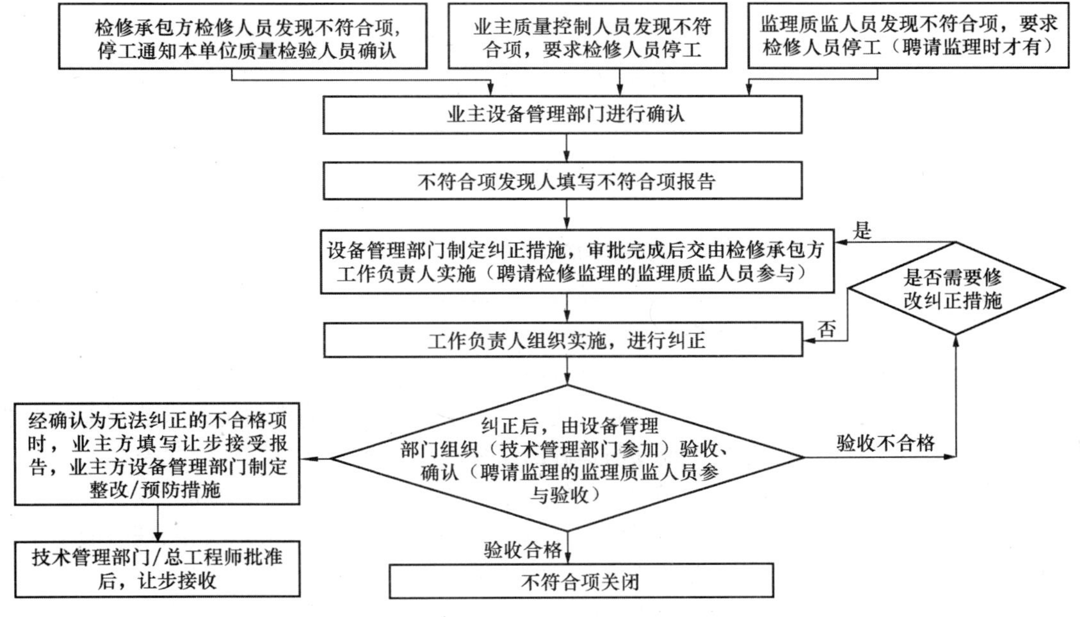

图 5-3 不符合项处理流程

4. 不符合项报告

(1) 不符合项报告格式见表5-2。

表5-2　××发电企业检修不符合项报告

№:

设备名称:	不符合项发现人及所属单位:	工作票号:	检修承包方:
不符合事实描述: 不符合项发现人签字:　检修工作负责人签字:　承包方QC签字:　年　月　日			
业主设备管理部门点检整改措施: 设备管理部门点检签字:　年　月　日			
监理审核意见: 质监人员签字:　年　月　日			
设备管理部门审核意见: 设备管理部门主任签字:　年　月　日			
批准意见: 批准人签字:　年　月　日			
不符合项关闭: 技术管理部门签字:　年　月　日			

注　不聘请检修监理时，无需质监人员签字。

(2) 不符合项报告中异常情况填写按照谁发现谁填写的原则执行。

(3) 不符合项的纠正措施由设备管理部门专业人员编写，重大的措施由技术管理部门专业人员编写，聘请检修监理单位，质监员要参与措施的编写。

(4) 审核后不符合项的整改措施必须由检修副总工程师以上领导签字批准后生效。

(5) 检修承包方接到批准的不符合项整改措施后，按处理意见进行施工。处理后的不符合项必须要经过业主质检人员的验证，按照“H”点程序验收。

(6) 经技术管理部门验证后的异常项将被关闭。

5. 不合格项让步接受报告

(1) 让步接受报告格式见表5-3；

表 5-3 **××发电企业检修让步接受报告**

№：

<table>
<tr><td>检修承包方：</td><td>设备名称：</td></tr>
<tr><td colspan="2">不合格项事实描述：

设备管理部门签字： 年 月 日</td></tr>
<tr><td colspan="2">整改预防措施：

设备管理部门点检签字： 年 月 日</td></tr>
<tr><td colspan="2">审核意见：

技术管理部门专工签字： 年 月 日</td></tr>
<tr><td colspan="2">审定意见：

技术管理部门主任签字： 年 月 日</td></tr>
<tr><td colspan="2">批准意见：

总工签字： 年 月 日</td></tr>
</table>

（2）让步接受报告由设备管理部门专业人员对不合格项的事实进行描述；

（3）不合格项的纠正措施由设备管理部门专业人员编写，由技术管理部门专业人员批准，聘请检修监理单位的，质监员要参与措施的编写；

（4）不合格项的让步接受必须由总工程师以上领导签字批准后生效。

五、设备修后再鉴定

设备修后再鉴定的目的是为了验证修后设备性能参数满足相关规定和要求，保证设备正常发挥其运行功能，确保设备投运的可靠性。

（一）设备修后再鉴定工作的要求

由于再鉴定试验的状态特殊，并且每项试验活动包含了机械、电气、热工运行及其他配合专业，同时再鉴定试验与主线进度及辅机要求完成时间密切相关，设备再鉴定工作主要集中在检修过程的中、后期，并且受设备检修完成情况和系统恢复时间制约，同时再鉴定要求完成时间较短，因此部分设备再鉴定的完成时间直接影响检修主线的工作，重点注意以下几个方面：

（1）应按程序和运行要求准确、详尽地列出再鉴定项目，明确再鉴定工作范围（见表 5-4），确保计划的准确性和完整性；

（2）没有检修过的设备不在再鉴定范围之列；

（3）按系统对项目进行分类；

（4）与主线进度相关的项目应优先安排；

（5）系统恢复后的再鉴定项目间的逻辑关系应定义准确，时间应满足运行对系统恢复要求；

（6）根据工作需要随时进行再鉴定计划的调整，确保计划准确反映实际情况，以便各专业间的协调；

（7）在满足主线进度和系统恢复要求前提下，可适当放宽时间，避免因再鉴定过程中项目返修影响进度；

（8）因每项再鉴定工作涉及的专业较多，对于时间重叠项目，应充分考虑人力资源的分配。

表 5 - 4　　设备再鉴定工作范围参考范例

机务部分：			
设备类型		品质再鉴定	功能再鉴定
容器、热交换器类		无	设备投运，用系统流体进行密封、查漏试验
阀门类		手动及自动行程检查 离线进行的密封试验和强度试验、安全阀起跳试验	在系统上进行密封试验和调节、动作试验
泵类		再循环运行试验	运行参数检查
空气压缩机类		空载试验	运行参数检查
风机类		运行参数检查	无
新管道类		从外部引入流体进行冷态密封和强度试验	在线密封试验
保温类		表面接触温度测量	无
电气部分：			
设备类型		品质再鉴定	功能再鉴定
高低压电机		空载试验，运行参数检查	带载试验，运行参数检查
阀门电动头	系统隔离	行程、力矩、电气参数检查	
	系统投运	无	行程、力矩、电气参数检查
变压器		电气检查	运行参数检查
母线		绝缘检验	运行参数检查
保护试验		传动试验	无
热工部分：			
设备类型		品质再鉴定	功能再鉴定
基地式调节仪		手动控制功能检查	带载试验，运行参数检查
系统功能试验		传动试验	无

（二）设备再鉴定管理内容

再鉴定的管理要求：

（1）设备提交再鉴定必须满足以下条件：

1）设备检修工作全部结束并经检查符合标准；

2）现场环境具备再鉴定条件；

3）设备完整性完好（相关设备的标牌、位置指示齐全等）；

4）阀门盘根在阀门调整前已调整到位。

（2）设备再鉴定的组织要求：

1）设备再鉴定是检修的最后一道质量关，设备试运行应采用设备试运行申请单（见表 5-5），由机械检修、电气检修和热控检修三专业分别验收签字，确保设备可试运。

表 5-5　　　　设备试运行申请单

年　月　日

设备名称			
检修承包方人员意见	工作负责人：　　　　专工（QC）：		
检修承包方相关专业意见	汽轮机： 电气： 锅炉： 热工：		
业主值班负责人			
机组长		值长	

2）设备管理部门提前授权设备品质再鉴定负责人。设备品质再鉴定，应在承包方工作负责人、承包方 QC 自检合格后，由工作负责人通知业主设备品质再鉴定负责人共同进行。若需要运行操作的品质再鉴定，应由工作负责人提前联系运行部门做好准备工作。工作负责人应根据设备品质再鉴定情况填写设备品质再鉴定单（见表 5-6 和表 5-7），并由业主再鉴定人员签字认可。

3）运行机组长及以上岗位人员为设备业主再鉴定负责人。设备品质再鉴定合格后，工作负责人向再鉴定负责人提出功能再鉴定申请，由再鉴定负责人安排并通知参加再鉴定的相关人员共同进行。工作负责人应根据设备功能再鉴定情况填写设备功能再鉴定单（见表 5-8～表 5-10），并由再鉴定人员签字认可。

表 5 - 6 **设备品质再鉴定单（阀门类）**

<table>
<tr><td>设备名称</td><td colspan="3"></td><td>再鉴定序号</td><td></td></tr>
<tr><td>再鉴定时间</td><td>开始时间</td><td>年 月 日
时 分</td><td>结束时间</td><td colspan="2">年 月 日
时 分</td></tr>
<tr><td rowspan="9">品质再鉴定情况记录</td><td colspan="5">行程：
测量人： 测量器具及编号：</td></tr>
<tr><td colspan="5">就地操作情况：
检查人： 检查器具：</td></tr>
<tr><td colspan="5">远方操作情况：
检查人： 检查器具：</td></tr>
<tr><td colspan="5">开关时间：
测量人： 测量器具及编号：</td></tr>
<tr><td colspan="5">线性度：
测量人： 测量器具及编号：</td></tr>
<tr><td colspan="5">灵敏度：
测量人： 测量器具及编号：</td></tr>
<tr><td colspan="5">启动电流：电流值： 是否超限： 是□ 否□
测量人： 测量器具及编号：</td></tr>
<tr><td colspan="5">关闭电流：电流值： 是否超限： 是□ 否□
测量人： 测量器具：</td></tr>
<tr><td colspan="5">其他：
测量人： 测量器具及编号：</td></tr>
<tr><td rowspan="2">再鉴定意见</td><td colspan="2">工作负责人</td><td colspan="2">运行人员</td><td>再鉴定负责人</td></tr>
<tr><td colspan="2">意见：
签名：</td><td colspan="2">意见：
签名：</td><td>意见：
签名：</td></tr>
<tr><td>其　　他</td><td colspan="5"></td></tr>
</table>

注 1 品质再鉴定情况记录栏填写要求：应填写再鉴定情况描述和测量或检查的数据、参数记录，并注明所使用的测量仪表、器具的型号和编码。

2 设备品质再鉴定单一式三份，分别由检修承包方负责人、业主方运行部人员、业主方再鉴定负责人收存。

表 5-7　　设备品质再鉴定单（电机类）

<table>
<tr><td>设备名称</td><td colspan="3"></td><td>再鉴定序号</td><td></td></tr>
<tr><td>再鉴定时间</td><td>开始时间</td><td>年　月　日
时　分</td><td>结束时间</td><td colspan="2">年　月　日
时　分</td></tr>
<tr><td rowspan="11">品质再鉴定
情况记录</td><td colspan="5">振动值：负荷侧：⊙　μm；—　μm；⊥　μm；
非负荷侧：⊙　μm；—　μm；⊥　μm；
测量人：　测量器具及编号：</td></tr>
<tr><td colspan="5">温升值：负荷侧：　K　非负荷侧：　K
环境温度：　℃
测量人：　测量器具及编号：：</td></tr>
<tr><td colspan="5">转向是否正确：是□ 否□　检查人：</td></tr>
<tr><td colspan="5">声音是否正常：负荷侧轴承：是□ 否□　非负荷侧轴承：是□ 否□
其他部位：　是□ 否□　检查人：</td></tr>
<tr><td colspan="5">就地操作情况：
检查人：　检查器具：</td></tr>
<tr><td colspan="5">远方操作情况：
检查人：　检查器具：</td></tr>
<tr><td colspan="5">电流值：　A　是否超限：　是□ 否□
测量人：　测量器具及编号：</td></tr>
<tr><td colspan="5">CRT 控制、显示状态检查：
检查人：</td></tr>
<tr><td colspan="5">一次系统检查：
检查人：</td></tr>
<tr><td colspan="5">二次系统检查：开关跳合闸：　检查人：
事故按钮跳闸：　检查人：
保护传动：　检查人：</td></tr>
<tr><td colspan="5"></td></tr>
<tr><td rowspan="2">再鉴定意见</td><td colspan="2">工作负责人</td><td colspan="2">运行人员</td><td>再鉴定负责人</td></tr>
<tr><td colspan="2">意见：

签名：</td><td colspan="2">意见：

签名：</td><td>意见：

签名：</td></tr>
<tr><td>其　　他</td><td colspan="5"></td></tr>
</table>

注　1　品质再鉴定情况记录栏填写要求：应填写再鉴定情况描述和测量或检查的数据、参数记录，并注明所使用的测量仪表、器具的型号和编码。

2　设备品质再鉴定单一式三份，分别由检修承包方负责人、业主方运行部人员、业主方再鉴定负责人收存。

表 5-8　　　　　　　　　　功能再鉴定单（阀门类）

<table>
<tr><td>设备名称</td><td colspan="3"></td><td>再鉴定序号</td><td></td></tr>
<tr><td>再鉴定时间</td><td>开始时间</td><td>年　月　日
时　分</td><td>结束时间</td><td colspan="2">年　月　日
时　分</td></tr>
<tr><td rowspan="9">功能再鉴定
情况记录</td><td colspan="5">行程：
测量人：　　　　测量器具及编号：</td></tr>
<tr><td colspan="5">就地操作情况：
检查人：　　　　检查器具：</td></tr>
<tr><td colspan="5">远方操作情况：
检查人：　　　　检查器具：</td></tr>
<tr><td colspan="5">开关时间：
测量人：　　　　测量器具及编号：</td></tr>
<tr><td colspan="5">线性度：
测量人：　　　　测量器具及编号：</td></tr>
<tr><td colspan="5">灵敏度：
测量人：　　　　测量器具及编号：</td></tr>
<tr><td colspan="5">启动电流：电流值：　　　　是否超限：　　　　是□ 否□
测量人：　　　　测量器具及编号：</td></tr>
<tr><td colspan="5">关闭电流：电流值：　　　　是否超限：　　　　是□ 否□
测量人：　　　　测量器具：</td></tr>
<tr><td colspan="5">是否存在外漏：是□ 否□　　　　检查人：
是否存在内漏：是□ 否□　　　　检查人：</td></tr>
<tr><td rowspan="2">再鉴定意见</td><td colspan="2">工作负责人</td><td colspan="2">再鉴定负责人</td><td>设备管理部门再鉴定人员</td></tr>
<tr><td colspan="2">意见：

签名：</td><td colspan="2">意见：

签名：</td><td>意见：

签名：</td></tr>
<tr><td>其　他</td><td colspan="5"></td></tr>
</table>

注　1　功能再鉴定情况记录栏填写要求：应填写再鉴定情况描述和测量或检查的数据、参数记录，并注明所使用的测量仪表、器具的型号和编码。

2　设备功能再鉴定单一式三份，分别由检修承包方负责人、业主方再鉴定人员、业主方再鉴定负责人收存。

表 5-9 **设备功能再鉴定单（电机类）**

<table>
<tr><td>设备名称</td><td colspan="4"></td><td colspan="2">再鉴定序号</td><td></td></tr>
<tr><td>再鉴定时间</td><td>开始时间</td><td colspan="2">年 月 日
时 分</td><td>结束时间</td><td colspan="3">年 月 日
时 分</td></tr>
<tr><td rowspan="11">功能再鉴定
情况记录</td><td colspan="7">振动值：负荷侧：⊙ μm；— μm；⊥ μm；
非负荷侧：⊙ μm；— μm；⊥ μm；
测量人： 测量器具及编号：</td></tr>
<tr><td colspan="7">温升值：负荷侧： K 非负荷侧： K
环境温度： ℃
测量人： 测量器具及编号：</td></tr>
<tr><td colspan="7">转向是否正确：是□ 否□ 检查人：</td></tr>
<tr><td colspan="7">声音是否正常：负荷侧轴承：是□ 否□ 非负荷侧轴承：是□ 否□
其他部位：是□ 否□ 检查人：</td></tr>
<tr><td colspan="7">就地操作情况：
检查人： 检查器具：</td></tr>
<tr><td colspan="7">远方操作情况：
检查人： 检查器具：</td></tr>
<tr><td colspan="7">电流值： A 是否超限： 是□ 否□
测量人： 测量器具及编号：</td></tr>
<tr><td colspan="7">CRT 控制、显示状态检查：
检查人：</td></tr>
<tr><td colspan="7">一次系统检查：
检查人：</td></tr>
<tr><td colspan="7">二次系统检查：开关跳合闸： 检查人：
事故按钮跳闸： 检查人：
保护传动： 检查人：</td></tr>
<tr><td colspan="7"></td></tr>
<tr><td rowspan="2">再鉴定意见</td><td colspan="2">工作负责人</td><td colspan="3">再签定负责人</td><td colspan="2">设备管理部门再鉴定人员</td></tr>
<tr><td colspan="2">意见：

签名：</td><td colspan="3">意见：

签名：</td><td colspan="2">意见：

签名：</td></tr>
<tr><td>其　　他</td><td colspan="7"></td></tr>
</table>

注 1 功能再鉴定情况记录栏填写要求：应填写再鉴定情况描述和测量或检查的数据、参数记录，并注明所使用的测量仪表、器具的型号和编码。

2 设备功能再鉴定单一式三份，分别由检修承包方负责人、业主方再鉴定人员、业主方再鉴定负责人收存。

表 5 - 10　　　　设备功能再鉴定单（泵、风机及其他类）

<table>
<tr><td>设备名称</td><td colspan="3"></td><td>再鉴定序号</td><td></td></tr>
<tr><td>再鉴定时间</td><td>开始时间</td><td>年　月　日
时　分</td><td>结束时间</td><td colspan="2">年　月　日
时　分</td></tr>
<tr><td rowspan="9">功能再鉴定情况记录</td><td colspan="5">振动值：负荷侧：⊙　μm；—　μm；⊥　μm；
非负荷侧：⊙　μm；—　μm；⊥　μm；
测量人：　测量器具及编号：</td></tr>
<tr><td colspan="5">温升值：负荷侧：　K　非负荷侧：　K
环境温度：　℃
测量人：　测量器具及编号：</td></tr>
<tr><td colspan="5">转向是否正确：是□ 否□　检查人：</td></tr>
<tr><td colspan="5">声音是否正常：负荷侧轴承：是□ 否□　非负荷侧轴承：是□ 否□
其他部位：　是□ 否□　检查人：</td></tr>
<tr><td colspan="5">电流值：　A　是否超限：　是□ 否□
测量人：　测量器具及编号：</td></tr>
<tr><td colspan="5">远方和就地操作情况：
检查人：　检查器具：</td></tr>
<tr><td colspan="5">CRT 控制、显示状态检查：
检查人：</td></tr>
<tr><td colspan="5">一次系统检查：
检查人：</td></tr>
<tr><td colspan="5">其他
检查人：</td></tr>
<tr><td rowspan="2">再鉴定意见</td><td colspan="2">工作负责人</td><td colspan="2">再签定负责人</td><td>设备管理部门再鉴定人员</td></tr>
<tr><td colspan="2">意见：
签名：</td><td colspan="2">意见：
签名：</td><td>意见：
签名：</td></tr>
<tr><td>其　他</td><td colspan="5"></td></tr>
</table>

注　1　功能再鉴定情况记录栏填写要求：应填写再鉴定情况描述和测量或检查的数据、参数记录，并注明所使用的测量仪表、器具的型号和编码。

2　设备功能再鉴定单一式三份，分别由检修承包方负责人、业主方再鉴定人员、业主方再鉴定负责人收存。

（3）设备再鉴定对人员的重点要求：

1）再鉴定工作中，工作负责人必须始终在再鉴定设备现场，中途不能擅自离开。工作中应积极主动配合运行人员做好对设备运行状态及稳定性的监视，同时做好应急处理措施。

2）工作负责人应按运行要求积极配合运行人员做好系统恢复工作，同时按要求检查设备有无泄漏和异常，发现问题及时汇报并积极配合给予消除。

3）对于转动设备的再鉴定，再鉴定小组各相关人员必须按时到位，各司其职；除少数小型转动设备可以在现场进行启停外，大部分设备应在集控室进行启动或停止，当值运行人员应积极配合再鉴定小组进行相应的停送电和启停操作；在设备启动时，集控室与现场必须保持通信畅通，当出现明显的异常或严重偏离正常的运行参数时应立即停运设备，停止再鉴定活动，调查原因，消除缺陷，避免出现人员伤害或设备损坏。

（4）再鉴定的技术要求。

1）电动阀门。①行程：对大型电动阀和有行程数据的阀门，阀门再鉴定时，开关行程必须大于规定行程的95%；对小型电动阀和无行程数据的阀门，阀门再鉴定时，记录开关行程数据，作为下次检修的参考依据。②对无开关时间具体要求的阀门，阀门再鉴定时应观察阀门开、关过程是否均匀，并参考上次检修的数据。③集控室远方操作是否正确。④记录阀门开、关时间。

2）气动阀门。①就地和远方操作是否正确，开、关是否到位，有无卡涩；②阀门指示是否正常，开、关行程是否满足要求；③手动检查阀门开、关行程是否正确，机械行程是否满足要求，机械紧固件是否牢固；④阀门开关时间线性度、灵敏度、启动关闭电流不允许超限，仪表气管及接头是否存在漏气现象。

3）转动设备再鉴定。①电气专业人员确保电动机部分检修已完工，并确认电动机靠背轮脱开；②电动机、泵、风机等转动设备的转向是否正常；③电动机试转应至少运行40min以上；④泵与风机应运行至少1h以上；⑤泵、风机、电动机试运行期间，运行人员负责测振并作好记录，对于测量数据有疑义的，以技术管理部门测定值为准；⑥工作负责人和运行人员监视设备运行状态，检查设备的运行参数包括泵的进出口压力、压差、流量、轴承温度以及电动机绕组温度和轴承温度，主控信号等；⑦工作负责人和运行人员监视设备运行稳定性，有无异常噪声、轴承油位正常、泵组密封性能完好无异常泄漏（盘根、轴承座、进出口法兰等）。

4）其他设备修后再鉴定技术要求参照各相关检修和运行规程的有关规定，重复条款按照较高标准执行。

（5）再鉴定信息的存档。检修负责人应将设备再鉴定信息完整地记录在设备检修记录（检修作业文件包）中。

再鉴定一次成功的标准：一次启动成功，符合相关运行参数要求，不必重新隔离和返修，按照检修计划的工期完成再鉴定。

再鉴定不合格的定义：设备首次再鉴定时出现下列情况之一则视为再鉴定不合格：

（1）不能达到以相关文件为标准依据的正常运行的要求；

（2）设备性能或状态指标比检修前明显下降，设备管理部门认为不可接受；

（3）存在必须停运后才能处理的缺陷；

（4）由于本次检修中曾检修过的辅助设备（如控制、信号、冷却、润滑等）的故障导致再鉴定无法进行；

（5）由于本次检修中未曾检修过的辅助设备（如控制、信号、冷却、润滑等）的故障导致再鉴定无法进行，但经处理后仍然使再鉴定试验无法进行。

再鉴定一次合格率计算标准（再鉴定设备总数由再鉴定小组事前认定）如下：

$$再鉴定一次合格率=\frac{(再鉴定设备总数)-(一次不合格设备数)}{再鉴定设备总数}\times 100\%$$

六、对检修承包方内部质量控制的要求

检修承包方应建立质量保证体系和质量管理体系，业主要对投标单位的质量管理体系认证进行审查；项目实施阶段，检修承包方应质量保证体系进行检查和监督。

1. 健全项目组织结构

检修承包方必须建立健全项目组织结构。针对合同范围的检修项目的质量控制，明确内部人员的职责责任、权利，使机构正常运转。项目经理对项目的安全、质量、工期实施全面负责。项目部必须设置质检员（QC人员），对检修全过程进行质量监督，负责项目部内部的质量自检，负责与监理方质监员或业主方质检员的协调沟通，负责质量检验计划的落实以及检修过程文件的审查签字放行。

2. 配备好检修人员和资源

检修承包方为完成检修任务必须具备一定的资源，包括人力资源、工机具资源、材料资源等。

（1）人力资源：检修承包方应具有一定数量的专业技术人员，具备形成项目组织结构体系相关管理人员、检修人员，参与检修的单位的正式人员不少于80%，熟练工不少于50%。

项目经理应具有工程建设项目管理的一定经验，掌握检修进度控制、质量控制、安全管理、计算机管理等较全面的知识，具有组织指挥能力、控制协调能力、决策应变能力，掌握ISO9000系列标准、质量管理体系要求的相关知识，了解与检修管理相关的法律法规和电力行业的规定。

质检人员应经过ISO9000系列标准知识培训；应学习《质量手册》、《质量管理体系程序文件》、《检修管理手册》，熟悉其中的质量管理内容，并经培训、考核、授权持证上岗；应熟悉设备结构、检修工艺质量标准和有关技术措施，熟悉质量监理程序、不符合项管理程序、质量缺陷管理程序、设备再鉴定程序、设备试转调试程序，熟悉文件包编制和使用，熟悉检修管理手册中关于安全文明检修等规定。

工作负责人应经过ISO9000系列标准知识培训，熟悉设备结构、检修工艺质量标准和有关技术措施，熟悉质量监理程序、不符合项管理程序、质量缺陷管理程序、设备再鉴定程序、设备试转调试程序，熟悉文件包编制和使用，熟悉《检修管理手册》和有关安全文明检修等规定，工作负责人应考试合格持证上岗。

工作人员应经过ISO9000系列标准知识培训，熟悉设备结构、检修工艺质量标准和有关技术措施，熟悉文件包编制和使用，熟悉《检修管理手册》和有关安全文明检修等规定，了解不符合项管理程序、质量缺陷管理程序、设备再鉴定程序、设备试转调试程序，工作人员应考试合格持证上岗。

（2）工机具资源：检修承包方应配备除业主应提供的专用工具外的检修工机具，并在投标文件中详细载明，同时应配备检修技术管理所需的计算机等物品；招标方应在评标过程中进行评价并在承包单位进场时进行仔细核对检查。

（3）材料资源：检修承包方应提供合同界定的自行提供的消耗性材料，质量应合格，数量应足够。

3. 制度、文件的要求

检修承包方应建立质量控制文件、质量事故考核文件、设备再鉴定（试运转）管理程序、检修安全管理文件、安全风险分析制度、检修现场管理文件、检修工艺管理文件、检修作业文件包管理文件、检修物资管理制度等；也可以或执行业主的规定，或建立不低于业主标准的规定。

4. 质量控制执行的要求

（1）检修承包方按设备检修程序，抓好检修质量管理，做好“修前文件准备”、“修中检查”、

“修后试验验收和文件关闭”。

(2) 检修承包方技术人员应指导帮助检修作业人员解决检修中遇到的各种技术问题。

(3) 检修承包方应严格执行工艺和质量标准，按照检修作业文件包要求进行检修，根据质量检验验收计划及时申请W、H、P点以及技术监督点的验收和签证。

(4) 检修承包方内部验收时对不合格的工序要责令施工人员返工。

(5) 检修承包方应严格按照设备质量缺陷管理要求，发现和填写设备质量缺陷报告并根据业主下发的整改措施消除设备质量缺陷。

(6) 检修承包方应严格按照不符合项管理要求执行不符合项管理。

(7) 检修承包方严格按照设备再鉴定要求进行再鉴定工作。再鉴定工作中，工作负责人必须始终在再鉴定设备现场，中途不能擅自离开；工作中应积极主动配合运行人员做好对设备运行状态及稳定性的监视，同时做好应急处理措施；应按运行要求积极配合运行人员做好系统恢复工作，同时按要求检查设备有无泄漏和异常，发现问题及时汇报并积极配合给予消除。

(8) 检修承包方修后应配合业主做好设备冷态验收，要求检修设备修后状态良好、现场清洁完整、文件及时关闭。

七、总结、优化与持续改进

(一) 冷态验收与热态验收

1. 冷态验收

冷态验收是指机组检修复装结束后，机组正式启动前，对检修项目计划完成情况以及检修质量、试验结果进行检查、评价、认可，以确定机组修后是否达到整体启动条件。

(1) 机组检修复装阶段结束后，正式启动试行前，必须进行冷态（启动前）总体验收。确定检修质量达到要求，具备启动条件。

(2) 冷态验收会由业主方总工程师主持，技术管理部门、安全管理部门、运行部、物资管理部门、检修承包方、检修监理有关负责人参加。

(3) 冷态验收主要检查如下工作：

1) 检修计划执行情况；

2) 质检点验收及设备再鉴定情况；

3) 检修质量及分部试运情况；

4) 检修交待情况；

5) 缺陷消除情况；

6) 有关保护装置整定情况；

7) 保温及现场、设备整洁、文明情况等；

8) 试运转过程有关试验、测试、监督措施准备情况。

(4) 由总工程师主持做出冷态验收评价：

1) 冷态验收评价“优”的条件：①计划项目完成率100%。②所有检修项目均在检修计划工期内完成。③应完成的设备再鉴定合格率100%，不存在影响机组启动的缺陷。④检修有关技术资料齐全、完整、真实，并整理归档。⑤含有设备及系统变动情况、运行中的注意事项等内容的检修交待书已交到运行人员手中。⑥设备、阀门标志齐全、牢固；介质流向清楚；屏柜内接线整齐、美观，屏柜无积灰，柜门关闭严密，标志齐全。⑦现场设备、地面整洁，无积水、积油、积灰现象；安全措施、施工设施、电气临时接线已拆除，现场无遗留检修杂物。⑧按计划对有关设备、系统进行分步试运良好，试运资料齐全、完整，整机已具备启动条件。

2) 冷态验收评价“良”的条件：①计划项目完成率100%。②绝大多数检修项目均在检修计划工期内完成；个别检修项目虽未在计划检修工期内完成，但不影响整组启动工期。③应完成的设备再鉴定合格率大于98%，但不存在影响机组启动的缺陷。④检修主要技术资料齐全、完整、真实，并整理归档。⑤设备及系统变动情况、运行中的注意事项等内容的检修交待书已交到运行人员手中。⑥设备、阀门标志齐全、牢固；介质流向清楚；屏柜内接线整齐、美观，屏柜无积灰，柜门关闭严密，标志齐全。⑦现场设备、地面整洁，无积水、积油、积灰现象；安全措施、施工设施、电气临时接线已拆除，现场无遗留检修杂物。⑧按计划对有关设备、系统进行分部试运良好，试运资料齐全、完整。个别辅助设备试运时存在问题，但不影响整机启动。

冷态验收评价未评为“良”以上，不能进入整体启动，应继续进行整改。

检修指挥部根据冷态验收结果，结合内外部条件，适时作出是否具备整组启动条件的判断。

2. 热态验收

热态验收是指检修竣工后30天内热力试验后对机组运行状况、设备效率、设备缺陷的消除情况、检修人工、材料、工程费用、文件管理并结合热效率试验情况等方面进行的整体鉴定分析和评价。

（二）持续改进

质量控制的核心是持续改进（或称持续的质量改进），持续改进是指不断提高企业质量控制体系的有效性和效率的活动，是在满足要求的基础上的进一步改进。

经验证明，仅仅是过程控制并验证过程不能达到持续改进的目的，仅能提供符合性证据。只有在过程的验证中，收集信息、数据并经分析，发现改进的机会，通过质量策划，管理评审和纠正预防措施，才能达到持续改进的目的。

1. 持续改进的要点

（1）持续改进的目的是不断提高检修质量控制体系的有效性和效率。

（2）发电企业最高管理者应实施策划持续改进，创造持续改进的环境。

（3）持续改进的手段是通过使用质量方针、质量目标、审核结果、数据分析以及管理评审来达到检修质量控制体系的改进。

（4）持续改进的方法是按照PDCA循环的模式进行的，即计划一实施一检查一改进。无论是调查问题、分析现状、寻找原因，还是制定措施、评定成果等方面都需要应用统计技术和科学的分析方法。

2. 落实纠正和预防措施

在发电设备检修的过程中，必然会有很多质量记录，这些记录应视为发电检修的宝贵财富，不能为记录而记录，记录完后置之不理，而要善于从这些记录中发现问题，解决问题。大部分的质量记录或多或少地反映了实际的或潜在的不合格的原因。没有质量记录提出准确、可靠的依据，也就难以采取正确、有效、低风险的纠正和预防措施。落实纠正和预防措施，是保持质量体系运行持续有效不可缺少的环节，必须高度重视。

发电机组检修质量控制中纠正和预防措施落实的反馈信息，来源于质量控制过程中质量计划编制是否合理、控制程序执行是否通畅、不符合项的处理和纠正、冷态验收总结、热态验收总结等。进行有效的总结，才能更好地制定纠正措施，以防下次检修中再次发生。

第六章 检修工艺管理

第一节 概 述

检修工艺管理是电力企业设备管理的基础性工作，是确保检修质量、提高劳动生产率、降低消耗、改善劳动作业条件和提升文明检修水平的重要保证。为更好地保障检修质量、降低生产消耗、提高设备管理水平，电力企业必须加强检修工艺管理。

一、检修工艺管理的基本任务

检修工艺管理是在一定的生产条件下，应用现代设备管理理论，对各项检修工艺工作进行计划、组织和控制，使之按一定的原则、程序和方法协调有效的进行。

检修工艺管理的基本任务包括：

(1) 确保检修质量：在检修过程中，严格检修工艺规程、检修工艺纪律、检修作业文件包的执行，并依据其质量标准的要求，加强检修过程和影响质量因素的控制，保证优质、高效的完成检修任务。

(2) 提高劳动生产率：采用新工艺、新技术、新材料和新机具等，通过劳动定额的合理制定和有效控制，提高劳动效率。

(3) 节能降耗，降低企业生产消耗：以编制材料消耗定额为依据，通过检修作业文件包材料消耗过程跟踪和控制等手段及新工艺、新材料的应用，降低企业材料消耗。通过劳动生产率的提高，有效降低检修成本。

(4) 改善劳动作业条件和文明检修环境：通过文明检修、现场定置管理等手段，推行6S管理，提升检修现场作业环境水平。

二、检修工艺管理的主要内容

检修工艺管理主要包括以下内容：

(1) 编制检修工艺规程并监督执行。检修工艺规程作为发电企业的技术标准，是设备检修、调试和试验的重要依据，也是编制检修计划、进行修前准备及修后验收的基础材料。按照企业标准化要求，发电企业必须编制检修工艺规程，并纳入企业标准化管理体系管理，以此来规范检修工艺，保证检修质量。

(2) 定期修编检修工艺规程。检修工艺规程执行过程中发现的问题，应由归口管理部门定期全面审查，对已不适应的内容及时进行修订、确认或废止。对需修改补充条文，经审核后报企业标准化管理部门同意后，组织修订、颁发、实施。

(3) 制定并监督检修队伍严格执行“发电设备检修工艺纪律”。“发电设备检修工艺纪律”是为保证检修工艺规程的执行，维护检修工艺的严肃性而制定的约束性规定，是规范发电设备检修管理，提升检修管理水平，保障检修质量，强化检修工艺标准的重要手段，各检修队伍检修过程中必须严格遵守。

(4) 生产现场的工艺管理。

1) 工序质量控制。通过检修作业文件包对检修工序的细化、量化，实现检修作业程序化、标准化、规范化，强化检修工序质量控制，达到检修管理从结果管理到过程控制和要素管理的目的

(参见第十章)。

2）检修现场6S管理。清理：把工作场所内不要的东西坚决清理掉。整理：使工作场所内所有的物品保持整齐有序的状态，并进行必要的标识，杜绝乱堆乱放、产品混淆、该找的东西找不到等无序现象的出现。清洁：使工作环境及设备、仪器、工器具、材料等始终保持清洁的状态。维持：养成坚持的习惯，并辅以一定的监督检查措施。素养：培养员工良好的习惯，树立讲文明、积极敬业的精神，如尊重别人、爱护公物、遵守规则、有强烈的时间观念等。安全：重视全员安全教育，坚持“安全第一、预防为主”的方针，做好安全预防措施，发现隐患并及时消除。

企业推行6S管理，是指从上述六个方面进行整顿，训练员工，强化安全、文明检修的观念，使企业中每个场所的环境、每位员工的行为都能符合6S精神的要求（参见第十二章）。

3）文明检修。制定文明检修管理制度并及时组织开展各项活动，以促进现场文明检修水平提高。

(5) 检修工艺定额编制（参见第十章）。

包括以下两个方面工作内容：

(1) 材料消耗定额的编制。

(2) 劳动定额的制定。

三、工艺管理的组织机构和职责

为加强工艺管理，提高检修质量，提升检修工艺水平，企业应建立健全统一、有效的工艺管理机构，配备相应充足人员，并明确以下职责。

1. 厂/公司生产负责人的主要职责

(1) 批准检修工艺规程的颁发、执行（废止）文件。

(2) 负责组织贯彻检修工艺规程，并对贯彻情况提出指导和考核意见。

(3) 协调处理好检修工艺规程与厂内其余各种标准及规章制度之间关系。

(4) 组织实施、指导检修工艺规程正确执行，监督、检查执行情况，并提出考核意见。

(5) 负责组织贯彻检修工艺纪律执行。

(6) 负责文明检修管理的领导、检查和考核工作。

2. 企业标准化管理部门的主要职责

(1) 提出或建议贯彻执行检修工艺规程的具体措施和方案，并负责组织宣传和贯彻有关工作。

(2) 组织制定、修订检修工艺规程；审查规程是否符合标准化的规定，办理规程的编号和发布工作。

(3) 主办或会签颁发（废止）检修工艺规程的文件；按规定敦促并协调检修工艺规程定期修改并确保版本的时效性。

(4) 从标准化体系和分类上处理、协调好检修工艺规程与其他企业标准、规章制度之间的相互衔接关系。

(5) 按照标准化有关分类和编号规定，对编制、修订的检修工艺规程进行审查确认，对未经审查颁布的标准制度，追究办理部门的责任。

3. 技术管理部门的主要职责

(1) 负责建立健全检修工艺规程，并组织贯彻执行。

(2) 负责检修工艺规程的审核。

(3) 定期检查、监督、考核检修工艺规程的贯彻执行情况。

(4) 起草或会签颁发、修订检修工艺规程的文件。

4. 设备管理部门的主要职责

(1) 负责检修工艺规程的起草、修编、送审工作。

(2) 定期检查检修工艺规程的可操作性，并及时提出修改、补充意见，经批准后实施。

(3) 组织各级生产人员学习、贯彻检修工艺规程。

(4) 负责检查、监督、考核各检修单位生产现场发电设备检修工艺纪律、检修作业文件包的执行情况。

(5) 负责检修作业文件包的编制、修订、下发，并监督检修单位做好检修工序质量控制。

(6) 负责检修作业文件包中检修工艺定额（材料消耗定额、劳动定额）的编制、修订，并监督执行。

(7) 负责做好专业培训和检修工艺纪律教育。

(8) 负责检修工艺纪律修订、执行、监督、考核工作。

5. 安全管理部门主要职责

(1) 负责制定检修现场文明检修相关制度。

(2) 负责检修现场文明检修情况检查、监督、考核。

6. 检修承包方的主要职责

(1) 负责组织本单位职工对检修工艺规程的学习、考试工作。

(2) 负责组织职工贯彻执行检修工艺规程、检修工艺纪律、检修作业文件包、文明检修制度等相关规定，并对贯彻执行情况进行监督、检查和考核。

(3) 负责本单位检修工艺规程、检修作业文件包和制度等意见反馈、汇总工作。

四、文明检修的相关制度（参见附录十三）

生产现场文明检修水平是发电企业整体管理水平的最直接体现，其管理的好坏不仅直接关系到管理水平的提升，还影响着劳动效率提高、检修质量的保障、作业环境安全等方方面面的工作，因此，各发电企业应大力加强文明检修管理，建立健全文明检修的管理制度、管理体系，实行文明检修考核管理制度和“安全文明示范作业区”评比等办法，以促进企业文明检修管理水平再上新台阶。

第二节 检修工艺规程的编制、修订、发布

检修工艺规程作为火力发电企业的技术标准，是设备检修、调试的重要依据，也是编制检修计划进行检修准备、质量控制与管理、修后验收的基础材料，同时也是新入厂职工上岗培训学习的资料。因此，发电企业应该按照企业标准化要求，编制检修工艺规程，并纳入企业标准化管理体系，以此来规范检修工艺工作，保障检修质量，提高企业规范化、标准化管理水平。

一、检修工艺规程编制原则

(1) 企业检修工艺规程必须符合国家的方针、政策、法律、行业标准和法规要求，如原电力部颁《电力工业技术管理法规》、《电业安全工作规程》、《发电企业设备检修导则》、各项技术监督标准、各级反措及规程要求等，并参考设计院有关设计资料、调试单位调试资料、各设备制造厂家提供的技术资料及产品说明书，借鉴同类型机组的《检修工艺规程》，结合本单位的实际情况进行编写。

(2) 检修工艺规程的文字应简练、准确、通俗易懂、概念清楚，忌使用一词多解、模棱两可、含义不清之词，避免发生不易理解或不同理解的可能性，正确使用简化汉字和标准符号，消灭错别字。

(3) 检修工艺规程的技术内容应正确无误、信息量大、专业覆盖齐全。规程中的图样、表格、数值、公式、化学分子式（或结构式）和其他技术内容应正确无误。

(4) 检修工艺规程要充分利用标准化原理与方法，使其内容达到简化、优化、统一化、规范化。

(5) 检修工艺规程应具有可检查性。其内容既要便于执行，又要便于检查考核，在定性的基础上尽量做到定量化并提出“量、质、期”的要求。

二、检修工艺规程编制、修订、发布

1. 检修工艺规程的编审程序

检修工艺规程由各发电企业标准化管理部门组织起草、修编工作，设备管理部门负责起草，技术管理部门负责审核，总工程师（或分管生产的副厂长/副总经理）批准。

2. 检修工艺规程的修订

依据执行过程中发现的问题，检修工艺规程于每年11～12月份由技术管理部门组织全面审查一次，做出对某些条文修改补充意见，报送企业标准化管理部门，经同意后组织修订、颁发实施。根据体制改革和技术发展的要求，检修工艺规程每年进行一次全面修订，对已不适应的内容及时修订、确认或废止。对审查后不需修改的部分，由技术管理部门负责起草，标准化管理部门下文进行确认。

根据管理和生产工作需要，需临时增添的其他管理规定，经审批后，由企业标准化管理部门颁发执行。

检修规程在发布前应由企业标准化管理部门负责登记，按标准性质分类进行编号，对内容、格式是否符合标准化规定进行审核，根据需要安排印制。

3. 检修工艺规程的贯彻执行

检修工艺规程一经颁发即为企业法规，各级生产、经营管理部门必须执行，任何部门、检修承包方和个人不得擅自更改或降低标准。

检修工艺规程一经发布，对同一管理事项做出不同规定的规章制度，以执行本标准为准。

对由不同标准做出不同规定时，发现者必须停止执行，并及时通知企业标准化管理部门，由企业标准化管理部门协调统一后报企业标准化委员会批准执行。

第三节 检修工艺纪律

为加强设备检修管理，提高检修工艺标准，规范检修人员行为，提升检修管理水平，确保检修质量和文明生产，保障人身和设备安全，各发电企业应制定相关检修工艺纪律，各检修承包方施工前必须认真学习并熟悉发电设备检修工艺纪律，在施工中严格执行。违反检修工艺纪律即视为违章。强化检修工艺纪律执行与检查，是确保设备检修达到质量标准的重要措施之一，各级领导及各级管理部门对违反工艺纪律的单位和个人有权责令停工整改和处罚。

发电设备检修工艺纪律宜包含以下内容：

一、通用检修工艺纪律

通用检修工艺纪律宜包括以下内容：

(1) 进入现场必须戴安全帽，安全帽带必须系牢固。

(2) 高空作业必须扎安全带，不准冒险违章作业。

(3) 检修时掀开的沟道盖板或拆除的栏杆必须装设临时围栏，室外还必须装设警示标志，修后必须恢复原状，不准敞口，恢复后不准缺少部件。

（4）检修现场，特别是通道上的盖板必须坚固且与周围地面平齐，盖板不允许晃动，不允许高出或低于周围地面。

（5）检修现场，特别是夜间有工作的地方，照明必须充足，不准在照明不足的地方工作。

（6）拆装设备时必须选用合适的工具，不准用其他工具代替（如将扳手当锤子用，螺丝刀子当凿子用等），不准使用不合格的工器具。所使用的安全、计量、起重、绝缘、电动工器具等，必须检验合格（在有效期内）并贴有合格证。

（7）在检修现场工作时，地面上必须全部铺上胶皮、木板等保护层，严格执行“三不落地”的规定，即检修所拆下的零部件不落地、检修所使用的工器具不落地、检修所使用的材料不落地，不准在地面上直接进行检修工作。

（8）检修工作每天必须做到工完料净场地清，不准在现场遗留检修杂物，不准有油迹、积水、积灰。

（9）检修现场拆下的设备零部件，必须按贯标要求对零部件进行标识，且摆放整齐并妥善保管。

（10）检修后的设备必须擦拭干净，设备见本色，设备上不准留有灰尘、油迹、杂物等。

（11）设备检修后必须恢复设备标识牌、介质流向、转动方向、开关位置等各种标志，不准丢失和漏装、错装。

（12）检修现场移动易损坏地面的设备、柜子、工器具时，必须用行车、手推车或人力等搬运，不准直接在地面上拖拉。

（13）设备、系统、保护定值、操作方式变更前，必须办理设备异动报告或规定的手续，施工后必须向运行人员写出书面交待。未办理手续，不准开工；交待不清，设备不能投入运行。

（14）检修用的临时电源必须接在检修电源盘或指定的设备上，电线摆放必须整齐，多余的电源线必须盘好，不准私自接在运行设备的电源盘上。

（15）电源箱盖必须关闭严密，关闭装置必须灵活可靠，箱内接线必须固定牢固且做好标识，接线不准影响门的开关。

（16）临时电源线穿过通道时应架空，如放在地面上必须有防止碾压或被划伤的措施，不准未采取措施而直接放在通道上。

（17）检修现场工作时，检修负责人必须办理并携带工作票及检修文件包，不准无票、无包作业。

（18）标准、特殊、技改检修项目施工时必须使用检修文件包，无检修文件包不准开工。

（19）检修现场监护人必须履行监护职责，监护人不准干与监护无关的工作。

（20）检修工作进行时不准破坏和影响其他设备，不准踏踩设备或保温、铁皮。

（21）现场设备、系统变更，逻辑回路修改后，必须及时修改规程、图纸，不准现场修改部分与规程、图纸不符。

（22）检修过程中产生的废弃物（如变压器油、润滑油、透平油、保温材料、油漆桶、废灯泡等）的处理必须符合环境质量体系的要求，不得随意处理。

二、机务检修工艺纪律

机务检修工艺纪律宜包括以下内容：

（1）热力管道的阀门盖或阀门拆下后，门盖法兰或管口必须用铁皮、硬板或专用堵板封堵，且封堵必须牢固；所有管道不准敞口，不准用破布、棉纱塞堵。

（2）检修拆下的油管道的管口必须用整块布或专用堵板封堵好，放置在专用场地上，并做好防止管道内存油漏至地面的措施，不准敞口，不准用破布、棉纱塞堵。不允许管道内积油漏至地面上。

(3) 汽轮机上缸吊出后，各抽汽口、疏水口必须用装有破布、棉纱的麻袋及时封堵，并有防止麻袋坠入抽汽口的措施，不准敞口，不准用破布、棉纱直接封堵。

(4) 汽包及重要压力容器，每天收工时，必须清点工具和人数，人孔门必须加封条，不准敞口；封条的加装和开启必须有专人负责。

(5) 主汽门、调节气门拆开后，进汽口应加牢固的堵板，收工时应加封条，不准敞口，不准加盖可能掉入进汽口的堵板。

(6) 汽缸等重要部件的密封面，必须用篷布、胶皮或木板等遮盖保护，不准裸露磕碰。

(7) 汽缸上缸、变速箱上盖吊开后，必须用篷布、塑料布等进行封盖，不准敞口。

(8) 热套装部件必须严格按技术要求进行装配，加热温度不准超过上限。

(9) 连接件螺栓，特别是高温高压紧固件丝扣，必须遮盖保护，不准裸露磕碰起毛刺。

(10) 各种密封、垫片，其材质、规格尺寸必须准确，不准滥用、误用。

(11) 拆卸轴承、联轴器等有紧力的部件时，必须用专用拆装工具或用铜棒敲打，不准用手锤或其他铁件直接敲打。

(12) 使用大锤时应双手抓紧锤把，不能戴手套或单手抡大锤，且周围不得有人靠近。

(13) 使用凿子凿坚硬或脆性物体以及使用磨光机打磨时必须戴防护眼镜，不戴防护眼镜严禁操作。

(14) 工器具的手握部分必须干净、光滑，不允许有油污、毛刺、裂纹。

(15) 使用高压清洗设备时，手应握紧喷枪，喷嘴应对准要清洗的部位，不准对人。

(16) 紧固法兰时，必须用力均匀，对称紧固，不准漏紧或过紧。

(17) 同一部件连接、紧固件的螺栓、螺帽、紧固螺钉规格必须统一、齐全、完整，不准缺少连接件，不准使用变形、缺角的螺帽，不准使用咬扣、缺扣的螺栓，不准混用不同规格的螺栓、螺帽。

(18) 对于有力矩要求的紧固件，必须按规定的力矩和方法进行紧固，不准随意紧固。

(19) 对于转动、振动、晃动等重要部件的连接、紧固件必须加弹簧垫圈、止退垫圈或锁紧背帽，不准直接连接螺帽。

(20) 起吊设施必须在安全负荷以内使用，不准超载使用。

(21) 起吊重物必须垂直，不准歪拉斜吊。

(22) 起吊作业时，必须专人统一指挥，手势、信号准确、规范，不准多人同时指挥，不准使用不规范的手势、信号。

(23) 起重用的钢丝绳捆绑在金属梁柱的棱角处时，必须用木块或胶皮垫在中间，不准不加垫块直接捆绑。

(24) 吊运设备或零部件时，必须使用专用吊具、吊鼻卡环，不允许用其他东西代替。

(25) 油系统部件吊运时，应事先把部件内积油清理干净或封堵好可能漏油的部位，在吊运过程中，不准油滴落在地面或其他设备上。

(26) 检修用的工器具、材料、柜子等必须摆放整齐，不准堆放，乱摆。

(27) 现场消防器材必须完整，摆放整齐，不准乱放，不准挪作他用。

(28) 进入汽包、除氧器、汽缸内必须穿专用工作服，不准穿普通工作服。

(29) 进出汽包、除氧器、汽缸的工具、备品材料必须进行登记，扣缸过程使用的工具必须拴安全绳，不准随意带入，取走要登记。

(30) 燃烧室、烟道、电除尘器、容器封门前，必须清点人数及工具，清点不清不准封门。

(31) 清理调速零部件，必须用白布或绸布，不准用棉纱、破布。

(32) 对于调速部套的轻微划痕，必须用金相砂纸打磨，不准用粗纱布打磨。清理油箱、轴承室、轴瓦、油管路必须用面团、白布或绸布，各部位必须清理干净，不准用棉纱、破布，不准留死角。

(33) 高压抗燃油系统的重要精密部件如伺服阀、控制模块等不得随意解体检修，连接密封O形圈必须用厂家提供的专用O形圈，不得随意代替。

(34) 所有设备、系统的接水盒、回水管必须清理干净，保证回水畅通，不准堵塞，溢水。

(35) 所有管道必须固定牢固，不准造成管道振动、晃动。

(36) 焊接承压部件时，必须用引弧板引焊，不准在承压部件上引焊。

(37) 焊口必须平整、光滑，不准咬边、砂眼、棱角及留有药皮。

(38) 气割时，必须在被割物体下面垫上东西，不准在地面上直接气割。

(39) 在高空进行气割和焊接时，必须做好防止熔渣下落的安全措施，未采取措施不准直接进行气割和焊接。

(40) 在油系统及电缆层等易燃物的上方进行焊结作业时，必须加隔离，同时做好放火措施，不准金属溶渣飞溅掉落在油管道、电缆、电线上。

(41) 在容器内焊接时，必须保持通风良好，必须有人监护。不准向容器内充氧气，容器内使用的行灯电压不准超过12V。

(42) 氧气瓶和乙炔瓶必须分开运送，使用时其距离必须不小于8m，且固定牢固。不准把氧气瓶和乙炔瓶放在一起。

(43) 焊接转动机械时，必须有良好的接地线，不准通过轴及轴承组成焊接回路。

(44) 油系统、氢系统周围动火时，必须办理动火工作票，采取好安全措施方可开工，无票严禁动火，措施不全不准开工。

(45) 滤油时，必须有防止跑油、漏油的措施，要有专人负责，不准油流至地面上。

(46) 滤油机及管道必须清理干净，不准将脏油带入油系统中。

(47) 油箱中补油时，加油前必须进行油样分析和混油试验，不准注入未经化验的油。

(48) 重要部位的数据必须测量两遍以上，且不能由同一个人多次测量，不能以一次测量的数据为准。

三、电气检修工艺纪律

电气检修工艺纪律宜包括以下内容：

(1) 进入发电机、变压器内，必须穿专用工作服和软底鞋，鞋底必须擦干净，不准穿普通工作服和硬底鞋。

(2) 进出发电机、变压器的工具、材料必须登记，不准随便带入，取出要注销。

(3) 发电机端盖打开后，必须用篷布等保护定子绕组，不准损伤定子绕组。

(4) 滑环整流子必须采取保护措施，不准损伤和污染。

(5) 发电机转子抽出后，必须用篷布遮盖保护，不准损伤和污染。

(6) 绝缘材料和部件必须按防潮要求存放，不准随意乱放。

(7) 硬母线连接必须平整，接触良好，不准有毛刺、氧化层和油污。

(8) 电动机等应有规范的接地线，检修后应及时恢复，不准随意拆除和乱接。

(9) 电缆敷设必须整齐、规范，不准随意敷设。

(10) 电缆井、电缆沟内必须干净，防火设施符合要求，标识齐全、规范，不准有杂物、积水。

(11) 二次接线必须排列整齐，标号准确、清晰，压接良好，不准交叉乱接，编号不清。

(12) 搬运、拆装仪控仪表设备必须轻拿轻放，不准磕碰和损伤。

(13) 接触集成模板、插件前必须先采取防静电措施和释放静电，不准未经释放静电就接触集成模板插件。

(14) 接线完毕，必须清理接线箱、接线盒内部，不准遗留多余的线鼻和导线等物品。

(15) 控制柜、电源柜门必须关闭严密，不准长开门。

(16) 进出电子设备间必须随手关门，不准大门长开。

(17) 操作、控制、保护、信号回路故障，必须查明原因及时消除，不准随意短接、变更。

(18) 更换电源的保险，必须按规定的容量更换，不准任意改变保险的容量。

(19) 运行机组解除或投入连锁、保护，必须按规定办理手续，填写安全措施票，核对无误后，方可进行，不准擅自拆除或投入，不准误拆、误接、误碰。

(20) 安装测温元件前必须清理螺纹和插座，不准硬紧。

(21) 各引线焊接必须牢固，表面光滑、平整，不准有气孔、夹渣、虚焊、开焊。

(22) 热电阻装配必须正确可靠，不准缺件，骨架不得破损。

(23) 光字牌应清洁、完整，信号齐全、字迹清晰，不准缺件。

(24) 各测量元件引线必须固定牢固，压接良好，并且必须避开热源及转动部分，不准乱接乱引，不准使引线受到挤压。

(25) 各插件必须接触紧密，机架连接牢固，不准松动和插不到位。

(26) 凡是涉及到主机、辅机连锁、保护、程控、自动等工作开工前，工作人员必须熟悉有关的图纸、资料及工作范围，不准盲目工作，不准走错位置。

(27) 新敷设电缆按规定要求涂刷防火涂料，打开的放火通道要按原样封堵好。

四、热工检修工艺纪律

热工检修工艺纪律宜包括以下内容：

(1) 搬运、拆装仪控仪表设备必须轻拿轻放，不准磕碰和损伤。

(2) 复装仪表、仪控设备必须紧固件完整，螺栓均匀用力上紧，不准短缺螺栓或垫圈。

(3) 接触集成模板、插件前必须戴好防静电手镯，手镯另一端必须良好接地。先采取防静电措施和释放静电，不准未经释放静电就接触集成模板插件。

(4) 接线完毕，必须清理接线箱、接线盒内部，不准遗留多余的线鼻和导线等物品。

(5) 装测量元件前必须清理螺纹和插座，螺纹没有毛刺，插座内无杂质。不准硬紧螺纹。

(6) 更换补偿导线必须整根连线，不准有中间接头或绝缘破损。

(7) 拆下的仪表所有管口必须用布包扎牢固，不准敞口。

(8) 复装仪表接电源时必须正确接入火线零线，需要接接地线的必须正确牢固接线，不准接错电源线，不准任意去掉接地线。

(9) 拆装 TSI 传感器引线前必须小心，记好编号，并按配套保管，不准碰撞和损坏，不准不配套安装。

(10) 更换热工电源的熔丝，必须按规定的容量更换，不准任意改变熔丝的容量。

(11) 运行机组解除或投入连锁、保护，必须按规定办理手续，填写安全措施票，核对无误后，方可进行，不准擅自拆除或投入，不准误拆、误接、误碰。

(12) 各引线焊接必须牢固，表面光滑、平整，不准有气孔、夹渣、虚焊、开焊。

(13) 光字牌应清洁、完整，信号齐全、字迹清晰，不准缺件。

(14) 压力表、压力开关必须装配牢固，标志齐全，不准松动、缺件、泄漏。

(15) 各测量元件引线必须固定牢固，压接良好，并且必须避开热源及转动部分，不准乱接乱引，不准使引线受到挤压。

(16) 电缆敷设必须整齐、规范，不准随意敷设。

(17) 各插件必须接触紧密，机架连接牢固，不准松动和插不到位。

(18) 凡是涉及到主机、辅机连锁、保护、程控、自动等工作开工前，工作人员必须熟悉有关的图纸、资料及工作范围，不准盲目工作，不准走错位置。

(19) 新敷设电缆按规定要求涂刷防火涂料，打开的放火通道要按原样封堵好。

五、防腐、保温、脚手架工艺纪律

防腐、保温、脚手架工艺纪律宜包括以下内容：

(1) 设备、管道、建筑物等刷漆前，必须清理干净油污、锈迹、灰尘，保持干燥且验收合格，未经验收合格不准进行下道工序。

(2) 刷漆作业区下方的设备、管道、地面必须用塑料布等遮盖防护，防止二次污染，不准油漆滴洒在设备、管道、地面上。刷漆作业区范围内，不准有动火作业。

(3) 设备、系统刷漆前，必须在观察孔、回油窗、温度表、压力表、液位计、指示灯、操作按钮、铭牌等各种标志以及连接部件的螺纹处进行遮盖保护或涂防护剂，刷漆后及时清理干净，不准刷在其上面。

(4) 所使用的油漆必须有合格证和出厂化验报告，不准使用无合格证的油漆。

(5) 各种介质管道的颜色必须符合规定要求，不准随意用料。

(6) 所有输送热介质的管道、阀门、法兰必须保温，不准阀体、法兰裸露不保温。

(7) 保温材料在运输传递时必须轻拿轻放，不准损伤棱角。

(8) 保温层厚度必须符合规定，不准任意减薄或加厚。

(9) 保温材料必须有合格证和出厂化验报告，不准使用无合格证的保温材料。

(10) 设备检修后，保温、铁皮必须按质量标准及时恢复，铁皮不准丢失、损坏。

(11) 保温层外包的铁皮必须光滑、平整、美观，不允许变形、缺少。

(12) 拆下的保温、材料必须及时清理，密封运至指定的位置，不准在现场堆放。

(13) 脚手架必须搭设牢固，并经验收合格方可使用，不准使用不合格的脚手架。

(14) 搭设脚手架时必须留出足够的通道，不准妨碍人通行。

(15) 脚手架必须离开阀门、开关箱等经常操作的设备一定的距离，不准妨碍正常的操作。

(16) 工作完毕，脚手架必须及时拆除，架杆、架板及时运出现场，不准现场遗留杂物。

(17) 搭设的脚手架，必须加隔离垫，不准将架杆直接支在设备、地面上以及管道和保温层上。

第七章 检修监理

第一节 概　述

一、检修监理的作用

监理，就是有关执行者根据一定的行为准则，对某些行为进行监督管理，使这些行为符合准则的要求，并协助行为主体实现其行为目的。

检修监理，是指监理执行者根据事先约定的行为准则，对检修过程进行监督管理，使检修行为和过程符合准则要求，协助设备所有者实现检修目的的行为。

发电企业生产经营活动中的一项重要内容就是机组的检修。而在20世纪90年代以后，采用独立法人治理结构的发电企业越来越多，为了节省成本，大多采用了“新厂新机制”的人员配置模式，一般不配备检修队伍。有的企业甚至不配备维护队伍，而是将维护检修工作外包给其他检修公司进行。由于自身维修力量的缺乏，受质检人员的配备和能力限制，很难对检修质量进行有效的控制，在这种情况下，就必须引进第三方——监理机构，监督管理检修过程，实现修前业主的既定目标，检修监理也就应运而生了。所以说，发电设备检修质量监理是电力体制改革和市场经济发展的产物，是适应检修管理与检修实施分离趋势变化的要求。

机组的检修，特别是机组大修是一个重要且复杂的过程：第一，涉及面宽，一个机组的大修包括锅炉、汽轮机、电气、热控、化水、输煤等各专业的检修工作，点多面广；第二，意义重大，机组检修是按照设备维护与检修的相关标准而组织的一项旨在提高设备可靠性，延长设备寿命的恢复性工作，如果质量控制不好，将给企业生产经营带来巨大的影响；第三，影响因素多，机组检修质量的好坏，其影响因素主要有人、机、料、法、环，其中任何一个因素存在问题都最终将影响整个机组的可靠性和经济性。因此，如何抓好检修质量监督管理就成了检修中的主要问题和工作。在发电企业生产经营活动中，目前采用最多的就是检修质量监理。检修质量监理的目的就是通过一定的手段，规范检修过程的管理，使检修质量的过程影响因素均满足制度化、规范化、标准化、高效化管理的要求。以下主要针对发电企业检修质量监理进行阐述和要求。

二、检修质量监理的适用范围

检修质量监理在发电企业生产活动中主要存在以下四种形式：机组检修质量监理、技改项目质量监理、土建项目质量监理、设备返厂检修质量监理。机组检修原则上不实行监理，如果因需要聘用监理队伍，必须作为个例报请上级主管部门来认可。采用新厂新机制、未配备检修队伍的电厂新机检查性大修时可以请检修监理，主要目的是弥补电厂质监人员的不足，做好检修质量的控制与质量监督检验，提高检修质量。重大技术改造，涉及到大型的技改项目无施工经验的可以聘请监理，如新增干除灰系统、铁路运煤专线项目、脱硫技改工程等。

1. 机组检修质量监理的适用范围

（1）机组检修质量监理适用于100MW及以上容量机组的检修。

（2）配备质检人员的发电企业原则上不采用检修监理制，由质检人员承担经明确的责任范围内的检修质量监督管理工作；但对100MW及以上容量新建第一台机组投运后的首次检查性大修可以采用检修质量监理。

(3) 未配备或仅部分配备质检人员的发电企业可以根据需要采用机组检修质量监理。

(4) 检修监理项目计划须在申报年度检修计划时同时上报，经上级主管部门审核批准后方可实施。

2. 技改项目质量监理的适用范围

(1) 技改项目质量监理适用于100MW及以上容量机组的重大技改项目。

(2) 实行监理的项目要求同时具有以下几个特点。

1) 复杂性：项目工序复杂，工期较长，对原有系统功能和性能影响大。

2) 高技术含量：采用新技术、新工艺，对专业知识要求高，企业内部人员短时间内无法掌握。

3) 质量变异性：容易因使用材料规格、品种、性能有误，施工方法、检测误差、设计计算错误等引起质量变异。

4) 高投入性：单项工程申报计划资金100万元以上。

(3) 在申报年度技改计划时，应同时上报技改项目质量监理计划，经上级主管部门审查批准后方可实施。

3. 生产构筑物和生产辅助设施项目质量监理适用范围

生产建筑物和生产辅助设施的检修项目一般具有几个特点：①土建项目一般采用总承包的方式，材料由施工方采购，容易出现以次充好的问题；②发电企业土建方面专业人员一般较少，项目实施过程中的质量监督工作量大，难以实现全过程监督；③土建项目很大部分工作为隐蔽工程，且隐蔽工程质量好坏直接影响到整个项目质量，而隐蔽工程最容易出现偷工减料的问题，必须实行全过程监督。

此类项目可以采用监理：工程造价100万元以上的项目，必须在申报年度计划时应同时申报项目质量监理计划；工程造价100万元以下的项目可自行安排监理，但需履行招投标程序。

4. 设备返厂检修质量监理适用范围

设备返厂检修质量监理适用于单个设备（系统）的返厂检修，主要是对检修方的材料质量、检修工序和标准、出厂试验等进行监督检查。为使设备检修质量可控在控，如有必要，业主应聘请或指派监理人员随设备全程监督检修执行情况。这种情况由于涉及面窄、人员少、费用较低，企业可根据需要自行安排。

三、机组检修质量监理的模式

依照合同的约定和企业对监理工作要求，检修质量监理根据工作深度的不同，目前采用了四种模式。

1. 全过程监理模式

全面负责机组检修主要项目的质量验证和签字放行工作，并负责执行工期控制、三日滚动工期计划控制、修后设备再鉴定工作。

2. 仅实行工期控制和主要专业项目监理模式

负责机组检修中各主要专业（机、炉、热、电一次部分）的质量监督点的验证和签字放行工作，并负责工期控制和协调工作。

3. 主要专业大修项目监理模式

负责机、电、炉等主要检修项目的质量监理，对合同范围内的检修项目的质量监督点负责验证和签字放行。

4. 质保监理模式

负责监督、验证客户的质量保证体系的正常运行，对和质量有关的活动、过程等按标准进行跟踪验证，开展质保活动，确保质量体系的符合性、有效性和适宜性。

各发电企业应从以我为主的原则出发，充分发挥自有人力资源的作用，开展质量监督工作。符合引进第三方质量监理标准的发电企业应根据自身的条件和需要，选择采用不同的监理模式。

第二节　业主、监理单位、检修承包方的相互关系

一、业主、监理单位、检修承包方的含义

(1) 业主是指具有工程发包主体资格和支付工程价款能力的当事人以及取得该当事人资格的合法继承人。

(2) 监理单位是指受业主委托的负责机组检修监理并取得相应工程监理资质等级证书的单位。

(3) 检修承包方是指被业主接受的具有工程施工承包主体资格的当事人以及取得该当事人资格的合法继承人。

二、业主、监理单位、检修承包方的相互关系

检修项目质量控制的好坏在很大程度上取决于能否有一个科学合理的工作方式来处理业主、监理、施工三方的相互关系，既要坚持原则，又要团结合作。在项目实施过程中出现问题时，三方应及时沟通与协调，互相配合，有不同意见要互相磋商，互相支持，为检修质量总目标的实现而共同努力。

业主、监理、施工三方的相互关系可用图 7-1 表示。

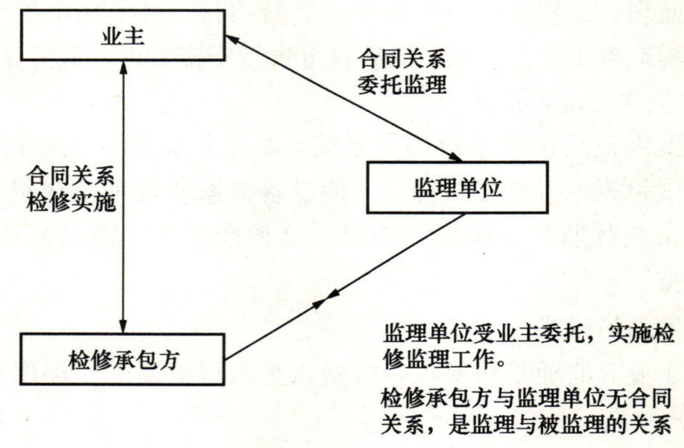

图 7-1　业主、监理、施工三方关系图

从图 7-1 可以看出，监理单位虽然与业主是合同关系，但它是一个相对独立的机构，具有以下特性：监理单位利用自己在检修方面的知识、技能和经验，为业主提供高智能的监督管理服务，只向业主收取服务性的报酬；监理单位与业主、施工方之间的关系是平等的、横向的。在检修工作中，监理单位是独立的一方，按照独立、自主的原则开展检修监理工作。监理单位是具有独立性、社会化、专业化特点的独立主体；公正性是监理工作正常和顺利开展的基本条件，也是监理单位和监理工程师从业的基本职业道德准则；监理工作的技术服务性质决定了其科学性，它要求监理单位和人员遵循科学准则。因此，监理单位必须具有一定数量的、业务素质合格的监理工程师，要有一套科学的管理制度和工作程序，拥有并掌握现代化的管理手段。

第三节 检修监理单位资质管理和监理组织形式

一、对检修质量监理单位的资质要求

监理单位的资质是指从事电力设备检修质量监理业务应具备的人员素质、数量、配套能力、检修管理水平、监理业绩等资格能力。为使发电设备检修质量监理工作真正起到规范检修管理，提高检修质量的作用，业主须对拟参与发电设备检修质量监理的单位进行资质审查。如为邀请招标，此项工作应由技术管理部门在招标文件发放之前完成，符合资质要求的单位方能进入推荐邀请单位名单；如为公开招标，则在评标过程中对资质进行审查。

1. 承接电力设备检修监理的单位的必备条件

(1) 经工商行政管理部门注册登记具备独立法人资格，或接受具有法人资格的监理公司指导并设立相应的监理部门，配置专人负责。

(2) 300MW及以上容量机组检修监理应具有国家部委及行业主管部门颁发的火电工程监理甲级资质；100MW及以上300MW以下容量机组检修监理应至少具有国家部委及行业主管部门颁发的火电工程监理乙级资质。

(3) 通过ISO9000系列质量管理体系认证。

(4) 经验与业绩：300MW及以上容量机组检修监理必须具有装机容量300MW及以上的火发电企业工程设备安装、土建施工、调试监理等全过程监理经验和监理业绩，并至少有两台以上已投产运行的300MW及以上容量机组检修监理经历；100MW及以上300MW以下容量机组检修监理必须具有装机容量100MW及以上的火发电企业工程设备安装、土建施工、调试监理等全过程监理经验和监理业绩，并至少有两台以上已投产运行的100MW及以上容量机组检修监理经历。

(5) 有一定数量获得建设部或电力系统总监理师、专业监理工程师资格证书的监理人员；有一定数量熟悉ISO9000质量管理标准，并至少取得质量体系内审员资质的监理人员；监理人员应具有电力系统相关专业中级以上技术职称。

(6) 有健全的检修质量监理管理制度，有文件化的《电力设备检修监理手册》。

(7) 机、炉、电、热专业等主要设备监理人员应至少有1个以上类似机组安装项目的全过程监理经验。

(8) 财务状况：近三年财务状况稳定、可靠，具有履行合同所需的财务能力。

(9) 技术装备：具有完成合同的相应检测设备和技术装备。

2. 对技改项目监理资质的要求

(1) 经工商行政管理部门注册登记具备独立法人资格，或接受具有法人资格的监理公司指导并设立相应的监理部门，配置专人负责。

(2) 至少具有国家部委及行业主管部门颁发的火电工程监理乙级资质。

(3) 通过ISO9000系列质量管理体系认证。

(4) 经验与业绩：必须具有同类型项目监理全过程监理经验和监理业绩。

(5) 有一定数量获得建设部或电力系统专业监理工程师资格证书的监理人员；监理人员应具有电力系统相关专业中级以上技术职称。

(6) 有健全的检修质量监督管理制度，有文件化的《电力设备检修监理手册》。

(7) 财务状况：近三年财务状况稳定、可靠，具有履行合同所需的财务能力。

(8) 技术装备：具有完成合同的相应检测设备和技术装备。

3. 对土建项目监理资质的要求

(1) 经工商行政管理部门注册登记具备独立法人资格，或接受具有法人资格的监理公司指导并设立相应的监理部门，配置专人负责。

(2) 应具有建设部门颁发的房屋建筑监理乙级以上资质，并有同类型项目监理业绩。

(3) 通过ISO9000系列质量管理体系认证。

(4) 有一定数量获得建设部专业监理工程师资格证书的监理人员。

(5) 财务状况：近三年财务状况稳定、可靠，具有履行合同所需的财务能力。

(6) 技术装备：具有完成合同的相应检测设备和技术装备。

4. 对设备返厂检修监理资质的要求

(1) 经工商行政管理部门注册登记具备独立法人资格，配置专人负责。

(2) 通过ISO9000系列质量管理体系认证。

(3) 经验与业绩：必须具有同类型项目监理监理经验和监理业绩。

(4) 专业监理工程师必须具备建设部或电力系统资格证书；监理人员应具有电力系统相关专业中级以上技术职称。

二、大修质量监理组织结构和职责

机组大修涉及面宽，情况复杂，影响大修质量的多个方面中，“人”是最具有变动性和活跃性的因素，如何充分调动人员的积极性，使之为大修目标服务，就必须具有正确合理的组织保障措施，明确参与人员的责、权、利，并加以监督。因此，制定并明确大修监理组织机构就显得非常重要。

(一) 大修质量监理单位的组织结构

在项目监理部内部，一般要求至少要配备一名项目总监，如有必要可配备1名项目副总监，根据大修项目安排和合同签订的工作范围，配置一定数量的监理工程师，一般每个专业不少于2名。

根据承包监理工作专业范围，监理单位应设置专业组长，各专业组下设机、炉、电、热等专业监理师，负责具体检修工作的质量检查监督工作。监理单位组织机构图见图7-2。

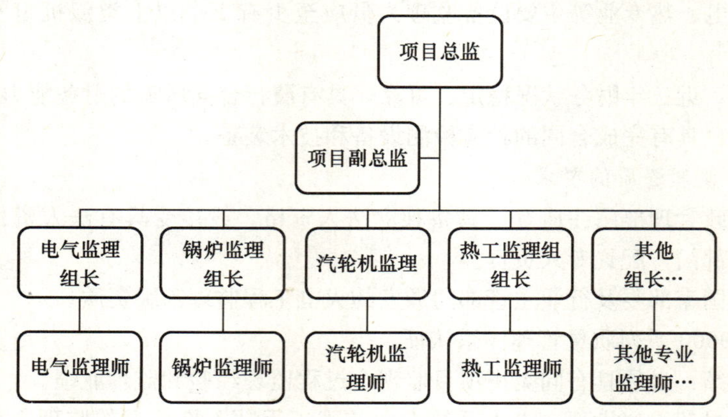

图7-2 监理单位组织机构图

(二) 典型机组大修的组织机构及职责

一个机组大修，首先要成立大修组织机构，对大修实行全过程、全方位管理。采用监理制的发电企业的机组大修组织机构见图7-3。

大修质量监理根据工作范围不同，模式也不尽相同，其中全过程监理模式囊括了其他几种模式的管理要素。本规范主要针对全过程监理模式进行阐述，其他模式可以参照执行，不再详细叙述。

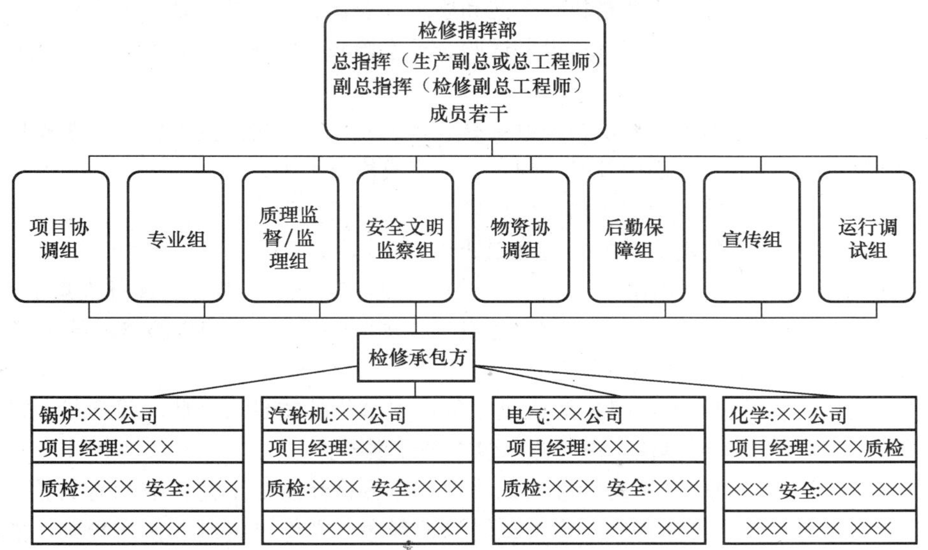

图 7-3 典型机组大修组织机构示意图

1. 质量监理组

检修指挥部下设质量监理组（以下简称“质监组”），具体负责机组检修的质量管理验证，并与检修承包方负责技术验证的质检组建立联络。

(1) 质监组应是从事质量监督检查的独立的组织机构，具有质量否决权。质监组长向业主负责并汇报工作，重大问题随时向业主大修总负责人汇报。

(2) 质监组组长由监理单位项目总监担任。

(3) 质监组按专业配备质量监督人员，负责检修质量监督检查工作。质监员按检修程序和质量计划在现场及时进行质量跟踪、检查、验收、签证。质监员应熟悉检修管理指导手册中有关的质量管理程序，熟悉设备的工艺和标准，严格履行质监员工作条例，坚持按程序办事、按标准验收。对不合格的工序，质监员有权下达“不合格通知单”，通知工作负责人停工或返工。对客观条件限制达不到标准要做让步处理的项目、工序，必须填写让步接收报告，征得有关技术负责人的审查批准才可签证放行。

(4) 质监组是发电企业委托监理公司进行本次检修质量监理的组织。专业负责人兼任各专业质监组组长。质量监理专业人员受发电企业授权担任质监员代表发电企业进行机、炉、电、热等所承担项目的质量监督、指导、检查、验收签证。

(5) 质监组的最高领导是业主大修总负责人。

(6) 质监组是机组检修期间，具体负责设备检修质量管理和监督的独立机构，由项目总监领导，向项目总监负责并汇报工作，重大问题随时可向业主大修总负责人汇报。

(7) 质监员是机组检修期间专门从事质量检查监督的具体工作人员，由质监组长统一领导负责现场质量跟踪、检查、验收、签证，向质监组长负责并汇报工作。

(8) 质监员在质量管理工作中的具体任务有：

1) 按检修质量监理程序，负责检修质量监督管理，做好“修前文件准备”、“修中检查”、“修后试验验收和文件关闭”。

2）按不符合项管理程序，负责不符合项中处理措施的监督执行，做好处理的跟踪和处理后的验收签证及汇总统计工作。

3）按检修程序和质量计划，严格执行工艺和质量标准，做好质控点现场跟踪验收签证。

4）按设备试转工作程序，参加修后设备试验、动态验收和质量评价，配合运行人员进行质量验收签证。

5）修后参加设备冷态验收，要求检修设备修后状态良好，现场清洁完整，文件及时关闭。

6）热态验收前，督促有关部门及时按规定要求完成检修报告。

7）质量监理组在热态验收后三天内完成检修质量监理工作报告。

8）对不合格的工序有权责令有关人员返工处理。

9）不得降低标准放行，要作让步处理的，应填写让步接收报告，提出让步处理理由和意见，经有关技术领导审查批准后才可放行。对检修过程发生的技术难题应主动协助检修人员共同攻关解难。

2. 各检修承包方配备一定数量的质检员

（1）质检员是检修承包方的质量检验人员，负责本单位的质量自验收。设质检组的单位，由质检组长领导；不设质检组的单位，由检修承包方经理领导。

（2）质检员应经过ISO9000系列标准知识培训，熟悉检修质量工艺标准和有关技术措施，熟悉质量监理程序、不符合项管理程序、设备试转调试程序、文件包编制和使用导则，熟悉检修管理手册有关安全、文明检修、物资管理的有关规定。

（3）质检员在质量管理工作中的具体任务有：

1）按设备检修程序，搞好检修质量管理，做好“修前文件准备”、“修中检查”、“修后试验验收和文件关闭”；

2）按不符合项管理程序，做好不符合项管理；

3）按设备试转工作程序，搞好修后设备试验、动态严守和质量评价，配合运行人员进行质量验收签证；

4）按检修程序和质量计划，做好质控点的现场跟踪验收签证，指导施工人员严格执行工艺和质量标准，指导帮助施工人员解决施工中遇到的各种技术问题；

5）具有质量否决权，对不合格的工序有权下达“检修不合格通知单”，责令施工人员返工；

6）修后认真做好设备冷态验收，要求检修设备修后状态良好，现场清洁完整，文件及时关闭，才能签字；

7）参与检修报告的编制和审查。

第四节　检修监理合同管理

一、招标方式

大修监理合同必须履行公开或邀请招标程序。具体资质审查和招标流程遵从外包管理招投标管理规定。

技改、土建、返厂等项目原则上也应履行邀请招标程序，如由于专业技能限制，拟邀请单位少于3家或必须由设备原厂家开展相关工作的，可根据实际情况采取定向议标方式确定监理单位。

二、检修监理招标的时间要求

由于大修工作涉及面广，需落实的要素多，准备时间较长，因此应在大修开工前半年进行招标活动，以便后续准备工作的顺利进行。

大修监理合同的签订应至少在大修开工前 2 个月完成。

三、检修监理合同要求

在评标工作结束后 15 天内，招标领导小组应向中标单位发放预中标通知书，投标方收到中标意向书后，按规定的时间、地点，派代表与招标单位进行合同谈判。

合同要明确的内容主要包括：

(1) 合同价款；

(2) 工程的概况及工作内容，工作期限；

(3) 双方权利和责任；

(4) 质量验收要求；

(5) 合同价款支付方式及质保金的约定；

(6) 考核事项；

(7) 合同生效、变更与终止；

(8) 争议的解决；

(9) 合同的附件。

四、监理大纲

合同中要明确规定，中标单位需在现场调查后一周内编制监理大纲，并明确将监理大纲作为合同的主要附件，业主方确认监理方是否履行监理合同的主要说明性文件，须经业主审查批准后方可生效。

发电设备检修质量监理属于整个检修工程项目监理业务中质量专项监理服务，而监理时段主要集中在检修实施阶段，兼顾检修准备和修后总结部分内容。

(一) 编写的目的和作用

(1) 向业主方介绍实现业主方提出的监理任务的方法、措施，以取得业主方的信任，承接该项目监理任务；

(2) 是指导监理方设备检修质量监理工作开展的纲领性文件；

(3) 是业主方与监理方签订的监理合同的主要附录，即业主方确认监理方是否履行监理合同的主要说明性文件。

(二) 编写依据和要求

1. 主要依据

(1) 业主发送的招标书或委托文件（包括将委托的设备检修项目、质量目标、要求等）；

(2) 设备检修质量监理合同及业主方与检修承包方签订的检修承揽合同；

(3) 国家与电力行业颁发的与监理范围有关的政策、法规、制度、规定；

(4) 监理范围设备的有关技术标准、技术文件；

(5) 监理单位的《质量监理管理大纲》。

2. 编写要求

(1) 按《质量监理大纲》标准化格式要求编写，力求简洁、明了，大纲的编写、审核与批准的确认符合文件受控程序；

(2) 大纲中的各项措施、制度、表格要针对所接检修工程项目的特点与现场实际情况，具有可操作性、可监控性。

(三) 主要内容

1. 检修项目概况

(1) 检修项目、检修内容、承包单位；

(2) 检修工期、计划进度(网络图)及安全、质量目标;

(3) 检修指挥、安全、质检机构,联系方式。

2. 检修质量受控文件

(1) 具备与检修设备相符合的检修程序;

(2) 具备经审定的质量检验计划;

(3) 相关检修技术、工艺方案措施已复审;

(4) 参加检修人员已接受规范化检修管理知识培训。

3. 检修质量管理程序

(1) 检修作业文件包使用规定;

(2) 质量验收程序;

(3) 不符合项管理程序;

(4) 质量不合格报告程序;

(5) 设备再鉴定(试运转)管理程序;

(6) 检修报告编制要求;

(7) 安全风险分析制度。

4. 监理管理制度

(1) 监理工作制度(包含监理报告编写制度);

(2) 监理人员工作条例。

第五节 检修监理的工作方法和程序

检修质量监理的指导思想是把管结果变为管因素,从事后把关到防检结合、以防为主的全过程质量监督管理。

检修质量监理的工作方法是贯彻 GB/T19001—2000 系列标准中"事前指导"、"中间检查"和"修后验证"的有关要求。质量管理按文件办事,一切以数据说话,以技术记录作为客观证据。质量监督工作"有言在先,有法可依,过程跟踪,随时纠偏",强化"不符合项管理",防患于未然。

监理活动根据实施的模式不同,其工作方法和程序也有所不同。本节以机组典型大修监理为例,对监理的工作方法和程序进行阐述,其他单项工程监理可参照执行。

一、工作流程

工作流程见图 7-4。

二、修前准备

(一)组建项目监理部

在合同签订后,监理中标单位应根据招标文件相关规定,依照合同有关要求和监理任务、双方职责以及其他相关事项,组建项目监理部,包括项目经理、监理组织和数量足够的符合现场工作要求的监理人员。

(二)现场调查、会商、策划

监理项目部应至少在检修开工前两个月组织主要人员进行现场踏勘,了解发电企业组织结构,生产管理人员配备,设备状态,检修前期准备情况以及工程检修内容、质量方针、目标及其对质量监理工作的具体要求;向业主介绍质量监理要求、监理工作程序;确定质保和质监专业组名单,确定组长、副组长。

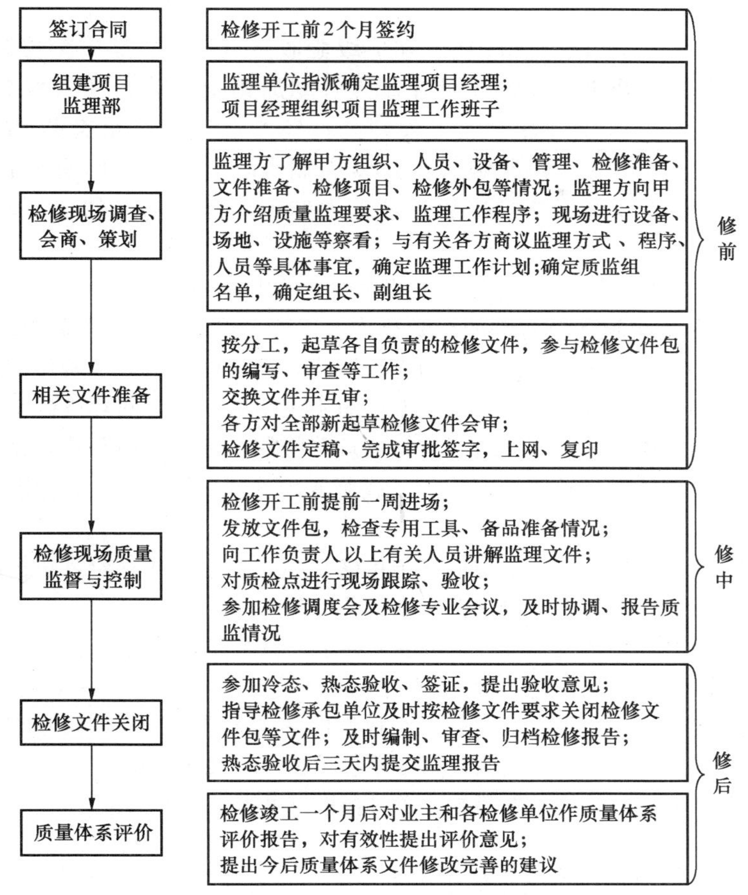

签订合同
检修开工前2个月签约
组建项目监理部
监理单位指派确定监理项目经理；
项目经理组织项目监理工作班子
检修现场调查、会商、策划
监理方了解甲方组织、人员、设备、管理、检修准备、文件准备、检修项目、检修外包等情况；监理方向甲方介绍质量监理要求、监理工作程序；现场进行设备、场地、设施等察看；与有关各方商议监理方式 、程序、人员等具体事宜，确定监理工作计划;确定质监组名单，确定组长、副组长
相关文件准备
按分工，起草各自负责的检修文件，参与检修文件包的编写、审查等工作；
交换文件并互审；
各方对全部新起草检修文件会审；
检修文件定稿、完成审批签字，上网、复印
修前
检修现场质量监督与控制
检修开工前提前一周进场；
发放文件包，检查专用工具、备品准备情况；
向工作负责人以上有关人员讲解监理文件；
对质检点进行现场跟踪、验收；
参加检修调度会及检修专业会议，及时协调、报告质监情况
修中
检修文件关闭
参加冷态、热态验收、签证，提出验收意见；
指导检修承包单位及时按检修文件要求关闭检修文件包等文件；及时编制、审查、归档检修报告；
热态验收后三天内提交监理报告
质量体系评价
检修竣工一个月后对业主和各检修单位作质量体系评价报告，对有效性提出评价意见；
提出今后质量体系文件修改完善的建议
修后

图 7-4 典型大修质量监理工作流程图

（三）制定检修监理工作计划

按合同要求编制《质量监理大纲》，参与制定《检修管理指导手册》、《检修作业文件包》等主要指导机组检修的文件。明确文件清单、起草人、起草工作完成日期、审查人员、审查时间、地点、文件完成时间等；制定对检修施工方质量管理体系审查计划。明确审查组成员、审查内容、审查日期、审查方式等；制定质量监理文件培训计划。明确质量监理文件培训交底日期、方式、授课人和授课地点，以及培训后的考核方法等。

（四）文件准备

根据质量监理工作计划，监理单位在检修开工前，参与检修文件的编制或审查，按期完成检修文件编制工作。

1.《检修管理文件》

《检修管理文件》是检修管理的纲领性文件，一般由发电企业技术管理部门和监理单位共同编制。

2.《检修作业文件包》

《检修作业文件包》原则上由各发电企业设备管理部门编写，监理单位应根据监理计划的要求，指导《检修作业文件包》的编制。《检修作业文件包》须在开工前15天前发放到工作负责人手中。

3. 质量验收检验计划

见证点（W点）、停工待检点（H点）和厂级验收点（P点）是质量控制的关键点。开工前三个月，机组检修各系统设备的质量控制点计划原则上由设备主人根据检修项目计划编制完成，汇总到设备管理部门各专业工程师处，经专业工程师审查并明确工作负责人、质监人员名单后，交质监组形成机组整体的质量控制点计划。质监组有权根据需要提出质控点调整建议，经机组检修总指挥批准后，承包方作为检修作业文件包下发给工作负责人执行。

（五）对检修承包单位质量管理体系和质量保证体系的审查

质量体系就是指为了实施质量管理的组织机构、职责、程序、过程和资源的一种特定体系。质量体系所包含的内容仅需要满足实现质量目标的要求。质量体系可分为两类：一是质量管理体系，二是质量保证体系。质量管理体系是指一个组织不论是否处于合同环境或是处于合同环境与非合同环境之中，在组织内部为了实施持续有效的质量控制所建立的内部质量体系。质量保证体系是指组织在合同环境下为满足顾客特定的产品或服务的外部质量要求，并向顾客证实质量保证能力的质量体系。

根据合同规定的工作范围，监理单位应参与检修承包方的选择或评价，在机组检修开工前两个月对检修承包方的质量管理体系和质量保证体系进行审查。

对检修承包方的质量体系审查标准和范围参见第十一章相关内容。

（六）检修人员培训

在检修开工前，监理单位应组织对参加机组检修的有关人员进行《检修管理文件》中质量控制程序的相关内容的培训。培训的对象应包括各承包单位项目经理、安全员、质检员、施工班长、发电企业的质控人员。必要时，应举办考试，考试合格方可担任相关工作。

（七）按期进场

检修开工前一周，监理单位按确定的组织人员名单进驻发电企业，发电企业应准备办公室、电话等相关资源。

（八）开工条件检查

开工前一周，监理单位应组织对开工必备条件（项目、计划、人员、措施、工器具、备品备件）的准备情况进行全面检查。开工前三天，监理单位必须向检修指挥部汇报大修准备情况和是否具备开工条件。

三、修中控制

质监组作为独立的质量监督验收组织，负责对整个检修实施阶段的检修状况进行检查和监督。修中施工阶段的质量监控，是确保检修质量的关键环节，对检修质量起决定和控制作用。根据质量监理程序，修中控制的方法和手段主要有以下要素。

（一）安全技术交底

开工前对检修方进行安全技术交底，技术上可按作业文件包的要求进行对口交底，对于技术复杂、危险性大的或有特别要求的作业应重点指出和提示。安全交底实施《外包工程（项目）安全、文明施工交底备忘录》，必要时应进行现场交底，有利于实物指证。安全技术交底由检修指挥部组织，生产管理部门专工、发电企业安全监查部门、监理单位专业组相关成员、发电企业相关策划员或质检员、检修承包方项目经理、安全员、质检员、工作负责人及全体工作班成员参加。在《备忘录》中明确写明交底的内容和要求，明确甲、乙双方的安全职责，最后在现场确认后所有人员签名，各执一份备查。

（二）对质量文件的正确使用进行监督、检查和指导

（三）对检修质量进行现场监督、检查、验收、签证

（1）质控点、项目计划变更原则。检修解体或检修中发现重大设备缺陷或计划项目的重大不符合项，造成项目需要调整时，应按不符合项管理程序执行，再履行项目变更申请、审查、批准手续。由于项目变更造成质量计划控制点需作相应变更时，有关人员要及时履行质量计划控制点的变更申请和批准手续。质量计划变更仍由原计划的审查、批准人审批才能生效执行，未经质量计划变更批准，不得擅自取消质量控制点；参见第四章检修项目检修计划管理，第五章质量控制。

（2）质量控制点（W、H、P点）管理按“W、H、P点检查监督程序”执行，质量检查监督步骤见图5-1及说明。

质量控制点检查验收评价标准参见第五章相关内容。

（四）不符合项管理

不符合项管理是检修质量控制的重要组成部分，也是检修监理实现质量监督的重要内容，是质监员工作的职责之一。不符合项管理参见第五章相关内容。

质监员在检修过程工作中发现不符合项时，应行使质量否决权，进行纠正，直到验证合格，以确保设备检修的质量。

（五）设备质量缺陷报告管理（QDR）

设备质量缺陷报告制度适用于发电设备检修质量缺陷的管理，其中规定了机组检修过程中设备质量缺陷的发现、报告、处理、关闭等全过程闭环管理事项。

监理质监员应参与设备质量缺陷的处理，在接到QDR报告后，到现场进行检查确认，如缺陷成立，则签字确认后转业主设备管理部门专业工程师处理。监理质监员应参与缺陷处理方案的编制和审查，对方案的正确合理性有权提出意见和建议，并参与处理后验收。设备质量缺陷报告及处理程序参见第五章相关内容。

（六）参加检修协调会、质量评审会

（1）定期召开检修协调会是检修过程控制的有效措施。机组检修协调会是机组检修期间的生产例会，主要是对照网络计划对机组大修各项检修工作进行汇报、检查，对今后的检修工作进行布置、安排，对检修工作进展进行宏观控制，对重大技术问题和相关问题进行协调、决策等。

各单位根据具体条件确定检修协调会的召开周期。会议由监理单位主持，对各检修承包方的检修工作进行评价，提出考核意见和改进要求、建议，限期整改；对业主需决策和配合的工作提出要求，并形成会议纪要。

（2）重点项目阶段性质量评审会。重点项目阶段性质量评审会由检修指挥部召集，技术组、质监组、承包单位技术负责人参加。承包商责任工程师通报解体检修报告，质监组长汇报工作计划执行、质检点验收、缺陷消除、文明生产以及软件资料的整理情况，参会技术人员对项目中重要的数据、步骤进行核实验证，对下一步工作作出安排部署，作出能否进行下一步工作的决定。

（3）不定期召开专业组或项目协调会议。质监组根据检修进展和实际需要，不定期召开专业组或项目协调会议。会议由业主设备部人员、技术组、质监组、承包方相关技术人员共同参加。对于设备解体后的分析会，要分析设备解体过程中发现的问题，寻找设备以往运行中异常运行的原因，讨论对这些问题的处理方案，提出设备检修过程中要特别注意的事项；对于设备组装前的分析会，检查设备解体后分析会上提出处理方案的执行情况、设备检修的规范性和符合性、检查是否存在无法消除的缺陷并制定防范措施等。

分析会上业主和建立单位要对检修承包单位的检修记录文件进行审查，质监组负责会议记录，并形成会议纪要。

（七）参加设备修后质量再鉴定

设备修后再鉴定计划由设备管理部门专工和质监组共同编制完成。

设备检修工作全部结束并经检查、整体验收后，在确认现场环境具备再鉴定条件、设备完整性完好（相关设备的标牌、位置指示齐全等）以后，由检修承包方提出再鉴定申请。

再鉴定工作中，质监员必须始终在再鉴定设备现场，中途不能擅自离开，同时按要求检查设备有无泄漏和异常，发现问题及时汇报并及时安排工作负责人给予消除。

在再鉴定中发现缺陷，质监员按照质量缺陷管理规定向工作负责人下达通知单，监督检修承包方在规定的时间内进行返修，验收合格后再重新申请再鉴定。

四、修后验证

（一）冷态验收相关工作

冷态验收是指机组检修复装结束后，机组正式启动前，对检修项目计划完成情况以及检修质量、试验结果进行检查、评价、认可，以确定机组修后是否达到整体启动条件。

冷态验收会由检修总指挥主持，技术管理部门、安全管理部门、运行部门、物资管理部门、监理单位、检修承包商有关负责人参加。

冷态验收会上，项目总监对检修计划执行情况、整体验收情况、缺陷消除情况、设备再鉴定情况、现场设备整洁文明情况、过程控制文件关闭等情况进行汇报，检修总指挥作检修总体评价。

（二）热态验收

热态验收是指检修竣工后第30天，结合机组热力试验的结果，对机组运行状况、设备效率、设备缺陷的消除情况、检修人工、材料、工程费用、文件管理等方面进行的整体鉴定分析和评价。

在热态验收前，质监组应督促检修承包方按照检修管理文件要求按时完成检修报告和技术总结，质监员对检修报告和技术总结进行检查验收，合格后签字确认。

机组检修总体热态验收由检修总指挥主持，技术管理部门、设备管理部门、安全管理部门、运行部门、物资管理部门、监理单位及承包方主要负责人参加。

热态总体验收采取集中会议与现场检查相结合的方式，一般检查验收包括以下工作内容：检修总结编制情况、热态运行、调试情况、启动后缺陷及处理情况、监督、鉴定分析、遗留问题处置、检修文件管理、工程费用分析、材料消耗分析、人工、劳动生产率分析。

由检修总指挥对热态验收作总体评价。

热态验收的评价作为对监理单位评价考核的一个重要标准。

（三）监理报告

质监组应在机组检修热态验收后三天内完成检修质量监理工作报告，向业主提报。

设备检修质量监理报告是监理方完成监理任务后，关于整个检修期设备检修监理工作的记载，是监理工作完成质量的客观证据，是整个设备检修期工作完成的总结和评审报告，由监理技术负责人编制，监理项目经理审定。

一般监理报告内容应包括：

（1）检修过程概况。

（2）质量监理工作报告：

1）对此次检修监理与技术服务范围内所做的工作进行总结。

2）相关质量统计数据：检修中使用的检修作业文件包（检修项目数量）及完成关闭情况；检修中发生设备质量缺陷数量及关闭情况；检修中发生不符合项数量及关闭情况；完成检修报告、调试报告数量；编制的管理性文件、技术性文件数量。

3）重大质量事件或不符合项情况报告。

(3) 经验体会、存在问题和改进工作的建议：推行检修管理规范化经验体会，解决检修管理上存在的问题及提出对今后检修工作改进的建议。

(4) 监理报告的编写要求：监理报告应如实反映整个检修过程，真正体现监理报告是监理工作过程的客观证据；相关质量数据要附登记表，重大质量事件、不符合项均要附质量记录；监理报告要规范化，编写要符合文件管理程序要求。

(四) 质量体系审查报告

根据合同要求，监理单位可能承担质量体系审查的相关工作，检查检修管理文件的内容是否符合标准的要求，是否覆盖了提出认证的产品范围，如不符合要求，提出意见，通知受审核方修改。

质量体系的审查包括文件审查和现场审核。监理单位应根据检修监理计划中质量管理体系审查计划的安排，在规定的时间内完成检修质量体系审查报告。

文件审查的主要对象是业主方提交的质量手册、程序文件及其他说明质量管理体系情况的文件。审查的内容包括：

(1) 文件是否覆盖标准所规定的质量管理体系范围；

(2) 删减是否有充分的理由说明；

(3) 质量方针和目标是否与检修目标相关；

(4) 是否明确了最高管理者持续改进的承诺；

(5) 是否规定了组织结构的职责、权限和相互关系，职责分配是否适当；

(6) 各项质量活动是否明确了质量控制要求和归口管理职责。

监理单位根据检修中质量管理体系运行的具体情况，通过收集客观证据，检查评定质量管理体系运行与质量手册的规定是否一致，证实其符合质量标准的程度，以及实现业主质量目标的有效性。

质量体系审查报告要突出几个重点；

(1) 现有质量体系文件的总体评价；

(2) 现有质量体系运行的总体评价；

(3) 审查发现的不符合项数量和具体清单；

(4) 审查发现质量体系的不合理项；

(5) 不符合项的改进建议及时间要求；

(6) 不合理项的改进建议及时间要求。

第八章 检修工期控制

第一节 概　　述

目前，新的计划管理方法正应用于发电机组的检修管理上，已逐步取得了良好的效果，计划编制的效率和质量实现了质的飞跃，推动了火力发电企业检修管理水平的进一步提高。企业机组台数的增加、单台机组容量的增大，使厂内人员可用于检修准备的时间逐步缩短，本章介绍的工期控制方法对火力发电企业的检修有积极的借鉴作用。

对于检修工期的进度管理，一般采用前推法或后推法计算单项工程的完成时间。发电企业在确定检修项目的基础上，建立各项目之间的逻辑关系，并结合历次检修经验予以修正，形成完整的四级检修计划，并按照此计划控制各参建单位的检修进度。我们可以把检修项目的进展的实际执行情况收集起来，采取每周的更新方式，实时监控检修工作的变更，实时的监控检修项目进展情况，并把机组检修开展中暴露的问题反映出来，并由此分析机组检修的进度是否符合要求。

一、检修工期控制的任务

检修工期控制的任务是针对机组检修的进度目标进行工期计算，是发电企业按行业标准或主管公司的检修工期规定。根据检修项目的规模与项目复杂程度，本企业对检修工期的要求，物资到位计划等进行科学分析后，设计出的机组各检修项目的最佳工期。检修合同工期确定后，机组检修进度控制的任务，就是根据进度目标确定实施方案，在机组检修过程中进行控制和调整，以实现进度控制的目标。具体地讲，进度控制的任务是进行进度计划、进度执行、进度检查、进度调整四个步骤，按照 PDCA 循环法，即 Plan（计划）、Do（执行）、Check（检查）和 Action（总结），完成好控制任务，具体做到以下三点工作：

（1）机组检修进度目标和总计划的制定。进度计划的编制，涉及检修项目费用，设备材料供应、检修场地布置、主要检修机具、劳动组合、各附属设施的检修、各检修单位的配合及检修工期的时间要求等。只有对这些综合因素要全面考虑、科学组织、合理安排、统筹兼顾，才能有一个很好的进度规划。

（2）对进度进行控制。在机组检修过程中对计划进度与实际进度进行比较，如机组检修工程的实际进度与计划进度发生偏离，无论是进度加快或进度滞后，都会对机组检修的组织实施产生影响，给机组检修带来问题，因此要及时采取有效措施加以调整，对偏离控制目标的要找出原因，坚决纠正。

（3）对进度进行协调。进度协调的任务是对机组检修中各专业需要配合的检修工作以及交叉作业的协调等工作进行协调。如脚手架搭设、拆除或拆除恢复保温、需要金属监督、化学监督、热工监督等开展的项目，在时间、空间上有交叉，是既相互联系、又相互制约的因素，需要进行协调。对机组检修项目的实际进度有着直接的影响，如果协调配合不当，将会造成机组检修秩序混乱，不能按期完成检修任务。

二、检修工期网络计划编制的变化及趋势

（1）检修计划项目的编制越来越细、控制的项目越来越多。检修计划在初期编制过程中，只

包含关键路径项目和重要检修项目，属于粗放性管理。随着检修管理水平的提高，检修计划纳入了所有的项目，而且随着检修作业文件包的引入，检修项目已控制到工序，所有专业配合和提醒信息也逐步标识在检修作业文件包中。

（2）检修工期网络计划的种类逐渐增多。检修工期网络计划的种类从初始单一的主线计划，已发展到四级网络计划以及其他辅助工期计划，以解决各种问题，满足不同专业的需要。如四级网络计划中的里程碑计划、主线计划（全厂检修网络图）、各专业检修网络计划、各专业分项检修网络计划，其他辅助工期计划如重点项目网络计划等。

（3）检修工期网络计划对工期控制的能力在增强。随着计划管理水平的提高和计划编制方法的改进、优化，检修网络计划控制工期最短间隔已由天逐步过渡到小时甚至过渡到分钟，关键路径也由一条主关键路径控制过渡到一条主关键路径加上多条次关键路径同时控制。同类型检修工期整体上成缩短趋势。

（4）工期计划的整体结构上发生变化。由于计划管理方法的改进和软件的应用，工期或进度计划的整体结构也发生了变化，由各类型检修计划的独立编制和管理，到逐渐整合成统一的整体，增强了检修活动间逻辑关系的控制，提高了计划的有效性和编制的效率。

为了适应检修工期计划管理的上述发展趋势，检修工期计划管理将要采用新的方法和思路，即多级、多用户、网络化的计划管理模式。该模式将检修工期计划分为四级，分别对应于检修项目中不同的管理层次，实现计划管理的专业化、精细化；通过各级别的授权控制，实现各层次人员共同参与检修工期计划的编制与反馈，所有信息的传递和计划的跟踪都在网络平台上完成。这些改进将大大提高项目运做的效率，降低检修管理成本。

1）四级检修工期网络计划：

一级计划：检修工期、里程碑计划（检修重点控制工期）实现总体检修窗口控制。

二级计划：厂级主线计划（全厂检修网络图）。

三级计划：各专业主线计划（各专业的检修网络图）。

四级计划：各专业细分网络计划（各专业的分项检修网络图），明确各分项目的检修工序和开始、结束时间。

2）其他检修工期计划：重点项目网络计划、周工作计划、检修监理网络计划。

三、术语与定义

（1）工期：机组停用时间，是指机组从系统解列（或退出备用）到检修工作结束、机组复役的总时间。

（2）检修工期控制：比较检修进度和该项目计划进度工期之间的差异，并作出必要的调整，使项目检修按预定的时间目标发展。

（3）进度控制：在限定的工期内，以事先拟定的合理且经济的工程进度计划为依据，对整个检修工程过程进行监督、检查、指导和纠正的行为过程。

（4）项目进度表：提供了度量项目实施绩效和项目的计划执行情况的基准和依据，是项目总计划的一部分，是项目时间计划控制的最根本依据。

（5）项目计划：根据项目目标的要求，对整个项目范围内的各项活动进行合理安排与筹划。

（6）网络图：一种利用节点（圆圈或其他符号表示）、带有箭头的线等各种符号，全面表述项目的活动构成、活动间的逻辑关系以及活动用时情况的图。网络图可以清楚有效地表述出整个项目的工作内容，以及各工作之间的逻辑关系和活动的时间。

第二节 检修工期计划的编制要求

一、网络图的编制要求

（一）网络图的类型

网络图根据不同的指标，又划分为各种不同的类型。不同类型的网络图在绘制、计算和优化等方面也不相同，各有特点。

1. 单代号网络图与双代号网络图

网络图根据绘图符号的不同，分为单代号与双代号两种形式网络图。

单代号网络图：由节点、箭线两个基本要素组成，组成网络图的各项工作由节点表示，以箭线表示各项工作的相互制约关系。用这种符号从左向右绘制而成的图形就叫做单代号网络图（目前Project 软件提供单代号网络图），见图 8-1 及附录十四。

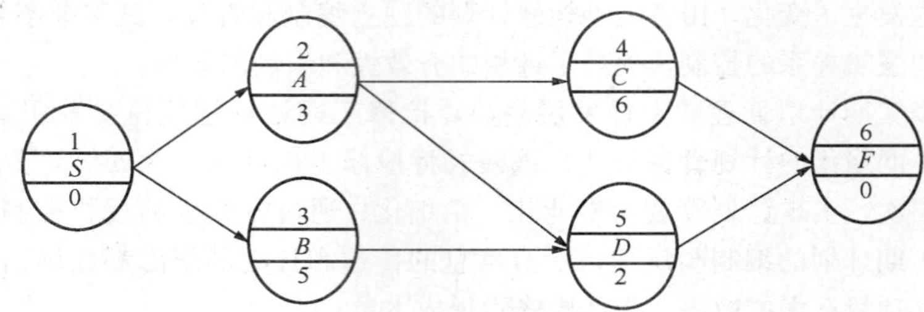

图 8-1 带起始虚拟节点的和终点节点的单代号网络图

双代号网络图：由工作、节点、线路三个基本要素组成，组成网络图的各项工作由节点表示工作的开始或结束，以箭线表示工作的名称。把工作的名称写在箭线上，工作的持续时间（小时、天、周等）写在箭线下，箭尾表示工作的开始，箭头表示工作的结束。采用这种符号所组成的网络图，叫做双代号网络图。

检修项目可以根据所选择的软件决定用单代号网络图还是双代号网络图。

2. 单目标与多目标网络图

根据网络图最终目标的多少，又分为单目标与多目标两种形式的网络图。

（1）单目标网络图。只有一个最终目标的网络图，叫做单目标网络图，一个网络图上只能有一个起点节点和一个终点节点，是单项检修任务的网络图。

（2）多目标网络图。由若干个独立的最终目标与其相互有关工作组成的网络图，叫做多目标网络图。在多目标网络图中，每个最终目标都有自己的关键线路。因此，在每个箭线上除了注明工作的持续时间外，还要在括号里注明该项工作属于哪一个最终目标。

（二）网络图绘制的基本原则和应注意的问题

网络计划技术在火电机组检修中主要用来编制检修项目进度计划。因此，网络图必须正确表达整个检修工程的检修工艺流程和各工作开展的先后顺序以及它们之间相互制约、相互依赖的约束关系。因此，绘制网络图必须遵循一定的基本规则和要求。

1. 绘制网络图的基本原则

（1）必须在网络图中正确表达各项工作之间的相互制约和相互依赖的关系，根据检修工作顺序和检修工作组织的要求，正确反映各项工作之间的相互制约和相互依赖关系，这些关系是多种多样的。

（2）网络图中不允许出现循环回路：在网络图中，从一个事件出发沿着某一条线路移动，不可出现闭合的循环路线。所谓循环回路，就是沿着一条路线移动，又回到原出发节点。

(3) 网络图中不允许出现重复编号的箭：一个箭线和其相关的节点只能代表一项工作，不允许代表多项工作。

(4) 在网络图中不允许出现没有开始节点的工作：当A工作进行到一定程度时，B工作才开始，但反映不出B工作准确的开始时刻。正确的画法是：将A工作划分两个施工段，引入一个节点分开。

从事检修管理的专业人员应熟悉并掌握绘制网络图应遵循的基本原则。这些原则是保证网络图正确反映各项工作之间相互制约关系的前提。

2. 绘制网络图应注意的问题

(1) 网络图的布局要条理清楚，安排整齐、重点突出，要反映各项工作之间的逻辑关系，尽量把关键工作和关键线路布置在中心位置，尽可能把密切相连的工作安排在一起；尽量减少斜箭线而采用水平箭杆，尽可能避免交叉箭线出现。

(2) 交叉箭线的画法。当网络图中不可避免地出现交叉时，不能直接相交画出。目前采用两种方法来解决：一种称为“过桥法”，另一种称为“指向法”。

(3) 检修网络图的排列方法充分反映出机组检修的特点，绘图时可根据不同的工程情况、不同的施工组织方法和使用要求，灵活排列，以简化层次，使各工作在工艺上及组织上的逻辑关系准确而清楚，以便于技术人员掌握，便于对计划进行计算和调整。

如果为突出专业或工种的连续作业，可以把同一专业的检修工作排列在同一水平线上，这一排列方法为“按专业或工种排列法”；此外，还有按单项检修工程排列的网络计划，将一个单位工程中的各分部工程按顺序排列在同一水平线上。

必须指出，上述几种排列方法往往在一个检修进度网络计划中同时出现，工作中可以按使用要求灵活地选用以上几种网络计划的排列方法。

(4) 网络图的分解：当网络图中的工作数目很多时，可以把它分成几个小块来绘制。分界点一般选择在箭线和节点较少的位置，或按照检修项目分块。分界点要用重复的编号，即前一块的最后一个节点编号与后一块的开始节点编号相同。对于较复杂的工程，把整个施工过程分为几个分部工程，把整个网络计划分若干个小块来编制，便于使用。

(5) 绘制网络图时，力求减少不必要的箭线和节点。

(6) 网络图中的“断路法”。网络图绘制必须符合三个条件：第一，符合检修工作的顺序；第二，符合专业配合的要求；第三，符合网络逻辑关系。一般来说，对检修顺序和检修组织上必须衔接的工作，绘图时不易产生错误，但是对于不发生逻辑关系的工作就容易产生错误。遇到这种情况时，采用虚箭线加以处理。用虚箭线在线路上隔断无逻辑关系的各项工作，这方法称为“断路法”。

二、检修工期网络计划的编制要求

机组检修需要编制的各类工期网络计划：有四级工期网络计划［里程碑计划（检修重点控制工期）、主线计划、各专业主线计划、各专业的分项检修网络图］、重点项目网络计划、周工作计划、检修形象进度、监理公司的网络计划等其他工期计划。

（一）编制工期网络计划的要求

工期管理是检修活动中的关键因素之一，检修过程中必须明确“以工期计划为龙头”的指导思想，严格按照检修计划来组织协调检修工作；进度计划应有一定的超前性，应立足现实，预测未来。

进度计划应对影响检修工作各方面的因素全面、系统、整体、动态地考虑；检修作业之间的逻辑关系复杂，计划任务受严格的逻辑关系约束，计划任务的执行要受严格的安全临界条件的限制（检修工序之间及专业之间的硬逻辑关系，规范，风险控制等）计划编制时，需考虑专业间的配合计划，如汽轮机专业的网络计划要考虑与电机检修时间相互配合、与热控的电动阀门及执行机构检修配合，以及与热控测量元件的拆除恢复工作配合，同时要考虑金属监督及化学监督的工作，脚手架及保温的拆除及恢复工作的时间安排。

计划编制要求准确，进度计划中的各项任务预计工期及任务之间的逻辑关系应准确，避免因计划编制的偏差而造成进度失控；编制计划调整要及时，使计划始终符合实际，从而指导各项工作的实施。

实行进度计划管理的目的是为了对检修活动进度的总体控制，保证工期目标的实现。实际上，编制进度计划的正确方法并不唯一，可能会得到不同的方案（这些方案都是正确的），因此，在进度计划编制时，对涉及检修的各项进度计划中的里程碑控制点必须明确、统一，这样才能达到对进度的有效控制的目的。机组检修作业量大，检修计划编制需要各级专业人员共同协作完成。

（二）编制工期网络计划的步骤

（1）建立参考计划库，为每台机组的检修分别建立计划模板，使每次检修的经验能够反馈、沉淀下来。根据检修历史记录和经验调整优化计划，以此为标准供以后参考，消除浪费工时与重复工作，推动检修计划技术水平的不断提高。利用计划管理方法，注重计划的历史数据的积累和评估、提高计划的可重复性，利用过去成功的经验，积累“最佳实施方案”为将来使用。

（2）建立工期计划的编制小组，对计划编制人员进行项目管理理论及方法的培训，使其掌握基本的项目计划管理及时间控制的方法，如进行 Project 软件的使用培训。

（3）确定检修项目：根据不同等级的检修规模确定检修标准项目、特殊项目、技术监督项目，确定各专业总的检修项目、需要其他专业配合或厂家外委加工的项目。

由确定的检修项目，汇总出每个专业的基本检修单元，如一台电机、一台磨煤机、一个阀门、一个开关等为一个基本检修单元。

（4）根据总的检修工期及检修项目初步确定全厂的里程碑计划（重点控制工期）。

（5）将每个专业的检修工作分解为几条并行的检修路线，根据目前的检修现状通常可按下列情况划分：热控专业按照 DCS 系统、保护、炉控、机控、外围系统（含除灰控制系统及附属设备、化水程控系统及附属设备、脱硫控制系统及附属设备、凝结水精处理系统及设备等）划分；汽轮机专业按照机本体、调速、辅机、水泵、管阀划分；锅炉专业按照炉本体（包含吹灰器）、风机、制粉系统、管阀划分；电气专业按照发电机本体、高低压电机、高低压开关、保护、仪表划分；

对于主机可安排沿一条主线检修，对于辅机或阀门管道，可以同时安排几条并行的检修路径，结合专业配合计划及各项技术监督计划将工作穿插安排到各检修路径中去。

（6）各专业安排检修项目顺序时需考虑的几个问题：炉、机、电、热、燃料等每个专业都要明确一条检修主线，参考全厂的里程碑计划，确保重点工期项目或配合重点工期完成的项目要及时开展并按时完成。

优先安排的检修项目：

1）根据专业间的配合计划，需要配合其他专业完成的项目要及早安排，不能因为本专业影响到其他专业的工作进展；

2）需要解体后根据解体情况决定购买检修备件的检修项目要较早安排；

3）已有缺陷的设备要及早安排检修；

4）重点的技改及重大非标项目要及早安排，特别是技改项目，要预留出不可预见因素的工期。

安排好优先项目后，将每个专业的其他基本检修单元罗列出来，按照停机后能开展工作的先后顺序排序，将停机就能立即开展的项目排在前面，依次排列，如循环水系统及引风机因停机以后还需要继续运行可安排在后面检修。

所有需要解体的检修项目，原则上要在工期过半之前安排完成解体的工作，留出计划外物资购买、工器具加工的时间，避免因此导致的工期延误。

根据经验或收集的资料列出检修项目所需人员及工时，如需要搭设脚手架或拆除保温才能开展的项目，在安排检修工期时，需考虑搭设脚手架或拆除保温所需工时，根据每个项目所需工时将项目合理分配到检修时段内。

阀门的检修依据阀门检修的滚动计划，根据轻重缓急，将项目合理分配到检修时段内。

(7) 根据以上原则编制出各专业的检修网络计划，逐项核实是否能满足重点工期控制计划，是否与其他专业有矛盾，调整后确定各专业的检修网络计划。

(8) 从各专业的检修网络计划中确定各专业的检修主线计划（各专业检修网络图），及确定次关键路径。

(9) 将各专业的检修关键路径组合在一起就是全厂的检修主线计划（厂级检修网络图）。

(10) 将各专业的检修网络图进一步细化，分解到每天的检修工作，从而得到各专业的分项检修网络图。

(11) 根据分项检修网络图编制每周的工作计划。

（三）四级网络计划的编制

1. 里程碑计划（重点控制工期）

(1) 含义：是一级网络计划，为实现检修工作按期完成，根据检修的项目，从机组的整体角度考虑，明确检修中关键点的开始或结束时间。

(2) 适用范围：适用于火电机组的检修工作。

(3) 编制要求：所选项目具有里程碑意义，能否按时开始或完成将决定检修的工期进度，是检修项目的标志，例如：汽轮机揭缸、抽发电机转子、穿发电机转子、汽轮机扣缸、汽轮机油循环、水压试验、机组大连锁试验。里程碑控制点主要用于标记进度计划中的重要事件，里程碑不是具体的工作任务，是目标以及某项任务或阶段的开始或结束，用于对进度计划的控制。里程碑计划作为检修过程计划控制的一部分，可以将里程碑控制时间单独列出作为一个单项进度计划控制。由于里程碑是进度计划中的一个阶段性标志，因此进度计划中列入里程碑控制点可以更加有效地控制进度。

(4) 作用。主要表现在以下几个方面：

1) 可以将项目分割成几个阶段，使检修人员在某一时间内将精力集中在项目的某个方面，进行重点跟踪、控制；

2) 可以清楚地查看项目中任务的逻辑关系，确定该阶段中是否有任务遗漏；

3) 可以使其他分项进度计划中的里程碑控制时间明确、统一，达到对整个进度的有效控制。

300MW 机组检修里程碑计划参见表 8-1 。

表 8-1　　300MW 机组检修里程碑计划

序号	检修目标	时　间	备　注
1	锅炉清灰完成	第 5 天	保留甲、乙引风机
2	抽发电机转子	第 7 天	保留甲定子水冷泵，乙定子水冷泵能备用后再检修
3	炉膛吊架搭设完成	第 9 天	

续表

序号	检修目标	时间	备注
4	抗燃油系统油循环	第18天	
5	DCS送电试验、进行系统联调	第25天	
6	汽轮机扣缸	第27～30天	
7	主要辅机检修结束	第30天	
8	转动机械分步试转	第30天	
9	穿发电机转子	第31天	
10	TSI调试结束	第31天	
11	循环水、工业水系统工作结束	第32天	
12	汽轮机开始润滑油循环	第33天	
13	主机恢复轴瓦	第35～36天	
14	电除尘静态升压试验	第36天	
15	DCS系统联调完毕	第36天	
16	转动机械分步试转完毕	第37天	
17	锅炉水压试验	第37天	
18	机组静态试验	第37天	
19	机组冷态验收	第39～40天	
20	锅炉点火，机组总启动	第41天	
21	检修报竣工	第47天	

2. 厂级主线进度计划（厂级检修网络图）

（1）含义：是二级网络计划，为实现检修工作按期完成，根据检修项目确定各专业检修工作中主线计划，同时参考里程碑计划及项目的实际情况确定各专业的关键检修项目的开始或结束时间，每个专业的主线计划中的关键路径组成了厂级主线计划。

编制检修进度计划时可以发现，几个相关系统的检修工作组成的几条围绕一个目标任务相互平行的检修路径中肯定存在一条按时间顺序排列且逻辑性关系较强的检修路径，即一个任务的延期会导致相关后续任务的延期，同时这条检修路径中最后一项任务的完成时间就是这几个相关系统检修的总体完成时间，这就是检修进度计划中的“关键路径”。关键路径上的各项任务为“关键任务”，其他路径为“非关键路径”。各专业进度计划的关键路径组成了厂级主线计划。关键任务是对进度产生影响的重要因素，主线进度是影响工期目标实现的决定因素之一。

（2）适用范围：适用于火电机组的检修工作。

（3）编制要求：将每个专业的主线计划组合在一起就是厂级主线计划，必要时可以将部分专业次主线计划也列入厂级主线计划。主线进度计划应该包括机组解列、系统隔离及解除隔离、机组启动、并网、关键路径上的检修工作、影响机组状态的试验和改造项目。编制主线进度计划时必须充分考虑的因素有：机组状态对关键路径的影响、检修项目的所需工时、检修项目的工作内容、检修各项目之间的逻辑关系、人力和工器具的资源配置、对重要工作进行工作结构分解、使计划正确反映各专业交叉作业的时序关系。

制定主线计划和控制过程中要注意几个方面：①正确识别关键路径，掌握合理优化进度计划的方法；②对项目间的相关性进行充分分析，合理安排工序；③注意可宽限时间对计划工作安排的影响；④项目间的工作时间重叠时要注意资源的分配；⑤厂级主线计划是否完成，决定机组检修的工期目标能否实现，一般不对其进行调整，检修中要协调一切资源来保证实现计划。

附录十五为300MW机组检修主线计划参考范例。

3. 各专业主线计划（各专业检修网络图）

（1）含义：是三级网络计划，为实现检修工作按期完成，根据确定的检修项目，明确各专业分系统的关键检修项目的开始或结束时间，各专业分系统检修的关键路径组成了各专业的主线计划。

（2）适用范围：适用于火电机组的检修工作。

（3）编制要求：对不同专业的全部检修项目按照不同系统分类，同时参考与主机与辅机的关系分几条检修路线，制定各专业主线计划。

1）制定各专业主线计划时，必须明确各专业系统内子任务的限制关系，但时间上必须同时满足系统恢复时间要求、里程碑控制点要求及主线进度相关要求。制定专业主线计划的目的就是既要避免厂级主线计划过于复杂、庞大，又不会因漏项而造成进度计划失控，同时规范各专业主线检修项目的窗口时间，方便各专业间的协调和沟通。各专业主线计划包括的系统和工作比厂级主线计划多，任务时间有明确的限制要求。

2）各专业主线计划按系统分类，将每一个系统下所有任务从开始检修到结束作为一个进度控制阶段。

3）按照不同系统分类，明确本专业的检修主线，将所有主机及辅机系统均列入计划中，明确项目的开始及结束时间，各专业主线计划由各分系统的主线计划组成。

4）对项目间的相关性进行充分分析，合理安排工序。

5）注意可宽限时间对计划工作安排的影响。

6）项目间的工作时间重叠时要注意资源的分配。

7）跟踪计划的执行过程，根据实际情况对计划进行调整。

（4）编制分类内容：汽轮机检修主线计划、锅炉检修主线计划、电气检修主线计划、热工检修主线计划、化学检修主线计划、燃料检修主线计划、灰水检修主线计划。

（5）各专业主线计划的调整：各专业主线计划是根据检修项目，工期目标和资源分配所制定的作业进度控制计划。在工期计划执行时，可能还会发现，根据该计划进行项目实施，已经不能达到目标工期要求，在这种情况下需要优化各专业主线计划，一般优化的办法是减少项目或缩短项目的工时，但对于机组检修来说，减少项目或目标工期是基本无法更改的，即工作内容不能随意撤销或擅自简化。所以只能从项目的工时和项目关系上考虑调整，通常有两种办法，①识别关键路径，认真评估关键路径，通过增加现有关键任务的有效工作时间（增加人力或加班），达到缩短关键任务时间的目的，从而保证主线进度的目标。②检查任务的限制和相关性，通过正确设置项目间的重叠时间或延隔时间来完善任务间的相关性，达到最大限度地缩短关键路径的目的。

各专业检修主线计划编制可参考附录十六。

4. 各专业细分网络计划

（1）含义：是第四级网络计划，为实现检修工作按期完成，根据确定的检修项目，在各专业主线的基础上进一步细化，具体到每项检修工作内容，明确检修工作中各项目的检修工序及开始或结束时间。

（2）适用范围：适用于火电机组的检修工作。

（3）编制要求：专业细分网络计划按系统分类，将每一个系统下所有任务从开始检修到结束作为一个进度控制阶段。与主线计划一样，制定各专业细分网络计划时，必须明确各系统内子任务的限制关系，但时间窗口上必须同时满足系统恢复时间要求、里程碑控制点要求及主线进度相关要求。制定各专业细分网络计划的目的就是既要避免主线计划过于复杂、庞大，又不会因漏项而造成进度计划失控，同时规范检修项目窗口时间，方便各专业间的协调和沟通。各专业细分网络计划包括的系统和工作比主线计划多，且任务时间有明确的限制要求，实际工作中项目变化较大，需要及时调整。编制和控制方面应掌握以下原则：①检修项目应完整、准确，任务落实到具体负责人，避免因漏项造成窗口时间的失控。②计划时间应满足运行对系统的要求，里程碑控制点和主线计划相关的时间限制应在计划中反映，以免造成时间要求上的混乱。③应明确各系统间的限制关系，掌握各系统的可宽用时间，以便在检修进展中对项目变化合理安排。④系统内子任务的安排应按轻重缓急，同时考虑资源分配，在不影响其他项目的条件下，优先安排需要再鉴定项目。⑤对于个别过大的任务，应进行细化、分解，这样可以方便工作安排和控制；正确的识别关键路径，掌握合理优化进度计划的方法。⑥跟踪计划的执行过程，根据实际情况对计划进行调整。

专业细分网络计划编制方式可参考附录十六。

（四）补充网络计划

1. 重点项目网络计划

（1）目的：为实现检修重点的技改或特殊项目工作按期完成，根据检修项目明确检修工作中重点的项目工作工序及开始或结束时间。

（2）适用范围：适用于火电机组重点项目的检修工作。

（3）编制原则：①检修项目应完整、准确，任务落实到具体负责人，避免因漏项造成窗口时间的失控；②计划时间应满足运行对系统的要求，里程碑控制点和主线计划相关的时间限制应在计划中反映，以免造成时间要求上的混乱；③应明确各检修内容间的限制关系，掌握各项目的可宽用时间，以便在检修进展中对项目变化合理安排；④列出重点项目的工作计划顺序及每项工作的开始结束时间；⑤跟踪计划的执行过程，根据实际情况对计划进行调整。

2. 周工作计划

（1）目的：是四级网络计划的补充，为实现检修工作按期完成，根据检修项目汇总明确各专业的每周工作任务，便于及时调整。

（2）适用范围：适用于火电机组的检修工作。

（3）编制原则：在各专业细分检修网络计划的基础上，将全部的检修工作按每周为一个工作时段提取汇总，指导一周的检修工作。在检修开始后，根据进度调整，每周日下发调整后的下一周的检修工作，目的是根据检修实际进展，及时的调整检修工作，以满足检修需求。

第三节　工期计划编制技术与工具

一、关键路线法（CPM）

编制工期计划的关键路线图是一种常用的数学分析技术，是根据网络图和各活动所需时间（估计值），计算每一活动的最早或最迟开始和结束时间。但计算时并没有考虑资源限制，这样算出的日期并不是实际进度，而是表示所需的时间长短，考虑活动的资源限制和其他约束条件，把活动安排在上述时间区间内。在一个网络图中，总时差为零的活动，称为关键活动，时差为零的节点称为关键节点。一个从始点到终点，沿箭头方向由时差为零的关键活动所组成的路线，就称为关键路线。

最早开始时间（ES）：某项活动能够开始的最早时间，它可以在项目的预计开始时间和所有正常的工期估计基础上计算出来。

最早结束时间（EF）：某一活动能够完成的最早时间

最迟开始时间（LS）：为了使项目在要求的完工时间内完成某项活动必须开始的最迟时间。

最迟结束时间（LF）：为了使项目在完工时间内完成某项活动必须完成的最迟时间。

时差：如果最迟开始时间与最早开始时间不同，那么该活动的开始时间就可以浮动，称为时差，时差＝最迟开始时间－最早开始时间；同理，如果最迟结束时间和最早结束时间不同，那么该活动的结束时间也可以浮动，同样称为该活动的时差，时差＝最迟结束时间－最早结束时间。

二、甘特图法

甘特图表示项目中完成每项活动所需要的时间及其顺序一种条形图，并安排和计划项目的工期。它以亨利·L·甘特先生的名字命名，制定了一个完整的用条形图表进度的标志系统。优点是简单、明了、直观、易于编制，小型项目常用，对于大型项目，从全局方面也可以使用。

用横道图可以清楚反映实际和计划工期（或进度）的对比，例如下图所举的例子中，在项目已开始两个月（九周末），实际状况为：A已经在0～4周中完成；B已于第五周初开始，现分析剩余工作还有五周可完成；C尚未开始；D已经于6周初开始，由于工作量增加，现仅完成30%，还需9周才能完成；E已于4～8周内全部结束；其他尚未开始。则可将实际的开始（结束）时间标在计划的横道图下面，用两种图例，以作对比，见图8-2（图中的百分比以工期作为尺度）。

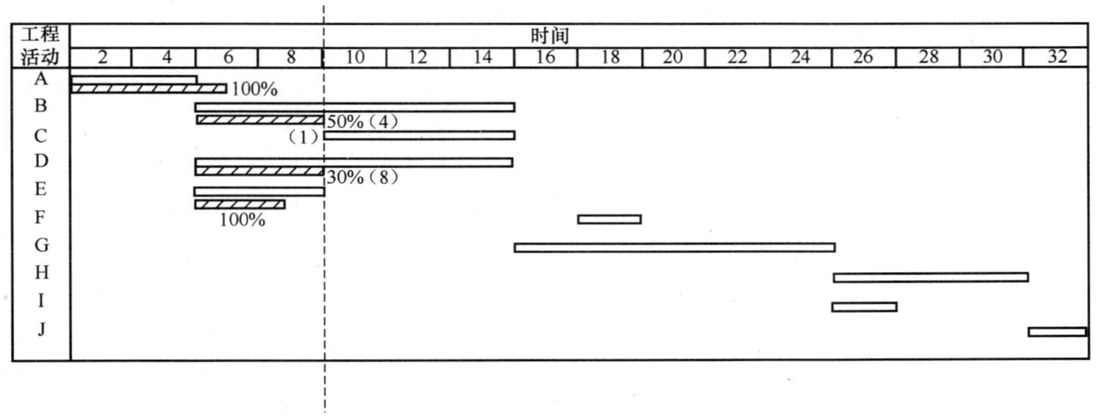

图8-2 甘特图

图8-2完全是实际开始和结束时间情况的反映，从甘特图中可以看出各项活动的开始和结束时间，方法简单易懂，在绘制各项活动的起止时间时，也考虑他们的先后顺序。但是甘特图无法完整地表达清楚一个工程项目中的各工作之间的逻辑关系，同时也没有指出影响项目寿命周期的关键所在，利用甘特图进行动态控制具有相当的难度。甘特图处理问题的规模有限，当项目各项工作间的关系复杂，或者项目的规模大到一定程度时，利用横道图进行项目的计划工作难度也在迅速增加，所以甘特可以作为项目重点控制期的表示，同时作为检修形象进度的一种表示方法。

三、项目管理软件

（一）微软的Project在机组检修中的应用

Project是一个项目管理网络计划软件，它是基于关键路径法（CPM）和项目评审技术（PERT）两种技术，主要用于大中型项目的计划制定、评审、优化、资源合理调配和现场动态跟踪的通用网络计划软件包。Project提供了一套完整的项目描述和计算的方法及模型，通过这个软件生成图、表或文件。

（1）快速地建立项目计划：建立项目计划，需要完成一份正确的网络计划图，这至少需要几天或几周的时间进行设计、参数计算、核对、成图。如果需要在原方案上做些修改，就不得不重新算一遍，耗费更多的时间、人力、物力、财力，无法适应当前飞速发展的形势。Project 则能把这些工作都承担起来，轻松愉快地完成项目计划的制定工作。如果需要修改、增删、优化，只需要把修改的地方输入给 Project，它会按新的意图重新计算，在几秒内就给出结果。而且 Project 会自动计算出关键路径，计算每个任务的时差和整个项目的开工、完工日期，告诉能否如期竣工，资源分配是否合理。

（2）按工期管好项目中的任务：Project 把一个任务划分为四个阶段进行管理，即：比较基准计划（原始计划）、当前计划、实际计划和待执行计划（剩余计划或未完成计划）。它为每个阶段的计划都设置了数据域，用户随时都可以查看。比较基准计划（原始计划）里的计划数据记录了最初制定项目计划时项目的状态情况。这个计划数据在项目调整过程中始终保持不变，无论何时需要原始计划数据，都可以从这个计划数据域中得到。

（3）当前计划是根据实际已经发生的计划和任务间的制约关系面计算出来的，它作为整个计划的重点向用户提供了极为详细的数据。例如开始时间、完成时间、工期、总时差、自由时差、工作量、费用等。实际计划是指已经开始实施，但未完成或已经全部完成的任务计划。Project 设置“实际计划”数据域，可使用户把已经完成的工作和未完成的工作区分开来，而且一旦一个任务的实际计划生效，Project 会按实际计划自动修正当前计划，并且据此计算和预测整个项目计划。待执行计划是需要完成的剩余工作量，Project 会根据完成情况自动计算剩余工作量。

（4）对人员设备和资金资源进行分配：Project 把在完成项目任务活动中投入的人员、机械台班设备和材料、资金等抽象化为“资源”，建立起资源库。Project 根据每个任务的资源使用情况计算整个项目的资源需求曲线，自动指出“超负荷分配”发生在哪些任务上，能够帮助用户自动进行资源平衡，并能自动排出每个资源承担的任务上的日程、工作量和成本表。资源图是以反映资源使用状况为重点的信息，Project 为资源分析和跟踪提供了 8 种图形，即资源需求曲线图、资源工作量图、资源累计工作量图、超分配工作量图、资源已经分配的百分数图、资源当前可用工作量、成本图、累计费用图。

（5）提供丰富图表：Project 提供了与国际上接轨的单代号网络，Project 把横道图和表结合在一起，这样既能以图形方式形象地查看任务信息，又能看到具体的数据，便于理解项目。横道图上不仅可以显示出工序的关系线，而且工序信息也可直接显示在横道条的四周。

总之，用户把采集到的项目任务完成和变动情况输入到 Project 后，系统就按项目实际发生的数据进行整个项目计划的计算，确定新的关键路径，预测整个项目前景，使得项目动态跟踪变得非常容易。Project 提供项目各个方面信息，使项目的管理更高效有序。无论是用于项目计划的组织施工还是对工程项目实行监理，都是一个不可多得的软件。

（二）P3 软件（Primavera Project Planner）检修工程项目管理中的应用

利用 P3 软件建立检修工程的项目计划管理系统，目前在部分核电企业的检修管理中已得到较好的应用。对于火电企业机组检修项目管理来说，如何做好工程项目的计划安排，根据计划组织实施、控制工程的进展、协调处理各项任务是主要的工作内容。项目的计划工作在项目管理中起到“龙头”作用，使用网络计划与计算机可以使项目的计划工作比较完善，项目管理人员可以系统、科学地对项目的进度、资源与费用作出安排与控制协调。网络计划技术只有与计算机技术结合才体现出其真正的魅力。

P3 软件的精髓是广义网络计划技术与目标管理的有机结合。现在的火电企业机组检修逐步引进检修监理制、机组检修工程招投标制，多方位、多层次的分级管理，使其各负其责。P3 的使用，能够使计划管理与工程实际更密切地结合在一起，从而使计划管理体系的建立成为可能，解决了计划分类、分层次管理的问题，真正实现了计划由多人管理的目的，改变了以往以部门为中心到以项目管理为中心的状态，改变了以往计划不如变化快的局面。由于P3的使用解决了多级计划不能共存于一个计划、下级计划完成量无法在上级计划完成量中反映等管理方面的问题，并且解决了计划信息实时更新的问题，便于计划管理人员、决策人员对工程的进展进行实时动态控制，因此保证了项目按计划实施，达到预期目的。这就要求，检修项目业主、监理、检修承包单位多方共同使用P3软件，在统一的管理模式下，完成各自权限下的计划。传统的网络计划技术还只是就时间而时间，计划是以时间为中心的。而P3的广义网络计划技术将时间进度、资源管理和费用管理结合在一起，有以下主要特点：①网络节点编号可任意编制（只要不重复即可）；②可以加载作业限制条件使得计划更符合实际；③可以有多个始点、多个终点；④各作业可使用不同的工作日历安排作息时间；⑤可以定义资源相应工作日历；⑥资源的分配可非线性化；⑦可实现基于目标计划的跟踪控制比较。发电机组检修项目管理，可根据不同级别的计划，粗细有别，但是对监理审查过，业主同意批准的承包商的施工计划，要做到“全面详细计划、严格按计划实施、及时反馈更新、严密跟踪对比”的模式执行，只有这样，才能真正体现P3软件在项目管理的作用，才能使火电企业机组检修项目管理达到现代化的管理水平。

（三）自编程序

也可以开发一个简单的程序，将各级网络计划按节点及条形图显示，及时将各个项目的开工及完成情况输入系统，系统能自动将各级网络节点的进度显示出来，便于各级人员及时动态了解检修项目的进展，便于协调和调整。

第四节　检修工期的控制原理及应用

一、检修工期的控制原理

（一）动态控制原理

检修项目进度控制是一个不断进行的动态控制，也是一个循环进行的过程。它是从检修项目开始，实际进度显示出了运动的轨迹，也就是计划执行的动态。实际进度按照计划进度进行时，两者相吻合；当实际进度与计划进度不一致时，便产生超前或落后的偏差。分析偏差的原因，采取相应的措施，调整原来计划，使两者在新的起点上重合，继续按其进行检修活动，并且尽量发挥组织管理的作用，使实际工作按计划进行，但是在新的干扰因素作用下，又会产生新的偏差。检修进度计划控制就是采用这种动态循环的控制方法。

（二）系统原理

1. 检修项目计划系统

为了对检修项目实行进度计划控制，首先必须编制检修项目的网络进度计划。其中有全厂检修网络计划、各专业检修网络计划、分部分项检修网络计划，这些计划组成一个检修项目进度计划系统。计划的编制对象由大到小，计划的内容从粗到细。编制时从总体计划到局部计划，逐层进行控制目标分解，以保证计划控制目标落实。

2. 检修项目进度实施组织系统

各检修部门遵照计划规定完成目标任务。检修项目经理和有关劳动调配、材料设备采购等各职能部门都按照检修进度规定的要求进行严格管理、落实和完成各自的任务。检修组织各级人员组成了检修项目实施的完整组织系统。

3. 检修项目进度控制组织系统

为了保证检修项目进度实施，还需具备项目进度的检查控制系统。自发电企业、检修单位一直到作业班组都设有专门职能部门或人员负责检查汇报，统计整理实际检修进度的资料，并与计划进度进行分析比较和调整。进度控制各负其责，分工协作，形成一个纵横连接的检修项目控制组织系统。事实上，有的领导可能是计划的实施者又是计划的控制者。实施是计划控制的落实，控制是保证计划按期实施。

（三）信息反馈原理

信息反馈是检修项目进度控制的主要环节，检修的实际进度通过信息反馈给基层检修控制人员，在分工的职责范围内，经过对其加工，再将信息逐级向上反馈，直到检修计划组。检修计划组整理统计各方面的信息，经分析比较做出决策，调整进度计划，仍使其符合预定工期目标。若不应用信息反馈原理，则无法进行计划控制。检修项目进度控制的过程就是信息反馈的过程。

（四）弹性原理

检修项目进度计划工期长、影响进度的原因多，其中有的已被人们掌握，根据统计经验估计出影响的程度和出现的可能性，并在确定进度目标时，进行实现目标的风险分析。在计划编制者具备了这些知识和实践经验之后，编制检修项目进度计划时就会留有余地，使检修进度计划具有弹性。在进行检修项目进度控制时，便可以利用这些弹性，缩短有关工作的时间，或者改变它们之间的搭接关系，使检查之前拖延了的工期，通过缩短剩余计划工期的方法，仍然达到预期的计划目标。这就是检修项目进度控制中对弹性原理的应用。

（五）封闭循环原理

项目的进度计划控制的全过程是计划、实施、检查、比较分析、确定调整措施、再计划。从编制项目检修进度计划开始，经过实施过程中的跟踪检查，收集有关实际进度的信息，比较和分析实际进度与检修计划进度之间的偏差，找出产生原因和解决办法，确定调整措施，再修改原进度计划，形成一个封闭的循环系统。

（六）网络计划技术原理

在检修项目进度的控制中利用网络计划技术原理编制进度计划，根据收集的实际进度信息，比较和分析进度计划，又利用网络计划的工期优化，工期与成本优化和资源优化的理论调整计划。网络计划技术原理是检修项目进度控制的完整的计划管理和分析计算理论基础。

二、检修工期的控制原理的应用

根据机组检修项目的进度控制实践，进度控制的要点主要包括：机组检修项目进度计划的编制、机组检修项目进度计划的审批和机组检修项目进度计划的实施、检查与调整。

（一）进度控制是闭环的目标控制

(1) 进度控制是指在限定的工期内，以事先拟定的合理且经济的检修工期进度计划为依据，对整个检修过程进行监督、检查、指导和纠正的行为过程。

工期是由从开始到竣工的一系列检修活动所需的时间构成的。工期目标包括总检修进度计划实现的总工期目标、各专业分进度计划（采购、设计、检修等）或子项进度计划实现的工期目标、各阶段进度计划实现的里程碑目标。通过计划进度目标与实际进度完成目标值的比较，找出偏差及其原因，采取措施调整纠正，从而实现对项目进度的控制。进度控制是反复循环的过程，体现运用进度控制系统控制工程检修工程进展的动态过程。

(2) 进度控制应实行全过程控制。工程项目进度计划的实施中，控制循环过程包括：①执行计划的事前进度控制，体现对计划、规划和执行进行预测的作用；②执行计划的过程进度控制，体现对进度计划执行的控制作用，以及在执行中及时采取措施纠正偏差的能力；③执行计划的事后进度控制，体现对进度控制每一循环过程总结整理的作用和调整计划的能力。

检修工程项目实施全过程的三项控制各有各的实用环境、控制工作内容和时间。能实现对检修进度事先进行全面控制最好，但是，工程进度计划的编制者很难事先对项目的实施过程可能出现的问题进行全面估计。因此，大量的进度控制工作是在过程控制和事后控制中完成的。

(3) 进度控制是一项综合性很强的工作。一方面，是检修项目承包商在检修各阶段、各分部分项工程中要设立专门技术负责人进行进度控制基础管理工作；另一方面，承包商和业主或监理人员必须密切配合并共同努力才能达到进度控制的目的。审核后的进度计划，往往需要把若干相互关系的处于同一层次或不同层次的检修进度计划综合成一个多阶群体的检修总进度计划，以利于进行总体控制。特别是技改性检修工程较大时，若不将进度计划进行综合，就很难迅速准确地了解某一局部对另一局部的影响以及某一局部对总体的影响。

(4) 工程项目进度控制方法是把合同工期目标层层分解，以控制循环理论为指导，经常进行目标值与实际值比较与分析，不断采取措施调整，并协调参加单位之间的进度关系。

网络计划的输入（资源、时间、费用）或输出（工程项目的实际完成情况），以及从检修现场收到的关于形象进度和投资完成情况的信息（反馈），按要求格式制成各种报表。通过这些报表将执行情况和工程项目目标进行比较，当输出与计划目标不一致时，就要做出分析并采取纠正措施。纠正措施之一是在现行网络计划范围内修正输入。如重新安排资源，重新配备劳动力、机械设备等，以使工程进展满足计划目标；纠正措施之二是重新修订一个从现状到工程项目竣工的新的网络计划，并估算所需的各种资源，以及重新安排投资。对这个新的网络计划还要不断进行优化，以保证实现所期望的工程目标与进度。

（二）工期控制的途径及措施

为加强工期进度控制，控制途径及措施宜包括以下几方面：

(1) 机组检修组织结构健全。成立机组检修指挥部，成立机组检修专业组，必要时成立重点项目协调小组。机组检修指挥部统一指挥和协调，负责检修工期进度，负责检修调试、试运、总启动管理和机组的协调工作。负责协调、平衡各项目协调组、专业组职权范围以外或专业组与专业组之间的协调工作及接口问题。

机组检修时，可成立多个专业组，如：汽轮机、锅炉、电气、热工、灰检、防磨防爆、压力容器等专业组。专业组由检修指挥部领导，具体负责各个专业相关检修项目的实施。各专业组要独立解决分管工作的主要技术问题协调工作进度，重大问题向检修指挥部请示。

对于机组检修中的重大项目，可成立重点项目协调小组。重大项目主要包括：可能影响工期的项目、对机组运行经济性影响较大的项目、部分科技项目、需要重点质量把关的项目等。专业组一般由技术管理部门专业工程师任组长，实施部门、设计单位、制造厂家等有关负责人为成员。协调小组由检修指挥部领导，各项目协调组要严格按照检修重点控制工期及检修指挥部的指示来组织施工，就项目进度控制向指挥部负责。

(2) 健全会议制度：机组检修指挥部每天召开例会，听取各专业组、重点项目协调组、检修单位负责人关于检修工作进展情况的汇报，协调各专业之间、各检修单位之间的问题，分析和解决检修过程中存在的进度问题。以网络关键线路为主干线，抓住主线、协调辅线，及时调整，在保证检修安全、质量的前提下，以主线带辅线、辅线保证主线，有效地协调各方检修力量、各作业小组的工作进度。及时召开专业组或项目协调会议协调各专业的检修工期问题。

(3) 加强组织管理，强化协调作用，合理调配检修各要素。网络计划在时间安排上是紧凑的，要求参加检修的不同管理部门及管理人员协调配合努力工作。因此，应从全局出发合理组织，统一安排劳力、材料、设备等，在组织上使网络计划成为人人必须遵守的技术文件，为网络计划的实施创造条件。

配置检修要素包括：人员、检修用物资、工器具等，并对其进行存量、流量、流向分部的调查、汇总、分析、预测和控制。合理地配置生产要素是提高检修效率、增加管理效能的有效途径，也是网络节点动态控制的核心和关键。在动态控制中，必须高度重视整个检修工程系统内、外部条件的变化，及时跟踪现场主、客观条件的发展变化，坚持每天用大量时间来熟悉、研究人、材、工器具、检修项目的进展状况，不断分析预测各工序资源需要量与资源总量以及实际机械、工程的进展状况，不断分析预测各工序资源需要量与资源总量以及实际投入量之间的矛盾。规范投入方向，采取调整措施，确保工期目标的实现。

(4) 利用分级网络计划控制、突出关键路径。为保证总体目标实现，对工期应着重强调工程项目各分级网络计划控制。严格界定责任，依照管理责任层层制定总体目标、阶段目标、节点目标的综合控制措施，全方位寻找技术与组织、目标与资源、时间与效果的最佳结合点。可以视情况分为四级网络计划，通过各级别的授权控制，实现各层次人员共同参与检修计划的编制与反馈。

突出关键路径：坚持抓关键线路作为最基本的工作方法，作为组织管理的基本点，并以此作为牵制各项工作的重心。

一级、二级网络计划一般不予以调整，作为各专业的控制目标；三级及四级计划可以调整。

(5) 建立机组检修工期考核机制。作为机组检修中的经济杠杆和有效手段，网络计划的实施效果应与经济责任制挂钩。制定考核管理办法，把网络计划内容、节点时间要求的具体落实，实行逐级负责制，使对实际网络计划目标的执行有责任感和积极性。检修工期考核是检修企业与检修承包单位签订的机组检修合同中的重要组成部分，在合同中明确总工期及部分里程碑工期，给予考核或奖励，最大限度地发挥考核在检修工期控制的作用，将有效地约束检修承包单位的检修行为，从而保证检修工期。

(6) 严格检修工序控制。掌握现场检修实际情况，严格按照检修作业文件包的要求记录各工序的开始日期、工作进程和结束日期，其作用是为计划实施的检查、分析、调整、总结提供原始资料。因此，严格工序控制有三个基本要求：①跟踪记录；②如实记录；③借助图表形成记录文件，并将记录的资料作为下一次检修的参考资料。

(7) 所有信息的传递和计划的跟踪都在网络平台上完成，这些改进将大大提高项目运作的效率。网络计划的编制修改和调整应充分利用计算机，以利于网络计划在执行过程中的动态管理。

(8) 检修监理制的逐步推行，一般认为监理人员在检修工程质量控制上起很大作用，而在工程进度控制方面，认为主要依靠检修单位的自身努力，借鉴基建监理工作的经验，检修监理在工程质量、投资、进度、安全四大控制上应该会取得比较显著的成绩。

三、检修工期的评价及考核

对检修工期的执行情况进行评价和考核的目的是为了了解检修工期计划的实际执行情况和有效性，评价工期计划编制的合理性和准确性，从实际的计划执行情况提供经验反馈，找到计划编制中存在的问题，便于计划编制的持续改进。

检修工期的完成情况。主要统计相关的检修进度计划是否按原计划完成，延期计划对总体进度的影响，特别是关键路径项目的完成情况统计。对于进度延期问题必须找到产生根本原因，如：工期是否估计不足，专业配合情况、资源分配是否合适或工作人员技能是否满足要求等原因，为今后的计划编制提供依据。

再鉴定项目完成的合格率、不合格品的返修对进度的影响，并将相关数据反馈给质量控制部门。

检修过程中项目变更数量、项目的分布情况，作为以后检修活动应急准备的参考依据。

检修专业间的相互联系、接口方面分析整个检修过程内外部协调工作是否合理，信息沟通是否顺畅，以及在协调方面存在的问题，并修改相应计划管理措施，建立良好的沟通渠道，提高计划管理水平。

考核主要是针对在计划执行方面暴露的问题，找到产生的原因，对责任人及责任单位或责任部门进行考核，便于以后的工作。重点控制工期奖励考核表见表 8-2。

表 8-2　××机组检修重点控制工期奖励考核表

序号	重点项目	工期	奖励或考核金额（检修单位）	奖励或考核金额（配合单位）
1	发电机抽转子完成	第××天	××××元	技术管理部门××元，安全管理部门××元，设备管理部门××元
2	DCS系统网络调试结束，系统恢复正常	第××天	××××元	技术管理部门××元，安全管理部门××元，设备管理部门××元
3	发电机穿转子完成	第××天	××××元	技术管理部门××元，安全管理部门××元，设备管理部门××元
4	主汽轮机扣缸结束	第××天	××××元	技术管理部门××元，安全管理部门××元，设备管理部门××元
5	TSI调试结束	第××天	××××元	技术管理部门××元，设备管理部门××元
6	锅炉水压试验	第××天	××××元	技术管理部门××元，安全管理部门××元，设备管理部门××元，运行管理部门××元
7	电除尘升压试验完成	第××天	××××元	技术管理部门××元，设备管理部门××元
8	机组启动、热态调试	第××天	××××元	技术管理部门××元，安全管理部门××元，设备管理部门××元，运行管理部门××元

注　如果按时完成，则奖励检修单位及有关部门相应金额；如果未能按时完成则考核相应金额。如何对检修单位考核需要在检修合同中明确。

第九章 检修费用管理

检修费用是企业重要的生产经营指标之一，费用的高、低直接影响企业的盈利水平。因此，强化企业检修费用管理、合理控制费用开支，是发电企业能否全面完成经营目标和持续健康发展的重要保证。

机组检修费用管理应坚持“预算管理、计划下达、成本控制、节奖超罚”的原则，保持量入为出和收支平衡。在实际操作上，一是强化预算管理，建立健全预算管理体系，增强预算约束的刚性，保证费用支出不超预算安排；二是严格执行费用计划，不得随意调整计划项目及安排计划外费用；三是规范费用管理，节奖超罚；四是加强成本控制、资金管理，采取费用定额管理、物资需用计划的多级审核、物资集团采购等有效手段，合理控制费用支出，实现检修费用管理的规范化、定额化、精细化。

第一节 概 述

一、检修费用的概念

在机组检修过程中涉及到的检修费用一般有检修费、维护费、更新改造费，其中检修费包括标准项目检修费、特殊项目检修费。

检修费是指对发电主要设备及辅助设备、公用系统、生产建筑物和生产附属设施进行周期性更换和修理，恢复其原有物质形态和生产能力，进行的检修工程所发生的费用，包含材料、备件及人工费。检修费属成本性支出。

维护费又称材料费，是指发电主要设备及辅助设备、公用系统、生产建筑物及生产附属设施维持正常生产所发生的消耗性材料（如：钢球、水处理药品等）、备品配件等所产生的费用。计划消缺由维护费列支。维护费属成本性支出。

更新改造费包含设备更新和技术改造两部分费用。设备更新费是指用相同的设备去更换有形磨损严重、不能继续使用（超出服役期）的旧设备或对第二类无形磨损进行补偿所发生的费用；技术改造费用是指对现有生产设备和设施以及相应配套的辅助性生产设施，利用国内外成熟、适用的先进技术，以提高其安全性、可靠性、经济性、可调性、满足环保要求，并增加生产能力而进行的完善、配套和改造所需用的材料、备品、设备及人工费。更改费形成固定资产，属资本性支出。更改费的支出一般数额较大，受益期较长（超过一年），而且使设备的性能、质量等都有较大的改进。

二、检修费的种类及内容

检修费根据项目种类划分，有标准项目检修费（包括大修标准项目费、小修标准项目费、公用系统检修项目费、生产建筑物及生产附属设施费）、特殊项目检修费两种。

检修特殊项目是指在标准项目以外，为消除设备先天性缺陷或频发故障，对设备的局部结构或零部件进行更新或改进，恢复设备性能和使用寿命的检修项目，或部分落实反事故措施及节能措施需进行的项目。特殊项目费用不构成新的固定资产，且单项费用在10万元以上。重大特殊项目是指技术复杂、工作量大、工期长、费用在50万元及以上或对系统设备结构有重大改变更新的特殊项目。

第二节 检修标准项目费用定额管理

机组检修标准项目的费用定额是指在合理的劳动组织和使用材料、机械的条件下，完成发电主要设备、辅助设备、公用系统、生产建筑物和生产附属设施大小修所需消耗的资源数量标准。具体标准项目费用参考表9-1（定额见公司检修管理办法）。

表9-1　　机组大修（包括辅助设备检修）标准项目费用定额　　万元

机组容量	不含人工费	含人工费
50MW≤P<100MW		
100MW≤P<200MW		
200MW≤P<300MW		
300MW≤P<400MW		
600MW≤P<800MW		
P≥1000MW		

根据实际测算，扣除规定的不可预见费后，发电企业各专业机组大修（包括辅助设备检修）标准项目费用定额参考表9-2～表9-4控制（分含人工费、不含人工费）。

表9-2　　各专业标准项目大修费用定额（不含人工费）　　万元

不含人工费	所占比例%	50MW≤P<100MW	100MW≤P<200MW	200MW≤P<300MW	300MW≤P<400MW	600MW≤P<800MW	P≥1000MW
锅炉	65						
汽轮机	15						
电气	10						
热工	8						
除灰	2						

注　除灰指电除尘设备、除渣设备。

表9-3　　各专业标准项目大修费用定额（含人工费）　　万元

含人工费	所占比例%	50MW≤P<100MW	100MW≤P<200MW	200MW≤P<300MW	300MW≤P<400MW	600MW≤P<800MW	P≥1000MW
锅炉	65						
汽轮机	15						
电气	10						
热工	8						
除灰	2						

表 9-4 机组小修标准项目费用定额 万元

机组容量	不含人工费	含人工费
50MW≤P＜100MW		
100MW≤P＜200MW		
200MW≤P＜300MW		
300MW≤P＜400MW		
600MW≤P＜800MW		
P≥1000MW		

根据实际测算，扣除规定的不可预见费后，发电企业各专业机组小修（包括辅助设备检修）标准项目费用参考表 9-5 和表 9-6 控制（分含人工费、不含人工费）。

表 9-5 各专业标准项目小修费用定额（不含人工费） 万元

不含人工费	所占比例%	50MW≤P＜100MW	100MW≤P＜200MW	200MW≤P＜300MW	300MW≤P＜400MW	600MW≤P＜800MW	P≥1000MW
锅炉	65						
汽轮机	15						
电气	10						
热工	8						
除灰	2						

注 除灰指电除尘设备、除渣设备

表 9-6 各专业标准项目小修费用定额（含人工费） 万元

含人工费	所占比例%	50MW≤P＜100MW	100MW≤P＜200MW	200MW≤P＜300MW	300MW≤P＜400MW	600MW≤P＜800MW	P≥1000MW
锅炉	65						
汽轮机	15						
电气	10						
热工	8						

对配置了脱硫系统的机组，标准项目大修费用定额进行如下调整：湿法脱硫机组乘 1.15 系数，循环流化床锅炉乘 1.10 系数，配 100%干除灰系统机组乘 1.10 系数。标准项目小修费用定额中，湿法脱硫机组乘 1.30 系数，循环流化床锅炉乘 1.15 系数，配 100%干除灰系统机组乘 1.15 系数。各发电企业参照以上系数，取所有符合项中的最大值。脱硫系统大、小修费用参考表 9-7 数额控制。

表 9-7　　脱硫系统大修、小修费用定额　　万元

机组容量	大修		小修	
	不含人工费	含人工费	不含人工费	含人工费
50MW≤P<100MW				
100MW≤P<200MW				
200MW≤P<300MW				
300MW≤P<400MW				
600MW≤P<800MW				
P≥1000MW				

公用系统的检修随机组检修安排，公用系统实行滚动检修方式。公用系统检修费用定额根据表 9-8 原则、参考机组大修间隔进行平衡测算。如果大修间隔 4 年，机组检修等级组合方式为：大修—小修—扩大性小修—小修—大修。每 4 年中按 1 次大修、4 次小修考虑（扩大性小修按两次小修计算）。公用系统、生产建筑物及附属设施的检修费用定额按表 9-8 所列数额控制。

表 9-8　　公用系统、生产建筑物及附属设施的检修费用定额　　万元

	大修	小修	生产建筑物及附属设施的检修	*K*1 参考值
计算公式	*K*1×*K*2×*K*3×250 万元	0.2×公用系统的大修费用	*K*1×150 万元	
*K*1	按两台机组一套公用系统考虑。根据每两台机组总容量分别计算 *K*1 值，累计相加得出该厂 *K*1 值			100MW≤P<300MW 时 *K*1=0.7；300MW≤P<600MW 时，*K*1 =0.8；600MW≤P<800MW 时，*K*1=1.0；800MW≤P<1500MW 时，*K*1=1.8
*K*2	利用小时数/4500（低于 4500 小时的发电单位按 1.0 考虑）			
*K*3	供热机组为 1.5，设有中转运煤设施的发电单位为 1.4，沿海地区建设的机组为 1.2，配湿法脱硫设备的发电单位为 1.15，配 100%干除灰系统机组为 1.15，采用闭式循环水系统的发电单位为 1.1，其余为 1.0。各单位参照以上指标，取所有符合项中的最大值			

第三节　年度检修费用的审批流程及预算编制

机组检修过程中涉及到的检修费用一般有检修费、维护费、更新改造费，机组计划消缺费用由维护费列支。其中检修费包括标准项目检修费、特殊项目检修费。标准项目检修费包括大修标

准项目费、小修标准项目费、公用系统检修项目费、生产建筑物及生产附属设施费。机组大、小修涉及的检修费用主要有标准项目检修费、特殊项目检修费，多数情况下还包括更新改造费。年度检修费用指年度机组大、小修发生的检修费用。

一、年度检修费用的审批流程

年度检修工程计划是检修费用管理的重要环节，包括检修费用计划实施所需要的主要措施方案及费用组成，是进行检修费用控制的主要依据。检修费用随检修项目列支，年度检修费用审批参见第四章检修项目、检修计划管理中年度检修工程计划相关内容。

各发电企业每年8月向上级主管部门报送年度检修工程计划的同时，申报下年度检修特殊、更新改造项目。其中特殊项目按费用大小分为一般特殊项目和重大特殊项目。单项费用在10万元及以下的检修项目并入检修标准项目；单项费用在10万元以上、50万元以下的为一般特殊项目，按照项目申请书的格式填报（见公司检修管理办法）；单项费用在50万元及以上的为重大特殊项目，按照特殊项目可行性研究报告的格式填报（见公司工程管理办法）。

更新改造项目按费用大小分为一般更新改造项目、重大更新改造项目、特大更新改造项目。单项费用在20万元及以下的更改工程项目为一般更改项目，由各发电企业在一般更改及零购计划中安排，并在报上级主管部门批准；单项费用在20万元以上的工程项目及上级主管部门书面下达的工程项目为重点更改项目：其中100万元及以上的工程项目为重大更改项目，500万元及以上的工程项目为特大更改项目，5000万元及以上的工程项目，除应按特大更改项目管理外，还应符合国家相关政策。单项费用在300万元及以上、涉及面较广且需有资质单位进行前期设计的工程项目，上级主管部门实行计划单列，并指定工程项目协调人负责协调、管理。

单项费用在20万元以上、50万元及以下的更改项目按照更改项目申请书（见公司工程管理办法）的要求上报；单项费用在50万元以上的工程项目按照更改项目可研报告（见公司工程管理办法）的要求上报。

二、年度检修费用的编制

为合理控制检修费用，各发电企业应编制、上报年度检修工程计划，并遵循以下要求。

（一）标准项目检修费

按照单元机组顺序，分专业、按系统编制检修项目内容及费用，明确项目名称、主要检修项目或内容、费用组成明细等，做到费用分配合理，不缺项、漏项（参见附录六）。机组检修的标准项目可根据设备的状况、状态监测的分析结果进行增减，但原则上一个大修间隔内所有的标准项目都必须进行。

（二）公用系统检修费

在定期滚动检修台账的基础上，分专业、按系统编制检修项目内容及费用（参见附录六）。原则上在一个大修间隔内所有公用系统的标准项目都必须进行检修。

（三）生产建筑物和生产附属设施检修费

按其规定范围，依照相应的定期滚动检修台账，结合实际情况安排检修项目和费用（参见附录六）。机动车辆、机床等机加工设备大修由此项目列支。

（四）特殊项目检修费

各专业根据实际情况编制检修特殊项目及费用，特殊项目应逐项列入年度检修工程计划中。明确项目名称、列入计划原因、所需主要器材和备品、计划投资等内容，其项目方案和费用构成要真实、准确。特殊项目按更新改造项目管理的要求同等管理，专款专用。

（五）更新改造费

编制要求同特殊项目，逐项列入，专款专用。

（六）不可预见费

为应付生产过程中发生的一些特殊情况费用，如突发的重大设备损坏事故和政策因素对检修费的影响，在年度检修费用的预算编制中，应按照上级主管部门规定的比例从检修费中提取，并在年度检修工程计划中单独列出。

（七）费用调剂

各发电企业在完成本单位年度检修任务的前提下，机组之间主要设备、辅助设备、生产建筑物的检修费用，原则上允许调剂使用，但生产附属设施的检修、维护费用不得与生产设备和生产建筑物的检修费用互相调剂使用。

上级主管部门可根据机组服役时间的长短及国内物价上涨指数在检修标准项目费用浮动区间内对标准项目检修费进行适当的调整，下达后的检修费用指标由各发电企业严格控制，严禁突破。

三、年度检修费用的管理

(1) 每年 12 月份，各发电企业根据上级主管部门批准下达的检修标准项目实施计划（参见附录六），特殊项目、更新改造项目预控计划，组织编制下年度检修项目及费用综合计划，应包括标准项目实施内容、措施方案、计划费用，公用系统实施内容、措施方案、计划费用，生产建筑物及附属设施实施内容、措施方案、计划费用，每项特殊、更改项目实施内容、措施方案、计划费用，报厂（公司）办公会研究批准后下发执行。

(2) 根据厂（公司）年度检修费用综合计划，在信息管理系统中合理设置对应的科目及费用。

(3) 物资采购执行物资采购管理程序，外包工程项目执行以下程序：

1) 计划内项目：指各发电企业检修项目及费用综合计划中下达的的项目，由设备管理部门相关人员填报立项申请，其中 10 万元以下项目可直接进行合同谈判；10 万元以上的项目应办理项目招、议标审批手续，并编制技术规范书，对该项目进行招、议标。

项目的招、议标由技术管理部门组织，设备管理部门配合，召集相关部门对投标单位进行资质审查，评价技术标及商务标，形成综合评标报告，定标后进行合同谈判，并签订正式合同文本、技术协议及安全管理协议。在信息管理系统中履行会签手续。

2) 计划外项目：指上级主管部门及各发电企业检修项目及费用综合计划未安排的项目，因特殊需要外包时，应先填报计划外工程项目审批手续，经技术管理部门负责人、分管生产的副厂长/副总经理签字批准，并报上级主管部门备案后，方可操作，其程序等同计划内项目操作。

(4) 对外包工程项目由设备管理部门实施工期、质量、安全、费用的全过程管理。

(5) 工程竣工后，凭签字认可的工程竣工质量验收证明书，方可办理工程竣工价款结算手续进行结算。

四、年度检修费用的支出

检修费属成本性支出，其费用不得跨年度使用。

对物资采购的备品、配件、材料订货周期超过一年以上或需专门定做的，如需要，可预先支付合同标的额的 10%作为定金。凡购买国家标准成型产品、通用件、一般性材料，一律不支付定金、预付款和进度款。

采购的备品、配件、材料入库后，由设备管理部门凭物资领用单领料办理出库手续；对需在物资超市领用的消耗性材料，经设备管理部门相关人员签字后，需办理超市费用申请后，方可领用出账；物资管理部门各仓库和物资超市的出库单，按相应科目每月末汇总至财务部结算。

外包工程合同签订后，合同标的额在 10 万元以下或工期在一个月以内的合同，不支付定金、预付款和进度款；凡工期在一个月至三个月以内，且标的额在 10 万元到 30 万元以内的，预付款按标的额的 20%支付，预付款与进度款合计不得超过标的额的 60%计付款；凡工期在三个月以上且标的额在30万元以上的，预付款按标的额的25%支付，预付款与进度款合计不得超过标的额的70%计付款。工程竣工验收后，支付合同款至90%，扣除10%质保金。质保期满，由合同承办部门办理付款证明后，方可支付质保金。

第四节　检修费用的管控方法

检修费用的管理和控制从根本上讲就是对物资（备品配件、消耗性材料等）、机械设备和人工费用的管理和控制，科学有效的检修费用管控方法是有效控制检修费用的有力保证。

一、物资管理的控制手段

1. 严格设置项目及费用科目

根据上级主管部门批复的检修项目及费用计划，在项目管理系统中设置对应的科目及费用。其中标准项目科目应按照审查调整后的检修标准项目费用实施计划进行设置，特殊项目、更改项目严格按照下达的项目名称及费用额度列支并设立相应科目，专款专用，不得挪用。

2. 加强物资管理

（1）物料计划的编制。机组检修物料计划可分为标准项目计划、特殊项目计划、更新改造项目计划。标准项目计划指经上级主管部门批复的标准项目实施计划的备品、备件、材料。特殊项目计划指经上级主管部门批复下达的特殊项目的备品、备件、材料。对消耗性材料，如棉纱布、盘根、焊条等，由专业统一平衡后在相应项目计划中提报。检修开始前或设备解体后发现需补充备品、备件和材料等补充计划应在相应项目计划中提报。凡不属于大修理范围的项目（工器具等），不允许计划混报和搭车。

（2）物料计划的审批。编制好的物料计划提报过程中，应对备品配件、材料的项目及支出类型、数量、价格进行严格审核、批准后才能进入物资采购流程，各发电企业必须制定相应管理制度，明确相关人员的责、权、利关系。

（3）强化物资采购管理手段。物资采购应坚持实行集团“统一计划、统一订货、统一配送、统一调剂、统一管理”的原则，严禁无计划采购和超计划采购，以最大限度提高资金使用效力，降低费用支出，减少库存。

1）建立合格供方/施工方网络：按照质量认证体系要求，对进入电力系统入网证的产品、施工单位实施资质审查，选择产品质量优良、价格合理、服务好、信誉高的供货厂商/施工方加入网络。物资采购、招标、订货应首先在网络成员范围内选择。

2）充分发挥集团采购的优势：对性能一致、竞争充分的检修所需的大宗物资、特殊材料、机电产品、仪器仪表、备品配件，成套设备，如影响安全生产的发电企业四大管道、锅炉管、除灰管、补充水管、凝汽器管束、合金钢等关键材料，药品、燃油、汽轮机油等大宗物资实行集团统一集中打捆采购供应。既有效提高工程质量，又努力降低采购成本，减少资金占用和降低库存积压。

3）严格执行招投标制：对单价超过两万元或一次批量采购超过十万元的物资采购，实行招标采购。各发电企业不得以工程总承包的形式，将应由物资管理部门采购的设备材料，由工程承包单位采购。

4）强化预算控制：不论采用何种方式订货采购，所订购物资的价格都不得超过物资采购项目的预算价格和同期市场平均价格水平，如超过预算价格的5%，物资管理部门有关业务员要征询技术管理部门专工批准后方可订货采购。

5）细化库存物资管理：首先借助集团优势，对物资实施统一调配，物资管理部门接到采购计划时，有条件的由上级物资公司应先平衡各发电单位现有的可利用库存资源，并适当进行调度调剂。当库存资源不足以满足需要时，再确定采购。其次做好材料和备品的管理工作，应编制设备检修项目的备品和配件定额，合理安排备品配件的到货日期，既要满足检修的工期要求，又要减少库存资金的占用量，提高资金的周转率，并积极做好备品配件的国产化工作。

6）努力降低事故备品储备：上级物资公司对下属各发电单位的事故备品进行统筹规划、优化配置和统一调配，最大限度地减少同类型事故备品的储备定额，大幅减少事故备品的资金占用率。也可尝试向设备生产厂家提供一定费用，由生产厂家代为储备事故备品的新模式。

7）加强物资超市管理：有条件的单位可根据需要建立物资超市（或自选库），将物资超市（或自选库）纳入仓库的正常管理，代销物资按库存管理标准进行管理。地方采购应以物资超市（或自选库）采购为主。物资超市（或自选库）无现货储备的物资，按照订货直达、短距、批量的原则，坚持比质比价、择优选厂订货方式订货采购。可通过多方询价、货比三家的方式确定供应方。在超市经营的单位中要选择一批服务好、讲信誉、质量可靠、价格合理的单位，建立动态协作关系。超市物资的价格应以定期报价竞标的形式确定。

（4）物料的领用。

1）备品、配件的领用：根据检修的实际需要，按照物资工单计划，经设备管理部门相关人员签字、审核，凭物资领用单领料。

2）消耗性材料的领用：根据检修的实际需要，按照物资工单计划，按专业统一调配，经设备管理部门相关人员签字认可后，凭物资领用单领料。

3）退库（物资代保管）：检修结束后，物资计划中剩余的备品配件、材料，由技术管理部门出账后转为轮换备品或代保管，由仓库暂时保管。

二、人工费用管理的控制手段

1. 合理制定劳动定额

参照《发电机组检修标准项目和验收质量标准》及有关标准项目费用定额以及相关规定，结合本厂实际，制定检修项目劳动定额。

2. 确定检修工程外包费用

按新厂新定员配备生产人员的发电企业，在进行设备检修时，首先要根据本企业人员的检修作业能力安排检修作业量，然后再对其余的检修项目实施外包。各发电企业根据已编制的检修项目劳动定额，结合确定的外包项目，核定检修外包费用。检修工程外包费用仅指人工费，为保证物资质量，所有设备、备品、配件、材料宜由各发电企业供应。

3. 外包队伍的选择

各发电单位应根据检修施工单位的资质、工作业绩、技术素质及信誉情况确定有资格承包本单位机组检修任务的检修施工单位名单，并定期进行资格的复核和认定，对进入名单的检修队伍进行动态管理。对外承包必须采用招投标的方式进行，进入检修施工单位名单的施工单位才能参加外包工程的投标。以已确定的检修外包费用为标的，合理选择检修外包队伍。为了便于降低检修费用，招投标时要充分考虑检修工作的专业、设备和系统的完整，尽可能地减少现场外包队伍的数量。

4. 人工工时的调控手段

检修过程中出现质量缺陷或不符合项，应及时填写质量缺陷报告或不符合项报告，设备管理部门相关人员确认工时及费用的变化，及时对费用进行调整。业主方对施工过程中的消耗工时定期进行统计，作为工程结算的依据。

三、项目预算控制系统对成本控制的应用

项目预算控制系统是检修费用控制的良好手段，利用项目预算控制系统，可对检修费用的形成过程进行过程监督，并通过项目可用预算余额查询报表、项目保留款查询等功能，进行费用分析、对比，定期平衡检修费用。有条件的单位应积极推广使用项目预算系统，加强对项目预算的控制。

项目预算系统在进行项目设置时，按照上级主管部门下达的项目及费用设置，项目预算要明细到任务，并按预算总数进行控制。当预算提交审批时，系统自动检查对应项目和任务下的可用预算，检查通过后生成保留款记录；如果资金不足，系统依据项目和任务对应的控制模式（提出警告信息、拒绝通过）予以提示。进行库存领料时，系统根据领料金额生成实际费用，按领料金额冲减工单保留款记录。检修工单关闭或取消时，对该工单的净保留款记录冲减（净保留款金额＝工单原保留金额－实际发生金额）；合同提交审批时，系统检查相关项目费用的可用预算余额；检查通过后，自动生成合同费用的保留款凭证/保留款记录。如果资金不足，系统依据项目和任务对应的控制模式予以提示。合同付款时，需填写的付款申请单单据与合同、项目、任务相关联；付款申请单提交审批时，系统校验付款申请单不能超过合同的金额。合同关闭或取消时，对该合同的净保留款记录冲减（净保留款金额＝合同原保留金额－实际发生金额）。

项目可用预算公式如下：

项目可用预算＝项目预算－实际费用－保留款

项目预算：上级主管部门下达的项目费用金额。

实际费用：指已经在物资管理部门出账，或在合同管理中已结算，在财务系统中形成了凭证的金额，为净发生额（借方金额－贷方金额）。

保留款：指计划已批准尚未领用的材料或末结算的合同，即还没有形成财务凭证，但已被系统预留的金额。

根据该模式，可建立项目可用预算余额查询报表、项目保留款查询，进行费用分析对比和平衡。填写表 9-9。

表 9-9　　预算余额查询报表项目

项目名称（任务）	合同编号	部门	预算定额	实际发生费用金额	保留款	可用预算余额	拟调整对策

四、检修费用定额修正、完善

大修结束后，应按照 PDCA 循环思想对各类检修费用进行进一步修正和完善。设备管理部门相关人员在检修过程中对已领备品备件、材料的用量进行确认，对消耗的备品配件及材料进行分析，对检修项目的工时进行统计。在此基础上，对检修作业文件包中的备品配件、材料定额、工时定额进行修订；对标准项目费用、特殊项目费用完成情况进行分析总结，并适当调整项目费用。

五、检修费用相关考核管理办法

为加强检修费用管理，发挥费用的最大效能，实现费用的最大增值，各发电企业应制定检修费用相关考核管理办法，通过有效的激励和约束机制，提高企业的经营运营水平，激发广大职工厉行节约的积极性，从而达到节约检修费用的目的。

第十章 检修作业文件包管理

第一节 概 述

一、概述

检修管理是一项庞大的系统工程，涉及的因素较多：如人、机（机械设备）、料（材料）、法（检修工作方法）、环（工作环境）等。由于受以上要素控制手段和方法的限制，尽管每个电力企业都有严格的质控体系，也往往造成检修质量难以达到预定的目标，整体检修质量不能做到“可控、在控”。特别是近年来一批实行“新厂、新办法”的新型电厂，管理思路和管理模式较以往传统方式有了很大改变，技术装备新、人员配备少、员工素质高，基本没有配备专业的检修队伍和相应检修人员，设备检修主要依靠外包、外委来完成，探求适合在新形式下控制机组检修质量的良好手段显得尤为迫切和重要。

近几年来，火电企业与外界，特别是与核电企业交流中，通过不断学习、总结，在检修作业管理中形成了以检修作业文件包（以下简称“检修文件包”或“文件包”）为核心的一系列管控方法。实践证明，该手段切实可行，已经成为机组检修安全、质量、工期、成本协调控制的有力保障，在检修规范化管理中发挥了重要的作用。

（一）检修文件包的含义

检修文件包，是指在设备检修活动中，检修人员开展检修作业和检修管理工作所需要的，并经审核和批准且符合文档规范化的文件集合，是提供检修工作人员完成指定的工作任务和全过程检修作业活动的书面文件汇总。检修文件包是设备检修管理的作业性文件，是检修工作实施的规范和依据，是甲方（业主）规范乙方（承包方）检修行为的管理纽带。

检修文件包制度实施的目的是通过检修程序文件来规范检修人员行为，克服检修工作的随意性，提高检修质量和工作效率。将同一设备零乱的检修资料实现了集中统一管理，以厂家说明书、检修工艺规程等为编制依据，将各项检修工序质量标准、质量控制过程严格量化，并按检修过程顺序将涉及的质量目标、检修任务、消耗性材料、备品配件、人力资源、工器具、修前设备状态评估、危险点分析、技术监督和反措项目、工序及质量标准等全过程检修环节和各管理物项，按照工作程序和要求以作业文件的形式加以体现，并通过对以上检修作业构成要素全过程的闭环管理，促进了检修管理水平的持续改进和提高。

（二）功能

标准化是指人们制定并有效实施标准的一种有组织的活动过程。标准化工作和质量管理有着极其密切的关系，标准化是质量管理的基础，质量管理是贯彻执行标准的保证。检修文件包正是通过对检修工序的细化、量化，实现了检修作业标准化、程序化、规范化，控制了检修行为的随意性，提升了检修质量控制水平和检修工作效率，达到了检修全过程、全方位、规范化、高效化管理的目的。

（三）作用

认真编写和规范使用检修文件包，主要有以下显著的指导作用：

（1）职责清楚、责任到位。使参与检修活动的管理、执行、验证三方人员职责清晰，责任明确。知道负什么责，明确做什么事，清楚做到何种程度，有助于做到“凡事有人负责”。

(2) 凡事按程序作业。检修文件包实现了检修作业程序化、标准化、规范化，建立了文件化的质量保证体系，做到了每道检修工序有规定、有标准、有检查、有证实。

(3) 检修活动全过程控制，质量得到有效保证。采用过程控制方法对质量控制体系中诸多单个过程之间的联系及过程的组合和相互作用进行连续的控制，通过每道检修工序质量控制和监督，使检修成为检修过程和检修要素管理，并借助设备质量缺陷报告、不符合项报告等形式，有效预防不符合项的出现，强化了各级质检人员监督手段，便于进行质量监督，使质量得到有效保证。

(4) 便于资料整理、归档。检修文件包作为实施设备检修活动中所需要和产生的文件集合，所包含的检修资料完善、齐全，并符合文档规范，具有完整性、可追溯性和有效性，便于资料查阅、追溯。

二、检修文件包的主要内容

检修文件包主要由前言、概述、修前设备状态检查与诊断、检修所需资源准备、检修项目计划、安全风险分析及预防措施、检修程序、检修报告、文件包附件等部分组成。

三、检修作业文件包种类

检修文件包按照实施项目的类型可分为五类：第一类为标准项目的检修作业文件包；第二类为特殊项目的检修作业文件包；第三类为更新改造项目的检修作业文件包；第四类为设备消缺的检修作业文件包；第五类为试验、调试作业文件包。对于标准项目、特殊项目、更新改造项目等作业应编制检修文件包，将相关的安全、技术、组织措施等内容纳入其中，形成完善、规范化作业程序文件指导检修。对于安全措施宜在安全风险分析部分加以落实，技术措施、工序或作业指导内容宜在检修程序中体现，组织措施可作为检修文件包附件附录，除重大技术改造\特殊项目为管理方便单独编制外，对于其他项目上述措施及内容可不必再单独编制，以简化作业文件、理顺管理流程。对于较大的设备消缺，涉及设备解体等检修工序较复杂的，应编制文件包。对于定期春、秋季检查校验，机组启、停过程中的各种试验如水压试验等，宜编制文件包规范作业行为。

四、组织机构和职责

检修文件包作为强化检修工序控制、提高检修质量、加强检修工艺管理、合理控制检修费用的重要手段，作为维系检修甲、乙方关系重要纽带和标准化的检修作业文件，应配套设置相应管理机构和人员，并明确以下职责。

(一) 厂（公司）生产负责人

(1) 负责组织贯彻检修作业文件包执行，并对贯彻情况提出指导意见和考核意见；

(2) 负责批准“检修文件包管理办法”的颁发、执行（废止）文件；

(3) 负责签署不符合项的让步接受。

(二) 检修副总工程师

(1) 组织、指导检修文件包的正确贯彻执行，并经常监督、检查其贯彻执行情况，提出考核意见；

(2) 负责审核“检修作业文件包管理办法”；

(3) 负责检修作业文件包批准。

(三) 设备管理部门

设备管理部门是检修作业文件包管理工作的执行部门，是全厂/公司设备质量缺陷的管理监督部门：负责编制检修作业文件包，制定检修作业文件包的管理办法，并监督检修承包方执行；负责组织、检查、监督设备质量缺陷的处理及提出考核等管理工作。

1. 主任

(1) 负责组织检修文件包的编制、修订、审核、下发、执行，并检查执行情况，提出考核意见；

(2) 负责“检修作业文件包管理办法”的编写；

(3) 应全面了解设备质量缺陷的发现、消除和发展情况，负责批准设备质量缺陷报告，负责设备质量缺陷消除费用的审批工作，负责设备质量缺陷的考核与奖励的审批；

(4) 负责不符合项整改措施的审核；

(5) 负责技术措施的批准。

2. 点检

(1) 负责检修作业文件包的编写（安全风险分析与安全措施部分除外）、修订和送审；

(2) 负责检修作业文件包执行情况的监督、检查、考核；

(3) 负责检修作业文件包措施的编写；

(4) 负责检修作业文件包中的备品配件、消耗材料、人工、工时定额制定、修订；

(5) 全面负责本专业质量缺陷的技术管理和质量管理工作，负责对本专业所发生的设备质量缺陷进行调查分析、制定处理意见、监督验收、总结、关闭并提出考核意见；

(6) 负责本专业不符合项整改措施的制定和不符合项的关闭；

(7) 负责检修作业文件包的下达、关闭；

(8) 负责本专业质量缺陷报告、不符合项报告全过程监督执行；

(9) 负责检修质量验收；

(10) 负责检修作业文件包执行过程监督。

(四) 技术管理部门

技术管理部门是检修作业文件包管理工作的监督部门：负责检修作业文件包的审核，并监督各部门执行；负责重大措施、技术监督项目、反措项目的制定，并监督落实。

1. 主任

(1) 负责检修文件包的执行情况监督、检查，并提出考核意见；

(2) 负责审定检修作业文件包（安全风险分析部分除外）；

(3) 应全面了解设备质量缺陷、不符合项的发现、消除和发展情况；

(4) 负责检修文件包技术管理等有关部门工作组织。

2. 专工

(1) 负责技术监督项目、反措项目的制定，并监督落实；

(2) 负责检修作业文件包措施的审核及重大措施制定；

(3) 负责审核检修作业文件包（安全风险分析部分除外）；

(4) 负责检修作业文件包执行过程监督；

(5) 全面负责本专业的技术管理和质量管理工作。

(五) 安全管理部门

负责检修作业文件包安全风险分析与安全措施的归口安全管理和监督工作；负责监督质量缺陷处理工作中所需安全措施、安全作业文件的制订与落实；负责因设备质量缺陷本身或蔓延扩大而造成后果的认定和考核。

1. 主任

(1) 负责检修作业文件包风险分析和安全措施部分的审核；

(2) 负责质量缺陷处理工作中所需安全措施批准；

(3) 负责组织风险分析和安全措施部分执行情况的监督、检查、考核；

(4) 负责因设备质量缺陷本身或蔓延扩大而造成后果的认定和考核。

2. 专工

(1) 负责检修作业文件包风险分析和安全措施部分的编写；

(2) 负责质量缺陷处理工作中所需安全措施的编制与落实；

(3) 负责风险分析和安全措施部分执行情况的监督、检查、考核。

(六) 运行管理部门

负责检修所需隔离措施以及设备修后功能再鉴定工作。

(七) 物资管理部门

负责检修作业文件包所列消耗性材料、备品配件的加工、订货及采购工作和验收、储备、定期实验、发放等工作。

(八) 承包方

负责检修作业文件包的实施、归档与整理工作。承包方是设备质量缺陷处理的责任单位。

1. 承包方负责人

(1) 负责组织消除所管辖设备的质量缺陷，及时安排处理设备质量缺陷。

(2) 负责组织对所辖设备的质量缺陷鉴定诊断，及时分析原因并拿出处理意见及措施上报设备管理部门相应专业。

(3) 负责责任项目工期计划的实现与协调。

2. 承包方技术负责人

负责审核设备质量缺陷报告设备异常描述、建议措施和承包单位发现的不符合项报告中“不符合事实描述”。

3. 承包方工作负责人

(1) 负责填写设备质量缺陷汇报中设备异常描述及建议措施，并经承包方QC审核后提交至设备管理部门；

(2) 负责设备质量缺陷消除和申请验收的提请；

(3) 负责填写承包方发现的相应不符合项报告的“不符合事实描述”；

(4) 负责按照检修文件包要求开展检修工作；

(5) 负责检修文件包的整理、归档。

第二节　检修作业文件包典型框架结构

检修作业文件包一般包括前言、概述、修前设备状态检查与诊断、检修所需资源准备、检修计划、安全风险分析及预防措施、检修程序、检修报告、设备质量缺陷报告、不符合项报告等部分，其典型框架内容如下。

一、前言

检修文件包的第一页为“前言”，前言由文件包编制说明、编制目的、检修设备确保目标、检修设备结构组成简介等部分组成。

二、概述

检修文件包的“概述”页是对检修工作任务的概略性总体介绍，包括文件包编号、检修计划名称、检修等级、检修项目类型、验收方式、技术监督项目、质检点设置、反措项目、设备异动项目、项目变更情况、是否需要再鉴定、设备质量缺陷统计、不符合项统计、工作票号、计划开工和计划完成时间、实际开工和实际完成时间、工作接受单位、工作负责人签字等内容。

三、检修文件包正文

（一）修前设备状态检查与诊断

设备修前状态检查与诊断情况，是拟定设备检修策略、制定检修项目、准备检修材料、合理配置劳动力的重要保证，包括该设备修前所存在的缺陷、问题和状态参数（如温度、温升、振动值等参数）等修前设备状态及设备点检员检修建议等。

（二）资源准备

1. 检修所需工作人员计划

包括人员技术等级、需用人数、需用工时、统计工时等内容。

2. 检修所需材料计划

（1）工作所需备品备件准备包括备品备件的名称、规格型号、数量与价格；

（2）工作所需消耗性材料准备包括消耗性材料的名称、规格型号、数量与价格。

3. 检修所需工器具准备

（1）检修所需工器具包括工器具的名称、型号和数量等内容；

（2）检修所需测量工具包括测量工具的名称、型号和数量等内容；

（3）检修所需试验器具及电动工器具，包括试验仪器、仪表、计量器具及电动工器具的名称、型号和数量等内容；

（4）检修所需参考图纸资料为图纸资料名称、图号。

（三）检修计划

1. 反事故技术措施项目计划

包括反事故技术措施项目计划名称（必须填写依据的具体条款）、标准要求、执行结果和执行负责人。

2. 质量与技术监督计划

包括工作描述（具体工序）、质检点设置、技术监督项目、工时等。

（四）安全风险分析及预防措施

安全风险分析及预防措施包括针对该项检修工作的风险分析和安全措施。

（五）检修程序

检修程序为检修作业文件包主题，主要包括开工前准备工作确认、检修工序与相关质量标准、检修过程中质检点验收、设备修后再鉴定等内容。

设备修后再鉴定作为检修程序一部分，指通过对检修后设备的试运行，验证修后设备性能参数能否满足检修规程和系统功能的要求，以保证设备能正常发挥运行功能，确保设备投运的可靠性。没有检修过的设备不在再鉴定范围之列。设备再鉴定一般分为两个阶段：第一阶段为系统恢复前的品质再鉴定，如：气动、电动阀门试验和电机空载试验、热工逻辑试验等；第二阶段为系统恢复后，如泵、风机等转动设备带负荷试验，即功能再鉴定。

（六）检修报告

检修报告为检修完成情况的整体总结，包括检修情况说明、检修更换的备品备件清单、检修所用工时、设备检修异常及消除缺陷记录、尚未消除的缺陷及未消除原因、设备变更和改进情况、技术监督记录、信息反馈等内容。检修报告的编写简明扼要，除了信息反馈外，其余内容应有附件支持。

限于检修报告页幅限制，无法详细说明的问题，可在后续页："检修情况说明、检修记录、检修更换的备品备件统计、消耗材料统计、检修实际所用工时"中进行具体描述，这些页同时作为检修报告支持性材料。

四、文件包附件

文件包附件指文件包内容以外的与本项目有关的技术、质量文件，如技术监督报告、会议纪要、备忘录、专门的组织措施、技术协议、专门的验收报告、项目变更单、设备异动申请报告、设备异动竣工报告、反事故技术措施回执单、设备质量缺陷报告、不符合项报告、非本作业检修过程中产生的由其他专业或班组提供的仪表校验报告、试验报告等，作为文件包内容以外附件附在文件包后，形成检修过程的完整技术支持性材料。

文件包附件目录作为相应附件目录，在卷首予以指示索引。

1. 设备质量缺陷报告

设备质量缺陷是指在设备检修过程中发现的不需变更设计能恢复原设计状态的异常现象，如设备部件损坏、为保证设备解体工作的正常进行而需要局部破坏性拆除的部件等。

设备质量缺陷报告（简称 QDR）是指以报告的形式对设备检修中发现的质量缺陷进行全过程闭环管理。

2. 不符合项报告

不符合项指没有满足某个与检修质量有关的规定要求，包括了一个或多个质量特性偏离规定要求或缺陷，或检修文件中与检修质量有关的规定要求存在不能满足检修质量的内容，或检修活动未按程序文件执行。

不符合项报告是对检修过程中发现的不符合项，按照《不符合项控制程序》的有关规定执行，填写不符合项报告。

第三节 检修作业文件包的编制

一、编制范围

所有发电设备的检修作业。

二、编制原则

原则上是一个设备一个作业文件包，与主设备相连的附属小设备可与主设备合用一个文件包。热工、电气控制部分可根据系统和设备类别进行归类作为一个设备，但不宜包含过多设备，要使修后设备信息便于设备管理（如设备故障信息、费用、消耗材料的统计分析等）、便于分类归档、便于资源共享（如文件包“检修报告”可整体转为检修台账等）。

三、编制依据

（1）现行国家标准和行业标准：如《发电企业设备检修导则》、《电业安全工作规程》等；

（2）《现场安全规程》；

（3）《火力发电生产典型作业潜在风险与预控措施》（中国华电集团公司编）；

（4）检修工艺规程；

（5）厂家图纸及说明书；

（6）检修项目及技术监督、反错、节能等各项计划。

四、编制方法

以×××MW 机组热控专业大机 ETS 系统标准项目大修作业为例（检修作业文件包范本参见附录十七），说明如下。

（一）检修作业文件包封面

封面上部为文件包名称，应注明机组类型、机组号、设备名、检修等级等。

封面中部为检修作业文件包编、审、批人员签名，只有通过审批手续的文件包，才能有效，才可下发执行。

检修文件包安全风险分析部分由安全管理部门安全专工编写，其余部分由设备管理部门点检员编制。

检修文件包由安全管理部门主任、设备管理部门点检长和技术管理部门专工分别对安全、技术部分进行审核。

检修文件包由技术管理部门主任审定（安全风险分析部分除外）。

检修文件包由检修副总工程师批准。

封面下部为检修作业文件包使用单位和编写日期。

（二）检修作业文件包的目录

目录页包括序号、内容、页码等。

（三）前言

检修作业文件包的前言涵盖了文件包的编制说明、编制目的、确保目标、设备结构概述。编制说明应对文件包包含内容、编制依据进行说明，确保目标为设备检修过程中及修后达到的设定目标；设备结构概述是对设备结构的简略介绍。

（四）概述

检修文件包正文的第一页为“概述”页，是对检修工作任务总体的概略性介绍。概述包括检修作业文件包编号、检修计划名称、检修等级、检修项目类型、验收方式、技术监督项目、项目变更情况、质检点设置、反措项目、设备异动项目、再鉴定情况、质量缺陷报告统计、不符合项统计、检修工作内容、计划时间和实际时间、文件包接受单位、工作负责人等内容。

1. 检修文件包编号

编号规则：文件包使用单位代码（三位）、年份代码（两位）、专业代码（两位）、机组代码（两位）（公用系统省略）、检修等级代码（两位）、检修项目类型代码（一位）、流水号（三位）。

（1）单位代码（三位）：为便于设备管理，宜同 EAM 系统单位代码（上级部门给定）。例：162—华电国际电力股份有限公司莱城电厂。

（2）年份代码（两位）：年份后两位阿拉伯数字。例：2006 年为 06。

（3）专业代码（两位）：锅炉—GL，汽机—QJ，电气—DQ，热控—RK，燃料—RL，灰水—HS，化学—HX。

（4）机组代码（两位）：＃机组号，公用系统省略。例：＃1 机组为＃1。

（5）检修等级代码（两位）：DX（大修）、KX（扩大性小修）、XX（小修）、JX（计划消缺）。（备注：对于日常维护、定期检修、试验及调试文件包可相应扩充代码为 WX）。

（6）检修项目类型代码（一位）：0（标准项目）、1（特殊项目）、2（更新改造项目）、3（科技项目）、4（消缺项目）、5（试验、校验项目）。

2. 检修计划名称

要明确包含机组、专业、检修等级信息。例：＃4 机组热控专业大修。

3. 检修等级

分为大修、扩大性小修、小修、计划消缺。如为定期检修、日常维护消缺或试验时，填“其他”。

4. 检修项目类型

分为标准项目、特殊项目、更改项目、科技项目、消缺项目、试验（校验）项目。

5. 技术监督项目

分金属监督、锅炉及压力容器监督、化学监督、高电压监督、电测仪表监督、热工仪表监督等。技术监督结果通知单作为文件包的一个附件附在文件包附件中，并在文件包附件目录中明确附件的名称和编号。

技术监督结果通知单编码规则：

年份代码（两位）、专业代码（两位）、机组代码（两位）（公用系统省略）、检修等级代码（两位）、流水号（三位）。

（1）年份代码（两位）：年份后两位阿拉伯数字（例：2006 年为 06）。

（2）专业代码（两位）：锅炉—GL，汽机—QJ，电气—DQ，热控—RK，燃料—RL，灰水—HS，化学—HX。

（3）机组代码（两位）：＃机组号（例：＃1 机组为＃1），公用系统省略。

（4）检修等级代码：DX（大修）、XX（小修）、WX（日常维护或定期检修）。

（5）流水号（三位）：同下达技术监督项目计划序号。

6. 质检点设置（参见第五章检修质量控制）

填写设置 W 点、H 点和 P 点的个数。

质检点验收单：对应于 W 点、H 点、P 点的质检验收单格式（表 10－1）基本相同。以 W 点验收单为例，作以下说明：验收单包括质检点名称、质量验收标准、检修描述、验收结论、验收人员签字等内容。检修负责人在检修工作结束后，针对设备检修是修理、更换、调整还是保持原状态，填写检修描述，并提请业主方质检人员验收。除 P 点另需业主方总工程师、技术管理部门专工参加验收外，W 点、H 点只需工作负责人、承包方 QC、业主方 QC（设备管理部门质检人员）参加验收签字即可。质检验收单对于仪表校验质检来说，为“检定人”、“核验人”；对于功能试验质检来说，应为“试验人”、“监护人”。

质检点验收单放在检修程序中的相关检修工序后，验收结论为“合格”或“不合格”。

表 10－1　　质检验收单

质检点名称	ETS 系统真空低压力开关 A 验收				
质量标准	开关动作灵活、可靠，定值准确，设备编号清晰，卫生清洁				
检修描述	□ 修理　□ 更换　□ 调整　□保持原状态				
验收结论					
检定人		核验人		时间	
工作负责人		承包方 QC		设备管理部门验收人	

7. 反措项目

为选择项，有就在“有”后面方框内填写实际数量，无就在“无”后面方框里打对号。

反措项目依据原国家电力公司“二十五项反措”、上级主管部门年度反措计划、厂/公司机组检修反措计划要求编制。如有反措项目，必须在检修文件包“反事故措施计划”中填写相应项目，并在检修程序相应工序中体现反措内容。

管理型反措回执在“反事故措施计划”页执行结果中体现，而技改型反措必须填写《反措回执单》，作为附件附在文件包附件中，并在文件包附件目录中明确附件的名称和编号。

（1）反措回执单编号

编号原则：年份代码（两位）、机组代码（两位，公用系统省略）、检修等级代码（两位）、检修文件包代码流水号（三位）、FC、流水号（三位）。流水号：同检修作业文件包中“反事故措施计划”页序号。例：06＃4DX—019—FC—三位流水号。

(2) 反措回执单更改依据

为“二十五项反措”、“上级主管部门年度反措计划”或“厂/公司机组检修反措计划”有关规定。审核人为设备管理部门点检长，批准人为检修副总工程师。

8. 设备异动项目

为选择项，有就在“有”后面方框内填写实际数量，无就在“无”后面方框里打对号。

一旦有设备异动项目，必须填写设备异动申请单和设备异动竣工报告。设备异动申请单和设备异动竣工报告是文件包的附件，应在文件包附件目录中明确附件的名称和编号。

设备异动编号规则：专业代码（两位）、机组代码（一位）（公用系统为0）、流水号（两位）。每个专业单独编号。

1）专业代码：锅炉—GL，汽机—QJ，电气—DQ，热控—RK，燃料—RL，灰水—HS，化学—HX。

2）机组代码：机组号（＃1机组为1）。例：RK－4－11。

9. 项目变更情况

为选择项，有就在“有”后面方框内填写实际数量，无就在“无”后面方框里打对号。一旦有项目变更，必须填写项目变更申请单。项目变更申请单是文件包的附件，应在文件包附件目录中明确附件的名称和编号，每个专业单独编号。

项目变更编号规则：专业代码（两位）、流水号（两位）。例：RK－12。

10. 不符合项统计

为选择项，有就在“有”后面方框内填写实际数量，无就在“无”后面方框里打对号。一旦有不符合项，就相应填写不符合项报告。不符合项报告作为文件包附件附在文件包后，没有不符合项的文件包就不再包括此内容。

11. 设备质量缺陷报告统计

为选择项，有就在“有”后面方框内填写实际数量，无就在“无”后面方框里打对号。设备质量缺陷报告作为作为文件包附件附在文件包后。

12. 是否需要再鉴定

为选择项，有就在“有”后面方框内填写实际数量，无就在“无”后面方框里打对号。再鉴定分为品质、功能两类，一旦需要再鉴定，就应填写设备再鉴定情况。

13. 工作票号

填写本次检修工作票编号。

14. 检修工作描述

本次作业所进行检修内容的概括性的描述。例：＃4机组热控专业大机ETS系统大修。

15. 检修工作内容

为本次检修工作的重点内容的描述。

16. 设备型号

填写检修设备型号。

17. 设备编码

设备对应EAM系统设备编码。

18. 检修地理位置

检修现场的具体位置。

19. 计划开工时间、计划完成时间、实际开工时间、实际完成时间

均应详细填写年、月、日。

20. 工作接受单位

明确到检修承包方检修班组。

21. 工作负责人

工作负责人要在本栏目手签字。

（五）文件包附件目录

检修作业文件包“文件包附件目录”为文件包附件卷首索引，包括项目内容（工序步序及名称）、附件目录。项目内容（工序步序及名称）为产生文件包附件工序的步序及工序内容，附件目录应填写附件名称及相应附件编号。

（六）修前设备状态检查与诊断

设备修前状态检查与诊断情况：包括该设备修前所存在的缺陷、问题和状态参数（如温度、温升、振动值等参数）等修前设备状态及设备点检员检修建议，由设备管理部门设备点检员填写，内容应详细，检查人要在本页手签字。

（七）资源准备

(1) 工作所需人员计划：包括人员组成、需用人数、需用工时、统计工时等内容。

(2) 工作所需备品配件准备：包括备品配件的名称、规格型号、数量与价格。

(3) 工作所需消耗性材料准备：包括消耗性材料的名称、规格型号、数量与价格。工作负责人在确认完成准备后在本页手签字。

(4) 检修所需工器具准备：包括工器具的名称、型号和数量等内容。

(5) 检修所需测量工具准备：包括测量工具的名称、型号和数量等内容。

(6) 检修所需试验器具及电动工器具准备：包括试验仪器、仪表、计量器具及电动工器具的名称、型号和数量等内容。工作负责人在确认完成准备后在本页手签字。

(7) 检修所需参考资料：填写需参考图纸、资料的名称及相应编号。

（八）检修计划

1. 反事故技术措施项目计划

包括反事故技术措施项目计划名称（必须填写依据的“二十五项反措”、上级主管部门年度反措要求等的具体条款）、标准要求、执行结果和执行负责人。对于技改型反措必须填写《反措回执单》，作为文件包附件附在文件包中，作为执行结果的支持性材料。

2. 质量校验验收与技术监督计划

包括工序名称、工时、质检点设置、技术监督项目、标准要求等内容。质检点设置和技术监督项目要与工序对应。

（九）安全风险分析及预防措施

包括针对该项检修工作的安全风险分析、预防措施。安全风险分析在组织学习后，学习人员和主持人要在本栏目里手签字。

1. 原则性要求

检修工作前都必须进行安全风险分析。

2. 风险分析

主要分析作业人员在作业过程中的不安全行为、机器设备等物体存在的不安全状态、作业环境中的不安全因素。根据作业内容、工作方法、机械设备、环境、人员因素等情况，超前分析和查找可能产生危及人身或设备安全的不安全因素。风险分析应充分考虑该项工作的特殊性、危险

性，要具有明确的目的和很强的预见性。

3. 预防措施

应根据风险分析结果制定相应的预控措施，防止检修作业不安全因素的发生。预防措施应具有针对性和可操作性，便于作业人员掌握并易于执行。

（十）检修程序

检修程序为检修作业文件包主题，主要包括概述、开工前准备工作确认、检修工序与质量标准、质检点、技术监督等内容。工作负责人在每道工序完成后，要及时在程序前打勾，并在每页内容全部完成后，在本页手签字。

1. 概述

用来说明检修程序的编写依据、适用范围、使用要求等。

2. 开工前准备工作确认

对安全风险分析、现场工作条件、工器具、备品配件准备等检修工作必须逐条确认，并在确认栏签字。

3. 检修工序与质量标准

文件包检修工序与质量验收标准应根据相关标准要求，并结合现场实际情况进行编写。要按照检修工作的先后顺序，详细列出检修全过程的检修工序和质量标准要求，并在质检点工序后附有质检验收单。技术监督项目对应工序后附有技术监督结果通知单，技改型反措项目在文件包附件中附反措回执单（管理型反措项目只在“反措计划”页执行结果中体现即可），实现闭环管理。

检修程序要细化、量化至检修过程的每道工序，杜绝漏项事件发生。文件包分包应一个设备一个文件包，热工、电气控制部分可根据系统和设备类别进行归类作为一个设备（但不宜包含过多设备）分在一个包中，但每个设备的检修工序应分别体现。

检修文件包质量管理采用过程控制（W、H、P点）与设备再鉴定相结合的全员、全过程、全方位质量管理体系，变检修结果管理为检修过程和因素（人、机、料、法、环）控制，实行签字责任制和质量追溯制。

4. 设备修后再鉴定（参见第五章检修质量控制）

设备再鉴定应在设备经承包方自检合格后，由工作负责人通知设备再鉴定负责人共同进行。若需要运行操作的设备再鉴定，应由工作负责人提请设备试运行单，经机械检修、电气检修和热控检修三专业分别验收签字，经运行人员同意并安排设备试运、设备再鉴定后由检修和运行双方签证。

设备管理部门点检员为设备品质再鉴定负责人，运行机组长及以上岗位人员为设备功能再鉴定负责人。

（十一）检修报告

检修报告为检修完成情况的整体总结，包括检修情况说明、检修更换的备品配件清单、消耗性材料、检修所用工时、设备检修异常及消除缺陷记录、尚未消除的缺陷及未消除原因、设备变更和改进情况、技术监督记录、信息反馈等内容。检修报告的编写简明扼要，除信息反馈外，其他相应内容需支持性材料支撑。

1. 检修情况说明及设备检修后健康状况分析

应对检修基本情况、遇到问题、解决办法、应吸取的经验教训、修后设备健康状况等方面进行简要叙述。检修报告页后附“检修情况说明”页作为支持性材料，进行详细描述，工作负责人和承包方 QC 进行手签名确认。

2. 检修更换的主要备品配件

对检修过程中更换的备品、配件名称、规格型号、数量进行简述，详细内容在更换备品配件统计中体现，两者之间数量要相互对应。

3. 检修消耗的材料

对检修过程中消耗的材料进行简述，详细内容在消耗材料统计中体现，两者之间数量要相互对应。

4. 检修所用工时

对使用各种工种的耗用工时进行总量统计，检修报告页后附“检修实际所用工时”页作为支持性材料，进行详细统计。

5. 设备检修异常以及消除的主要缺陷

对消除设备缺陷进行描述，并对应检修记录相应材料支持。

6. 尚未消除的缺陷及未消除的原因

对未消除的缺陷及未消除的原因进行叙述，并对应检修记录相应材料支持。

7. 设备变更和改进情况

对设备变更和改进情况及结果进行叙述，并在文件包附件中对应有相应设备异动申请、竣工等异动资料，对应检修记录有相应材料支持。

8. 技术监督情况

叙述技术监督项目名称、监督结果通知、报告日期、监督人。

9. 信息反馈

对检修过程中发现的文件包问题和对设备管理、工艺标准等方面的建议进行书面反馈，以便于按照PDCA循环要求对文件包进行持续改进。

（十二）检修记录清单

“检修记录清单”作为检修记录在检修作业文件包的目录，是检修记录索引，包括序号、检修记录名称、检修记录编号、产生记录工序及名称等。

（十三）检修记录

1. 检修记录定义

检修记录是文件的一种，是检修过程中所有试验、测量、调试等过程及结果数据的描述，是是否满足规定要求的证据，检修记录不是证据的唯一形式，但是检修过程及其质量的具体体现。企业的规模和过程的复杂程度及风险度是决定检修记录多少的重要因素，检修记录具有可追溯性和有效性（人员、工具仪器、时间等均要注明；使用合格的工具、仪器等）。

2. 检修记录编制要求

检修记录要严格按照检修工序的顺序进行编排。检修过程记录必须与检修工序同步进行，验收时要同时验收这些数据。检修记录要实现表格化，要有“标准值”和“实测值”，检修记录表格作为文件包内容附在“检修报告”页后，是重要检修技术资料。

3. 检修记录编号规则

编号规则：年份代码（两位）、机组代码（两位，公用系统省略）、检修等级代码（两位）、检修文件包代码流水号（三位）、流水号。例：06＃4DX－019－CKG 071或06＃4DX－019－001。

（十四）检修文件包附件

1. 质量缺陷报告（参见第五章检修质量控制）

2. 不符合项报告（参见第五章检修质量控制）

五、文件包设置

1. 文件包页面设置要求（见图10-1）

页边距：上：2.5cm；左：2.5cm。

下：2cm；右：2cm。

装订线：0 cm；装订线位置：左。

方向：纵向。

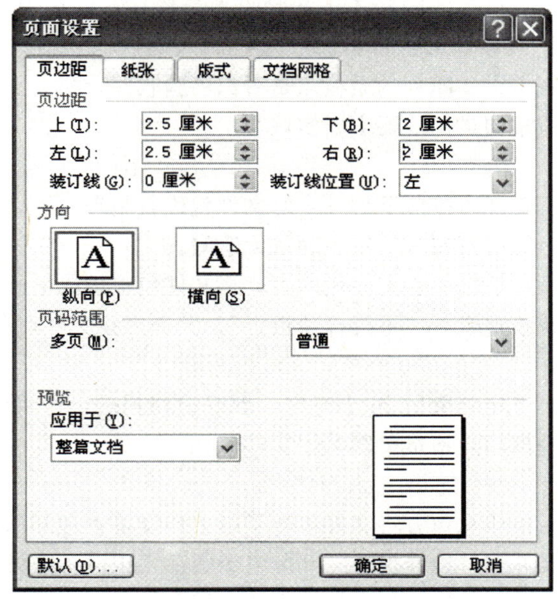

图 10-1　文件包页面设置

2. 纸张

A4。

3. 表格内的文字

除表格本身内容外，所有字体为宋体 5 号字体。

第四节　文件包使用及注意事项

一、使用范围

检修作业文件包适用于全厂发电设备检修、维护等工作。

二、使用方法

检修作业文件包经审批后，由设备管理部门点检员统一下发到承包方检修队。

1. 工作包接受

承包方检修队伍接到检修作业文件包后，要确定工作负责人。工作负责人要组织工作人员认真学习文件包相关内容，并按照文件包的要求做好设备修前的各项准备工作。

2. 开工

开工条件具备时，设备管理部门点检员负责检修工作票签发（如果不具备工作票签发能力由点检长签发）。工作负责人办理检修工作票，做好检修准备工作。检修开始前要对有关“安全风险分析和预防措施”进行确认执行签字，并对文件包中的“开工前准备工作确认”一览表中进行确认打勾。

3. 文件包执行

(1) 工作开始后，工作负责人要严格执行文件包有关规定，详细、认真填写文件包要求填写的部分。

（2）检修过程中应严格按照检修工序执行，防止检修工序漏项、跨项事件发生。每完成一道检修工序都要及时在相应的工序前进行确认打勾，严禁在工序进行前或完成后集中打勾。

（3）检修工序中遇到的质检点验收，检修负责人应提前4小时通过OA发《质量监督通知单》并经电话联系确认的方式约定进行。检修人员和验收人员要在文件包中进行签字确认，否则不能继续进行下一道工序的工作（参见第五章检修质量控制）。验收签字一律在检修作业文件包上进行，检修设备验收时要核查本设备所列的质检点是否都已验收并合格。

（4）所有栏目的记录应按照贯标的要求如实填写。

4. 文件包整理

整个工作结束，工作负责人可按照下列顺序对文件包进行整理：

（1）手签工作包整理：对所有要求的签字确认无遗漏。

（2）文件包电子版整理：根据手签文件包内容，将文件包整理成电子文档。

（3）关闭后的“质量缺陷报告”、“不符合项报告”、设备再鉴定单附在文件包内。

5. 文件包验收与关闭

工作负责人应在设备再鉴定结束后24小时内，填好检修报告，并将文件包送设备管理部门审查签字认可后，由设备管理部门点检员负责关闭文件包。

6. 归档

（1）文件包关闭后，由检修承包方将文件包电子版上传设备管理部门检查。

（2）设备管理部门将文件包“检修报告”部分电子版存入该设备的设备台账。

（3）将手签版工作包交设备管理部门点检员审核合格，并存档。

三、注意事项

（1）检修文件包编写要合理分包，达到分类存档、资源共享目的。文件包原则上是一个设备为一个作业文件包，与主设备相连的附属小设备可与主设备合用一个工作包。热工、电气控制部分可根据系统和设备类别进行归类作为一个设备，但在文件包中应分别体现各自检修工序。

（2）“检修报告”部分在检修结束后，作为整体技术资料转入设备检修台账，减少修后人为手工填写、输入设备台账的繁琐，实现检修资源共享，提高工作效率。

（3）检修文件包编写过程中，作为主题的检修程序应尽量细化、优化工序，真正实现检修过程工序化、标准化，以规范检修作业，避免漏项、跨项事情发生。

（4）检修记录要严格按照检修工序的顺序进行编排，要尽量实现表格化，要有“标准值”和“实测值”。

（5）检修文件包编制、使用注意实现闭环管理，如技术监督项目一定要有技术监督结果通知单或技术监督报告，质检点要有质检验收单，反措计划要有反措回执单或执行结果与之对应等。

（6）检修作业鼓励实行“一包一票”制，即一个检修作业文件包、一张工作票应涵盖检修作业的所有内容，满足检修管理的所有要求，以减少作业性文件，优化管理流程。因此，文件包编制时，检修项目实施的技术措施、安全措施、组织措施应纳入文件包统一管理。

（7）实际检修工作中严格控制每道工序完成后的打勾确认，严禁集中打勾或事前打勾。

（8）检修文件包数据填写应注意前后呼应，如“检修报告”页中更换备品、消耗性材料数量、人工工时要与支持页“更换备品统计”、“消耗材料统计”、“实际人工工时统计”页数量前后一致。业主方要有相应监督人员跟踪检修进程，对上述检修过程实际消耗的人工、材料数量进行校核，并充分利用“质量缺陷报告”、“不符合项报告”的手段，实现检修费用良好控制。

（9）检修过程中设备管理部门点检员应督促承包方工作负责人及时填写文件包“检修报告”页“信息反馈”栏内容，便于文件包进行持续改进、提高。

第十一章 检修外包项目管理

第一节 检修外包的适用范围

一、概况

随着我国电力事业的发展，特别是20世纪90年代以来，采用公司化运作的新建发电企业越来越多，大多采用了新的定员标准，一般均不配备自己的检修队伍，甚至不配备维护队伍，以减少企业日常的维修人工成本。因此，为适应机组检修的需要，就必须将检修工作外包给某些有资质、有检修能力的单位，检修管理与检修实施分离势在必行。

但是，由于各个企业管理的理念、水平和手段不同，在检修过程中管理和实施之间不协调、不对等、不适应的矛盾也显现出来，检修过程中不安全的情况也时有发生，检修需求方往往需要花大力气进行协调控制，解决争端。这就给检修管理提出了新课题：如何用最少的投入达到对检修队伍的有效管理，对检修质量的有效掌控。

越来越多的发电企业意识到：要实现对检修承包方的有效管理，必须实行标准化、规范化运作，使外包工程遵循质量标准化管理体系的相关要求。本章主要就是针对新形势下业主方和检修承包方在检修过程中的管理提出规范和要求。

二、检修外包的适用范围

随着检修市场的放开，很多发电企业都在检修中实施了外包检修，为规范公司系统内检修外包的范围，规定有如下情况者方可外包：

（1）未配备检修队伍的发电企业的检修项目外包；

（2）外包项目须包含在年度检修计划中，经过上级公司批准的可外包；

（3）配备检修队伍的发电企业，其设备系统如需返厂修复，可申请外包；

（4）无设备、技术力量进行或需经其他有资质单位进行的技术监督项目和特殊项目可申请外包，如发电机的局部放电试验、机组大修前后性能考核试验、转子中心孔探伤、主机转子高速动平衡、主机轴颈修复等；

（5）可改进提高设备系统性能的技改项目，其本身具有技术含量高、须经设备提供厂家现场安装调试的可外包；

（6）检修中发现的重大设备缺陷，因工作量大、工期紧迫、经认定已有检修人员无法按时完成的可外包；

（7）紧急情况下必须进行的工程项目，需经上级公司批准，才可以先开工后补办外包工程审批手续。

机组电气二次专业例如电气发电机—变压器组保护、励磁调节系统不得外包；热控专业的保护系统如ETS系统、TSI系统及主要控制系统检修不允许外包，由各厂配备的电气二次人员及热控人员维护人员负责检修。

第二节 对检修外包项目承包单位的资质管理

一、对检修承包方资质的要求

检修承包方的资质是指从事外包范围工作应具备的人员素质、数量、配套能力、检修管理水平、检修业绩等资格能力。资质审查是一个检修承包方进入公司的第一道关卡，起着“红绿灯”的作用。对外包队伍的资质审查材料包括营业执照、资质证书及特殊工种上岗证，银行资信、组织体系表、安全体系表、质量体系表、施工简历和3年安全施工记录等。这些材料一定程度反映了该检修承包方的生产能力、营运状况及内部管理水平，帮助我们对该检修承包方建立起理性认识，是录用该检修承包方的重要判断依据，故必须规范检修承包方的资质要求，使其符合检修需求方管理的需要。通常要求检修承包方应具备以下资格。

（一）机组检修承包方应具备的资格

（1）独立的企业法人资格。

（2）已通过ISO9000系列质量管理体系认证。

（3）营业执照许可进行对应检修工作。

（4）100MW及以上300MW以下容量机组的检修，除汽轮发电机组外，主厂房机务部分检修要求检修承包方具有两个以上100MW等级以上机组检修业绩。

（5）300MW及以上600MW以下容量机组的检修，除汽轮发电机组外，主厂房机务部分的检修要求检修承包方具有两个以上200MW等级以上机组检修业绩。

（6）600MW及以上1000MW以下容量机组的检修，除汽轮发电机组外，主厂房机务部分的检修要求检修承包方具有两个以上300MW等级以上机组检修业绩。

（7）1000MW及以上等级机组检修，除汽轮发电机组外，主厂房机务部分的检修要求检修承包方具有两个以上600MW等级以上机组检修业绩。

（8）汽轮发电机本体检修承包方须有两个以上同等级及以上检修业绩；1000MW等级机组汽轮发电机本体检修，其外包队伍应至少具有四个以上600MW等级机组检修业绩。

（9）除灰、脱硫、化水、电气一次系统、热控检修（不含DCS控制系统及保护系统），其检修承包方应具有两个以上相同或类似设备系统检修业绩。

（10）工作所需特殊工种人员的上岗证。

（11）施工简历和3年安全施工记录无重大人身伤亡和设备损坏事故。

（12）财务状况：具有银行资信复印件，近三年财务状况稳定、可靠，具有履行合同所需的财务能力。

（13）技术装备：具有完成工作的相应工机具、检测设备和技术装备。

（二）特殊、技改项目检修承包方应具有的资格

（1）具有独立的企业法人资格。

（2）通过ISO9000族标准质量管理体系认证。

（3）营业执照经营范围中应包含对应检修工作的行业资格证明。

（4）应具有两个以上相同或类似设备系统检修业绩。

（5）具有所需特殊工种上岗证。

（6）施工简历和3年安全施工记录无重大人身伤亡和设备损坏事故。

（7）财务状况：具有银行资信复印件，近三年财务状况稳定、可靠，具有履行合同所需的财务能力。

（8）技术装备：具有完成工作的相应工机具、检测设备和技术装备。

二、对检修承包方质量保证体系的要求

质量体系就是指为实施质量管理所需的组织结构、程序、过程和资源。质量体系所包含的内容仅需要满足实现质量目标的要求。质量体系可分为两类：一是质量管理体系，二是质量保证体系。在资格审查阶段，业主对投标单位的质量管理体系认证进行审查，而在项目实施阶段，则主

要对检修单位的质量保证体系进行检查和监督。

1. 组织机构

检修承包方必须建立健全项目组织机构（见图 11－1）。针对合同范围的检修项目，承包单位应成立项目部，明确内部人员的责任、权利、义务，使机构正常运转。

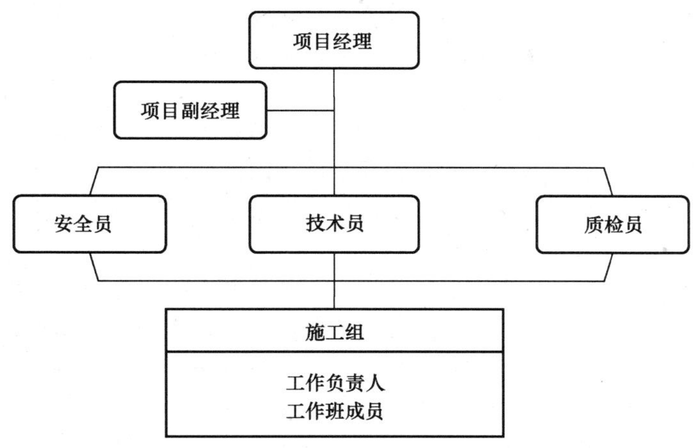

图 11－1 检修承包方项目组织结构图

(1) 项目部设置项目经理，对项目的安全、质量、工期实施全面负责，负责项目总体安排，负责与业主、监理的协调沟通，负责争议问题的洽谈磋商。

(2) 根据项目工作量大小，可设置项目副经理，协助项目经理对项目进行全面管理。

(3) 项目部必须配置安全员，对项目实施过程中的安全、文明施工进行监督管理，提出改进措施，实施项目部内部的考核。

(4) 项目部必须配备技术负责人，负责检修项目的技术管理工作，负责材料、备品备件的领用和发放，负责检修中技术问题的审查、确认，负责就技术方案与业主、监理方沟通，负责技术资料的收集整理，负责检修报告的编制。

(5) 项目部必须设置质检员（QC 人员），对检修全过程进行质量监督，负责项目部内部的质量自检，负责与监理方质监员或业主方质检员的协调沟通，负责质量检验计划的落实以及检修过程文件的审查签字放行。

(6) 根据项目和人员的具体特点，经业主同意，可将技术员和质检员的职责合并，只设质检员，全面负责项目的技术和质量管理监督。

(7) 根据合同工作范围，不同系统、不同工作面应分别配置工作负责人，负责工作票的拟定和办理；负责具体检修工作的实施，对工作班成员的管理和指导；负责施工过程中的安全技术管理，并承担工作范围内相关安全责任。

(8) 工作班成员必须是合适、足够的，具有合同规定的相关资质证明，特种作业人员必须持有特种作业证，身体健康，具备承担工作的技术素质。

2. 人员和资源

检修承包方为完成检修任务必须具备一定的资源，包括人力资源、工机具资源、材料资源等。

(1) 人力资源：检修承包方应具有一定数量的专业技术与检修人员，具备形成项目组织结构体系相关的管理人员、检修人员，参与检修的本单位的正式人员不少于80%，熟练工不少于50%。

项目经理应具有工程建设项目管理的一定经验，掌握检修进度控制、质量控制、安全管理、计算机管理等较全面的知识，具有组织指挥能力、控制协调能力、决策应变能力，掌握ISO9000系列标准，质量管理体系要求的相关知识，了解与检修管理相关的法律法规和电力行业的规定。

质检人员应经过ISO9000系列标准知识培训，应学习“质量手册”、“质量管理体系程序文件”、“检修管理手册”，熟悉其中的质量管理内容，并经培训、考核、授权持证上岗。应熟悉设备结构、检修工艺质量标准和有关技术措施，熟悉质量监理程序、不符合项管理程序、质量缺陷管理程序、设备再鉴定程序、设备试转调试程序，熟悉文件包编制和使用，熟悉检修管理手册中关于安全文明检修等规定。

工作负责人应经过ISO9000系列标准知识培训，熟悉设备结构、检修工艺质量标准和有关技术措施，熟悉质量监理程序、不符合项管理程序、质量缺陷管理程序、设备再鉴定程序、设备试转调试程序，熟悉文件包的编制和使用，熟悉检修管理手册和有关安全文明检修等规定；工作负责人应考试合格持证上岗。

工作人员应经过ISO9000系列标准知识培训，熟悉设备结构、检修工艺质量标准和有关技术措施，熟悉文件包的编制和使用，熟悉检修管理手册和有关安全文明检修等规定，了解不符合项管理程序、质量缺陷管理程序、设备再鉴定程序、设备试转调试程序；工作人员应考试合格持证上岗。

(2) 工机具资源：检修承包方应配备除业主应提供的专用工具外的检修工机具，并在投标文件中详细载明，同时应配备检修技术管理所需的计算机等物品，招标方应在评标过程中进行评价并在承包单位进场时进行仔细核对检查。

(3) 材料资源：检修承包方应提供合同界定的自行提供的消耗性材料，质量应合格，数量应足够。

3. 制度文件的要求

检修承包方应建立质量控制文件、质量事故考核文件、设备再鉴定（试运转）管理程序、检修安全管理文件、安全风险分析制度、检修现场管理文件、检修工艺管理文件、检修作业文件包管理文件、检修物资管理制度等。也可以或执行业主的规定，或建立不低于业主标准的规定。

三、对检修承包方资质的确认程序

为使发电设备检修质量可控在控，业主须对拟承揽发电设备检修工程的单位进行资质审查。如为邀请招标，此项工作应由业主方生产管理部门牵头，相关职能部门共同在招标文件发放之前完成，符合资质要求的单位方能进入推荐邀请单位名单；如为公开招标，则在评标过程中对资质进行审查。图11-2表明了推荐招标方式下拟邀请投标单位审查流程。

四、对各检修承包方资质进行全过程动态管理

各发电单位应根据检修承包方的资质、工作业绩、技术素质及信誉情况确定有资格承包本单位机组检修任务的检修承包方名单，并每年进行资格的复核和认定，对进入名单的检修队伍进行动态管理。

各单位应每年对检修承包方进行年检考评，考评的依据是各职能部门根据该检修承包方这一年内在本企业所承包工程的施工情况得出的考评扣分值，考评分为四个等级：不及格、警告、合格、优秀。考评分69分以下为不合格，不合格的单位清退出场，被清退出的检修承包方3年内不得进入名单；考评分70～80分为“警告”，责令其内部整改3个月，并将整改情况以书面形式反馈到各单位计划经营部门；考评分81～95的为合格，对考评合格的单位予以表扬；考评分96分以上的为优秀，获得优秀评价的检修承包方在以后的工程招标中有相应的优惠政策。通过对检修承包方实现全过程动态管理对其加压，迫使其内部形成完善的激励机制。

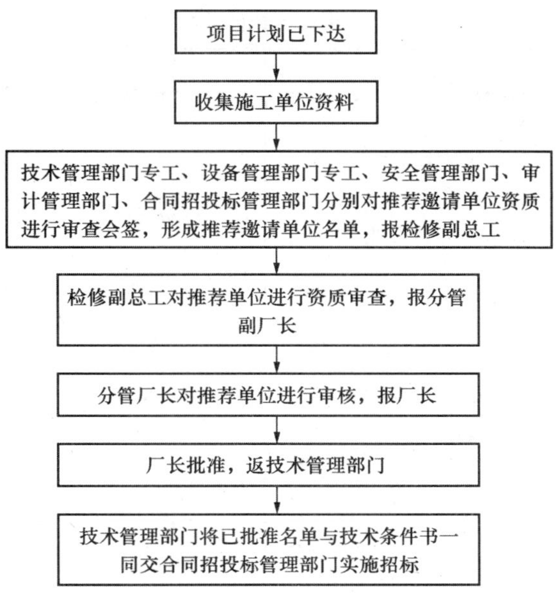

图 11-2　外包投标单位推荐邀请程序图

大修准备阶段的打分内容涉及：文件准备、计划编制、人员配置、培训考核及专项活动等方面的活动（见表 11-1）。

表 11-1　　大修准备阶段打分内容

打分类别	打分内容	分数	考核人	信息来源
制度、文件	1）按合同规定应建立的质量控制、检修管理等制度、文件是否齐全； 2）工作许可申请提交未按计划完成	1 分/条	设备管理部门专工	工作票登记簿大修准备计划
人员配置	1）按合同规定应建立的项目组织机构是否满足业主和检修要求	扣 2 分/项	设备管理部门专工 安全管理部门专工	合同
	2）人员总数更新比例（不包括力工）≥25%	每超 1% 扣 1 分		
	3）工作负责人或特殊工种人员更新比例≥15%	2 分/每人		
	4）人员资格审查不合格	1 分/人		
培训	大修入厂考核一次不通过率高于（含）5%	3 分/项	安全管理部门专工	各种记录
	培训记录不完整或编造培训记录	2 分/项		
	承包商安全技术交底参加人员不足	1 分/人		
工机具材料资料	1）按合同规定应配备的工机具等是否满足检修要求； 2）按合同规定应配备的材料等是否满足质量要求	2 分/项	设备管理部门（安全管理部门配合）	
其他	质保专项监督检查发现问题	3 分/项	质检负责人	

大修实施阶段的打分内容涉及：安全、质量、工期、报告、工具及其他等方面的活动（见表 11-2）。

表 11-2　　　　大修实施阶段打分内容

打分类别	打分内容	分数	考核人	信息来源
质量	人因返工	8 分/项	质检负责人	QDR 报告
	人因损坏设备、备件及其他设施			
	1）质量管理整改通知； 2）业主或监理方发出的不符合项通知单	2 分/份	质检负责人	QDR 报告
	因施工原因，H 点一次验收不合格	2 分/项	质检负责人	质检点验收记录或报告
	再鉴定一次合格率＜实际大修指标值	每降低 1%，扣 3 分	再鉴定组长	《大修再鉴定报告》
工期	不能按计划取、还票（超要求时间 2h）	1 分/2h 项	检修副总指挥	运行记录
	人为因素延误大修关键路径	1 分/h		大修主线计划
	人为因素导致大修目标工期被延误（按小时计）	每延误 24h，扣 5 分		
工业安全	人员轻伤事件	5 分/起	安全管理部门	各种记录
	工业安全未遂事件	3 分/件		
	火灾事故	30 分/起		
	安全工器具抽查不合格	2 分/件		
	收到《安全检查整改通知单》	2 分/件		
报告	未在机组并网后一周内完成检修报告	2 分/项	质检员 资料员	大修资料
	未在机组并网两周内完成大修完工文件向资料室的递交			
工具	未在机组并网后一周内按计划归还专用工具等物品	1 分/项		设备管理部门
	工具或其他物品非正常损坏或遗失			

质保期的打分内容有：质保期内人因质量缺陷需减负荷处理，以及质保期内人因质量缺陷造成停堆或停机两项内容（见表 11-3）。

表 11-3　　　　质保期内打分内容

考核类别	考核内容	考核分数	考核人	信息来源
质保期	质保期内人为因素质量缺陷需减负荷处理	5～10 分/起	检修副总工	值长日报
	质保期内人为因素质量缺陷造成停机	8～15 分/起		

加分内容：发现重大安全隐患，避免了重大人身伤害事故、火灾、停机、合同工期延误、重大设备损坏等重大事件的发生，见表 11-4。

表 11-4　　　　检修承包方加分内容

序号	加分内容	分数	确认人	信息来源
1	总工期较原计划提前	1 分/d	检修副总工	工期计划 作业文件
2	发现重大安全隐患，避免了重大人身伤害事故、火灾、停机、合同工期延误、重大设备损坏等重大事件的发生	4～10 分/项	检修副总工、安全管理部门主任	技术记录 安全通报

各单位可参考本章相关内容，根据具体情况制定检修承包方考评细则和标准，并以文件形式固化，以达到有章可循的目的。各单位生产管理部门、安全管理部门、招投标管理部门、财务管理部门、审计监察部等管理职能部门要遵循公平、公正、公开的原则，严格按照已制定的标准对检修承包方进行全方位、客观的综合评价，防止人情打分和金钱交易。

大修准备期、实施期、考核期打分权重分别为20%、40%、40%，根据综合打分情况对检修承包方作出评价。

评估结束，填写检修承包方总体工作评价证书，由生产副厂长签字认可，一份发检修承包方，一份业主留存，作为后续外包工程招标推荐评价依据，见表11-5。

表11-5　　×××发电企业检修承包方总体评价证书　　编号：

被评价单位	×××公司	
施工项目	××机组××系统大修	
项　目		分　数
M_t：总分		100
M_P：项目准备阶段扣分		
M_I：项目实施阶段扣分		
M_Q：项目质保期扣分		
M_e：项目考核加分		
承包商工作评价得分 M_C：$M_C=[M_t-(M_P+M_I+M_Q-M_e)$		
总体评价：□不及格 □警告 □合格 □优秀		
甲方代表意见： 签字（盖章）： 年　月　日		

第三节　检修外包合同管理

一、招投标程序

（一）招标组织机构

（1）各发电企业应成立招标领导小组，负责招投标管理工作。

（2）招标领导小组为招标工作的领导机构，负责组建评标委员会，确定招标项目、邀请招标单位名单、定标。

（3）评标委员会为评标的执行机构，负责组建评标专家组，对项目投标文件进行审查、评价，向招标领导小组提出推荐中标名单。

（4）评标委员会的常设机构为评标办公室，设在各单位计划经营部门，负责招标文件的编制及审查传递，招标文件、投标文件、澄清书等文件的发放和接收；负责组织具体招标工作；负责组织召开评标通气会，根据评标委员会意见拟定综合评标报告；负责评标结果的审批传递，发放中标通知书。

（5）各发电企业的审计监察部门为招投标管理的监督部门，负责监督招投标过程是否符合国家法律，是否符合既定程序及是否出现违纪违规现象，对出现的问题及时提出质疑、整改要求、考核意见，在招标结束后提出监督报告。

(6) 各发电企业生产管理部门为技术条件书的编制或审查部门，负责编制生产系统技术条件书，负责对非生产系统需求部门提出的技术条件书进行审查，负责提出推荐邀请单位名单及审批传递，负责招投标工作的时间控制和进度要求。

(7) 各发电企业总工程师为技术条件书和技术协议的最终批准人，全面负责技术条件书和技术协议的拟订、谈判、审批过程管理。

(8) 各发电企业法人代表或法人授权委托代理人为招标方合同签订人，负责合同的签订、合同价款的支付确认。

(二) 招标方式

(1) 公开招标。又叫竞争性招标，即由招标放在报刊、电子网络或其他媒体上刊登招标公告，吸引企业单位参加投标竞争，招标方从中择优选择中标单位的招标方式。

(2) 邀请招标。又叫有限竞争性招标，即由招标方选择一定数目的企业，向其发出招标邀请书，邀请他们参加招标竞争。邀请投标单位不得少于3个，一般不多于10个。发电企业一般招标项目多采用这种招标方式。

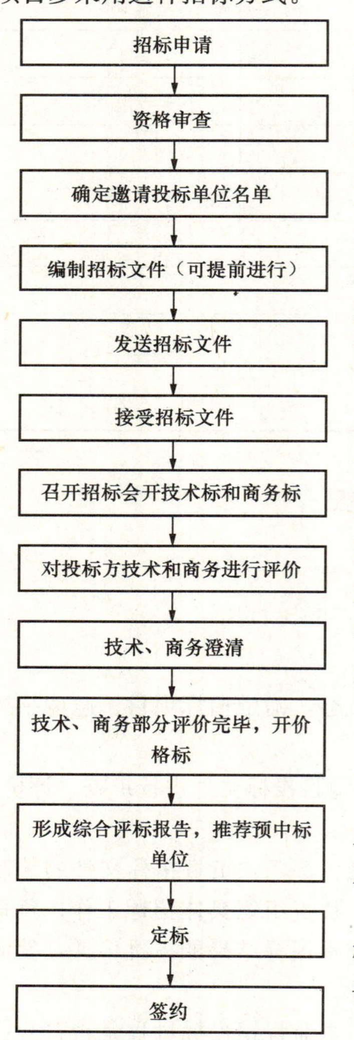

图 11-3 邀请招标工作流程图

(3) 议标。也称谈判招标或限制性招标，即通过谈判来确定中标者。主要有以下几种方式：

1) 直接邀请议标方式。招标方直接邀请某一企业进行单独协商，达成协议后签订合同。如果一家协商不成，可以邀请另一家，直到协议达成为止。

2) 比价议标方式。通常是由招标方将有关要求送交选定的几家企业，要求他们在约定的时间提出报价，招标方经过比较，选择报价合理的企业，就工期、造价、质量、付款条件等细节进行协商，从而达成协议，签订合同。

3) 方案竞赛方式。通常是由招标方提出规划设计的基本要求和投资，控制数额，并提供可行性研究报告或设计任务书、场地平面图、有关场地条件和环境情况说明，以及规划、设计管理部门的有关规定等基础资料，参加竞争的单位据此提出自己的规划或设计的初步方案，阐述方案的优点和长处，并提出该项计划或设计任务的主要人员配置、完成任务的时间和进度安排总投资估算和主设计等，一并报送招标方。然后由招标方选出优胜单位与其签订合同。对未中选的参加单位给予一定补偿。

(三) 招标方式的选择

(1) 公司系统范围内的外包工程应采用招标方式。

(2) 标底额在10万元以上的项目应采用公开或邀请招标，进入检修承包方名单的施工单位才能参与发电单位机组设备检修外包工程的投标（公开招标除外）。

(3) 标底额在5万元以上10万元以下的项目可采用议标方式确定检修承包方，需返厂检修的项目经厂长（总经理）批准可采用议标方式。

(四) 招投标流程

邀请招标方式是绝大多数项目采用的招标方式，图11-3为邀请招标方式的工作流程图。

（五）招投标原则及注意事项

1. 评标程序和内容

（1）阅读投标书及有关资料。

（2）投标文件的符合性鉴定。

1）投标文件应实质上响应招标文件的要求。所谓实质上响应招标文件的要求，就是其投标文件应该与招标文件的所有条款、条件规定相符，无显著差异或保留。

2）如果投标文件实质上不响应招标文件的要求，招标单位将予以拒绝，并不允许投标单位通过修正或撤消其不符合要求的差异或保留，使之成为具有响应性的投标。

（3）对投标文件技术方面的评估。对投标单位所报的维修方案、技术组织措施、维修人员和机械设备的配备、技术能力、以往履行合同情况、以往完成工程情况、质量安全、临时设施的布置和临时用地情况等进行评价。

（4）投标文件澄清。必要时，为有助于投标文件的审查、评价和比较，招标工作组可以分别召集投标单位对投标文件进行澄清，在澄清会上对投标方进行质询。先以口头形式询问解答，随后在规定的时间内投标方以书面形式予以确认，作出正式答复，也可直接发放澄清书，要求投标方在规定时间内书面答复。澄清和确定的问题经法定代表人或授权代表人签字，澄清问题答复作为投标文件的组成部分；但澄清的问题不允许更改投标价格或投标文件的实质性内容。

（5）对投标报价评估。招标工作组将对符合招标文件要求的投标进行投标报价评价。在评价投标报价时，应对报价进行校核，看其是否有计算上或累计上的算术错误。修正原则如下：

1）如果用数字表示的数额与用文字表示的数额不一致时，以文字数额为准。

2）当综合单价与之分项报价不一致时，通常以标出的分项单价为准。除非评标委员会认为分项单价有明显的小数点错位，此时应以标出的综合单价为准。

3）按上述修正方法，调整投标书中的投标报价。经投标单位确认后，调整后的报价对投标单位起约束作用。

（6）综合评价与比较。评标应依据评标原则、评标办法，对投标单位的报价、信誉、业绩、施工管理能力、组织设计等，合理地评定打分，统计排序。

（7）编制评标报告。招标工作组完成评标后，应编写评标报告。评标报告编写完成后送交招标领导小组或项目法人。

（8）当下述情况发生时，经招标管理机构同意可以拒绝所有投标，宣布招标失败。①当所有投标单位的投标文件均实质上不符合招标文件要求时。②若发生招标失败，招标单位应认真审查招标文件，做出合理修改后，方可重新办理招标。

2. 评标打分办法

（1）技术、商务打分办法。取评委单项打分的算术平均值作为该投标单位的单项得分（计分保留至小数点后两位），采用单项得分乘该项权重，为该单项实际得分，各项实际得分相加之和为该投标单位的总得分。

1）投标单位的业绩、信誉；

2）投标单位施工管理及工程量；

3）施工组织设计。

（2）技术、商务评分表见表 11 - 6～表 11 - 8。

（3）价格评标根据评标报价由低至高进行排序，不保证最低价中标。

表 11 - 6　　　　信誉、业绩分值表（满分 100 分，权重 0.3）

序号	项　　目	标准分	信誉、业绩及得分	备　　注
1	企业资质 （或发电企业总装机容量）	30	一级资质　30 分 二级资质　20 分 ≥1000MW　30 分 <1000MW　20 分	不分一级或二级资质的发电企业检修公司按发电企业总装机容量给分
2	企业 ISO 9000 认证	10	有　10 分 无　0 分	
3	企业荣誉、银行信誉	20	好　20 分 一般　10 分	
4	机组维护或检修工程的施工经历	15	600MW 及以上　15 分 300MW 及以上　10 分 200MW 及以上　5 分	
5	近三年质量回访记录	15	好　15 分 一般　5 分 不好　0 分	
6	近三年重大质量、安全事故记录	10	无　10 分 有　0 分	

表 11 - 7　　　　施工管理及工程量分值表（满分 100 分，权重 0.3）

序号	内　　容	标准分	评分标准及得分	备　　注
1	主要施工机械及劳动力安排计划	40	科学合理、可行　40 分 基本科学合理可行　30 分 一般　20 分 差　0 分	
2	安全保证体系及措施	40	完善可靠　40 分 基本完善可靠　30 分 一般　20 分 差　0 分	
3	同期同类工程量	20	合同金额 2000 万元及以上　20 分 合同金额 1000～2000 万元　15 分 合同金额 500～1000 万元　10 分 合同金额 500 万元以下　5 分	

表 11-8　施工组织设计分值表（满分 100 分，权重 0.4）

序号	项　目	标准分	评分标准	备　注
1	检修方案	30	合理　30 分 一般　10 分	
2	现场组织机构	30	完善　30 分 一般　20 分	
3	施工网络进度计划	20	合理　20 分 一般　10 分	
4	质保体系	20	完善　20 分 一般　10 分	

3. 综合排序的原则

（1）评标价格低且技术评分高者优先。

（2）评标价格相同而技术评分不同时，技术评分高者优先；评标价格不同而技术评分相同时，评标价格低者优先。

（3）评标价格高且技术评分也高或评标价格低且技术评分也低时，排序如下：①当技术评分相近，评标价格相差较大时，评标价格低者优先；②当技术评分相差较大，评标价格接近时，技术评分高者优先。

4. 定标

（1）招标领导小组在接到评标报告后，应召开会议定标，定标尊重评标结果；

（2）各单位计划经营部门按程序向预中标单位发出中标意向书，并准备合同谈判；

（3）自开标至定标的时间应不超过 14 天，定标后 3 天内应发出中标意向书；

（4）中标意向书送达后按规定的时间完成合同谈判，发出中标通知书，签订合同；

（5）招标单位应在合同签订后 14 天内，发出未中标通知书，退还未中标方的投标保证金。

5. 保密纪律

（1）参与评标的人员应严格遵守国家有关保密的法律、法规和规定，严格自律，并接受审计监察部门的审计和监督；

（2）参与定标和评标的人员在规定的时间和范围内，必须对评标情况和评标结果保密，不得泄漏；

（3）参加评标的人员不代表各自单位，没有向各自单位汇报评标情况的权利和义务；

（4）在评标期间，任何人不允许把投标文件及其汇总材料带出评标指定地点，该材料应有专人保管和发放，评标委员完成评标后如数交还；

（5）如违反上述规定，应追究有关人员的责任。

二、授予合同

1. 合同洽谈

（1）投标方收到中标意向书后，按规定的时间、地点，派代表与招标单位进行合同谈判。

（2）外包工程 5 万元以下，生产管理部负责牵头按照合同管理等有关规定，会同经营部、工程需求单位，与中标方进行合同谈判。外包工程在 5 万元以上，生产管理部负责牵头，会同安全管理部门、计划经营部、财务部、审计监察部四个部门及需求单位共同与中标方进行合同谈判。

（3）若合同谈判中投标方提出合同条件以外的招标单位不能接受的要求，或拒绝提交履约保函，招标领导小组可以取消该单位的中标资格，并没收投标保证金，再按排序选择第二家进行合同谈判。

(4) 招标单位如拒绝与中标单位签订合同，双倍返还投标保证金。

2. 合同授予标准

招标单位将把合同授予投标文件符合招标文件要求和按评标程序评选出的投标单位。

合同至少一式三份，业主、检修承包方、存档各一份，同时复印到财务、生产、经营、安全等部门。

3. 中标通知书

(1) 确定出预中标单位后，在投标有效期截止前，招标单位将以书面形式（预中标通知书）通知预中标的投标单位其投标被接受，并在该通知中确定合同谈判地点和日期。

(2) 预中标单位在接到预中标通知书后，应在规定的日期和地点，由法定代表人或授权代表与招标单位代表进行合同谈判。

(3) 在双方就合同全部内容达成协议后，招标单位将向预中标单位发出中标通知书，并正式签订合同。中标通知书将成为合同的组成部分。

(4) 在中标单位按第 4 条规定提供了履约保证后，招标单位将及时通知其他未中标的投标单位，按规定向未中标的投标单位归还投标保证金。

4. 履约保证

(1) 中标单位应在合同签订 10 天内，按规定向招标单位提交履约保证函。投标单位应使用银行规定的履约保证函格式。

(2) 履约保证金额为合同中标价的 5%。

(3) 如果中标单位不按以上两条规定执行，招标单位将有理由废除授标，并没收其投标保证金。

三、合同必备条款

合同是形成甲乙方关系的基础，是检修过程中双方职责的法律保证，规定了双方必须遵守和遵循的行为准则、责任范围、问题处理原则、经济利益索取平台，是外包工程顺利实施的基本纲领。

在外包合同中一般要具有以下条款：

(1) 工作概况。

1) 项目名称；

2) 地点；

3) 工作内容概况；

4) 工期。

(2) 合同价款。

(3) 合同付款时间和方式。

1) 合同付款时间自合同生效日期计算；

2) 合同开始后的付款采用分期付款方式。

(4) 转让和分包原则。

(5) 争议解决的原则。

(6) 招标单位（甲方）和中标单位（乙方）双方的责任和义务。

1) 招标单位（甲方）的责任和义务；

2) 中标单位（乙方）的责任和义务。

(7) 机组检修质量要求。

(8) 现场作业基本要求。

(9) 现场安全管理。

(10) 现场文明生产要求。

(11) 工器具和车辆的管理。

(12) 备品备件、一般消耗性材料的供应方式。

(13) 技术文件、规范、图纸的提供。

(14) 考核原则。

(15) 质量保证。

具体的条款、原则可参见大修合同范本。

四、技术协议书

1. 定义

技术协议是指在甲方(业主方)与乙方(承包方)签订合同的过程中，为了明确材料设备的技术要求、标准或参数，工程建设中的质量要求、标准和参数，项目服务要求等事项，甲、乙双方经协商订立的有关技术事项。技术协议是主合同的附录，随主合同生效而生效。

2. 技术协议的编写

技术协议仅应就与合同的标的物有关的技术或质量要求、标准、参数或项目服务要求等事项，经甲乙双方协商后作出规定，不得涉及具体的商务内容、合同的具体履行及正义的解决等事项。技术协议(基本格式见附录十九)由设备管理部门负责编写，一般应包括以下内容：

(1) 协议双方名称；

(2) 协议项目名称及内容；

(3) 详细规定材料设备的技术要求、标准或参数，工程建设中的质量要求、标准和参数或项目服务要求等；

(4) 甲、乙双方的责任；

(5) 其他约定事项；

(6) 双方签字、盖章。

3. 技术协议的审批签字

(1) 技术协议编写完毕后，首先由技术管理部门审核，并经部门负责人审签后；

(2) 随主合同一起传递，送交合同审核部门。

4. 技术协议的印章管理

(1) 各发电企业办公室负责刻制技术协议专用章一枚交合同管理人员存放；

(2) 合同管理人员经对有关人员审批签字的技术协议进行规范性审核后，加盖技术协议专用章；

(3) 加盖印章后的技术协议随主合同一同存放和归档。

5. 技术协议准备要求

对于机组检修涉及的工程类或服务类技术协议，应在机组检修前10天由技术管理部门负责签订完毕。

五、安全协议

(1) 在工程招议标前，业主必须对拟承包单位的资质和条件按《安全生产管理协议》内容进行审查，确保符合业主安全生产管理要求。

(2) 在签订发包工程合同时，必须明确《安全生产管理协议》与《合同》的同等关系，《安全生产管理协议》作为工程承包《合同》的附录，必须与合同同时签订，《安全生产管理协议》的签订人应与《合同》签订人一致。

(3) 发包工程《安全生产管理协议》一式三份，必须经安全管理部门审查签字，并留存安全管理部门一份。

六、外包工程付款和决算

(1) 外包工程拨付工程款应严格按外包工程合同约定的时间及进度进行。付款时，应填写付款申请单，经有关部门会签，业主方领导批准方可付款。

(2) 工程竣工验收合格，要及时办理工程决算。决算由施工单位编制。可由生产管理部门会同经营、财务等有关部门集中审核。也可由生产管理部门会同有关部门审核，并邀请审计监察部门单独对决算进行审计。决算数以业主方领导批准为准。未经审核、审计、批准的决算，财务部不得办理结算付款。

(3) 财务部门必须严格按照外包工程合同付款的约定，催要款额发票，具体催办由检修需求部门负责。

(4) 决算工程量有施工图的应以施工图和设计变更、甲方书面签证为据。无图纸的应由承办项目负责人、生产部生产技术专职配合工程预算专职共同签验为准。

(5) 外包工程决算批准后，业主方财务部应按规定办理竣工结算。

第四节　对外包队伍的检修全过程管理

一、检修准备阶段外包管理的要求

(1) 按有关规定和公司的管理办法，对施工单位的法人资格、营业执照、施工单位安全状况进行审查；

(2) 与所有参加施工的单位签订安全协议，约定甲乙双方的责任和义务，要求各个施工单位内部建立安全管理机制，并在机组检修期间对施工单位的安全管理做到有奖有罚；

(3) 要求所有施工单位按照统一规定编写安全质量环保措施，交安全管理部门审定，同时向施工单位分组发放带有危险点预测与分析内容的《检修作业文件包》，进行安全技术交底；

(4) 对作业环境、工器具、安全用具、特种设备等进行检查；

(5) 入厂培训管理，对施工人员进行安全培训、考试，合格后参加检修工作。

二、检修实施阶段的外包管理要求

1. 检修现场管理

检修工作开始后，在主观和客观上都会暴露出许多问题、矛盾。做好现场的协调工作，理顺各方面的关系，及时消除影响大修安全、质量和进度的障碍显得尤为重要。

(1) 做好检修现场的危险源辨识、风险评价及风险控制。

(2) 做好检修现场的施工临时电源管理、防异（落）物措施、交叉作业管理、起重作业管理、脚手架搭设、拆除的管理、防火措施、车辆管理、酸碱工作等。

(3) 检修现场定置管理。定置管理是对生产现场中的人、物、场所三者之间的关系进行科学地分析研究，使之达到最佳结合状态的一门科学管理方法，它以物在场所的科学定置为前提，以完整的信息系统为媒介，以实现人和物的有效结合为目的，通过对生产现场的整理、整顿，把生产中不需要的物品清除掉，把需要的物品放在规定位置上，促进生产现场管理文明化、科学化，达到高效生产、优质生产、安全生产。

(4) 现场作业区隔离管理。

(5) 检修过程中必须始终保持现场安全通道畅通，及时清理拆下的脚手架和废料等杂物。发现有杂物堆积影响安全通道时，要责令有关单位立即处理。保持文明、卫生的作业环境，是为现场作业人员创造良好劳动条件和保证安全作业的一项重要工作。

2. 检修安全管理

（1）由于检修项目分布面广，所涉及的专业较多，参加大修的外包单位和人员素质参差不齐，且对电厂的规章制度在认识和执行上又存在偏差，因此，在机组检修的整个过程中，业主和承包方安监人员必须做到每天现场抽查，每周组织全面检查，对不符合安全要求的现象及时纠正和通报批评，遵循安全与质量进度矛盾时，服从安全第一的原则，保障大修在安全的基础上有条不紊地进行。

（2）实施现场动态安全管理。对重大检修项目实施事前检查和过程监督，对动火工作实施现场动火监督和管理，有重点、有选择地加强重点部位监督检查和区域项目安全责任制的落实。

3. 检修质量管理

按第五章质量控制要求加强对检修承包方的检修全过程的质量控制，加强 H、W、P 点的控制和验收，严格设备质量缺陷和不符合项的管理，全面提高检修质量。

4. 检修工艺管理

“发电设备检修工艺纪律”是规范检修人员行为，提升检修管理水平，保障检修质量，强化检修工艺标准的重要手段，业主要监督检修承包方严格执行“发电设备检修工艺纪律”。

5. 检修工期管理

检修承包方要严格按照编制下发的工期网络计划安排机组检修，合同工期目标层层分解，以控制循环理论为指导，经常进行目标值与实际值比较与分析，不断采取措施调整，并协调参加单位之间的进度关系。对于里程碑计划及厂级主线计划要保证完成，对于检修中出现的新问题，及时调整人力物力，协调解决。

三、检修总结阶段的外包管理要求

（一）检修总结

检修承包方在完成了各自承包的检修工作以后，应及时对自己合同范围内的工作进行全面总结，并在一周内编写出书面总结反馈给业主方的设备管理部门。总结的主要内容包括：

1. 检修工作完成情况

（1）计划完成情况；

（2）质量完成情况；

（3）项目变更及原因；

（4）设备异动；

（5）设备定值、逻辑修改情况；

（6）设备缺陷消除情况；

（7）进行的主要检修工作、发现的问题以及处理情况；

（8）更换备品、备件及消耗性材料；

（9）消耗人工工时；

（10）机组起动过程中及运行中需注意的事项；

（11）遗留的问题、原因分析及建议采取得对策。

2. 管理总结

检修承包方在大修结束后，都应结合自己合同履行过程对正反两方面的经验教训以及对业主方管理方面的建议进行全面总结，反馈给业主方的设备管理部门，主要内容包括：

（1）所承包项目实施过程管理总结；

（2）准备工作存在的问题和建议；

(3) 安全生产方面的经验教训及事件分析；

(4) 在质量控制方面的经验教训及事件分析；

(5) 对检修工艺、工序方面的建议和意见；

(6) 对工器具、专用工器具方面的建议和意见。

(二) 修后检修资料的整理和归档

修后资料的整理和归档既是一项基础性管理工作，也是机组检修工作的重要内容。良好的资料整理和归档管理，可便于日后查阅、追溯和综合分析，也可以帮助我们总结经验，促进机组检修管理的持续改进，进一步提高管理水平。检修承包方应将所负责的资料，如检修作业文件包、检修记录、试验报告等，按要求及时整理归档，并按一定手续及要求审批签字后进行移交。

四、检修考核管理

对外包检修单位的考核管理是通过对承包商在机组大修活动中合同执行情况的考核及评价（重点考核承包商在安全和质量方面的绩效），客观评判承包商在大修中履行合同义务的表现，起到承包商在大修安全管理与质量控制方面的正面激励作用。

(1) 考核期：整个考核期是指从当次大修准备工作启动开始到机组质保期结束的整个时间段。质量保证期满，由项目所在部门、技术管理部门对工程签署意见。若质量未达到保证标准，扣质量保证金。质量已达到保证标准的，经技术管理部门加盖公章后，由财务支付质量保证金。

(2) 考核内容参见附录十八。

(3) 对考核条款的说明。

1) 仅针对由于承包商原因造成的事件进行考核统计。

2) 在检修过程及整个考核期内，除合同注明的不赔偿条款外，承包商应对由其原因或部分原因造成的业主方损失或部分损失负修复及相应的赔偿责任。

3) 检修方人为因素导致的检修范围扩大或检修工作量增加均由承包单位负责处理。

4) 检修方人为因素返工与设备损坏给业主方造成的损失按项目的直接损失计算，根据责任大小扣10%～100%，最少不低于500元。对赔偿额大于合同总价10%以上的项目，可采用双方协商或其他方式解决。

5) 同一项违章或事件适用多条考核条款时，采用从重扣罚的原则，但不重复扣款。

6) 涉及质保内容的考核规定适用于大修考核的全过程。

7) 在承包商所应承担的合同责任范围外，出现下述情况时，将给予适当加分：发现重大安全隐患，避免了重大人身伤害事故、火灾、停机、合同工期延误、重大设备损坏等重大事件的发生。

(4) 考核操作流程

考核操作流程见图11-4。

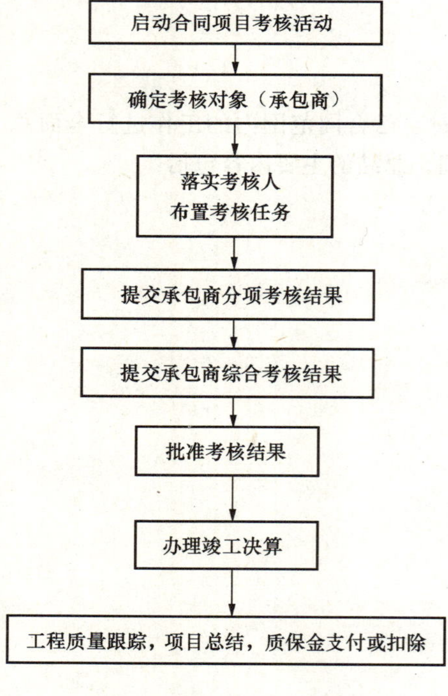

图11-4 检修承包方考核流程图

第十二章 检修现场管理

现场管理是衡量企业管理水平的一项重要指标。以现场管理为基础，并通过现场来实施企业的各项管理是最常见的管理模式之一。加强现场管理，是全面提高企业素质的保证。现场管理的基础工作就是6S管理（清理、整理、清洁、维持、安全、素养），是组织现场管理最基本、最有效的管理措施之一。

火电机组检修实施6S管理，是检修管理人文化、规范化、科学化、精细化的具体体现，具体包含三部分内容，即检修现场安全管理、检修现场定置管理和检修作业区隔离管理。

第一节 检修现场安全管理

一、危险源辨识、风险评价及风险控制

机组检修是发电企业一个重要的特殊时期。在这期间里，有大量人员参加紧张繁忙的检修和试验活动，有大量易燃、可燃和危险品进入现场各区域，其风险不言而喻。不仅有与工业环境等“物”的因素相关的工业风险，还有许多难于确定的“人”的因素，人身伤害和设备损坏的概率比任何时候都要高。因此，必须对检修作业危险源的辨识、风险分析及控制予以足够的重视。

（一）术语和定义

（1）危险源 ：可能导致伤害或疾病、财产损失、工作环境破坏或这些情况组合的根源或状态。“危险源”又叫做“危害因素”。

（2）危险源辨识：识别危险源的存在并确定其特性的过程。

（3）风险评价：评估风险大小以及确定风险是否可容许的全过程。

（4）可容许风险：根据组织的法律义务和职业健康安全方针，已降至组织可接受程度的风险。

（二）组织及职责

（1）厂长（总经理）负责重大危险因素管理方案及控制措施的批准。

（2）生产副厂长（生产副总经理）负责危害辨识、危险评价和危险控制计划的组织领导工作。

（3）安全管理部门。①危害辨识、危险评价归口管理部门；②负责组织确定本单位重大危险因素；③负责组织相关部门制定重大危险因素管理方案或控制措施，并监督实施。

（4）技术管理部门负责组织制定设备重大危险因素管理方案或控制措施。

（三）工作程序

1. 工作流程（见图12-1）

2. 危险源辨识与风险评价的策划、组织和准备

（1）安全管理部门制定危险源辨识和风险评价的计划、方案。

（2）按照危险源辨识与风险评价计划、方案和方法，相关部门制定危险源辨识和风险评价计划、方案和方法。

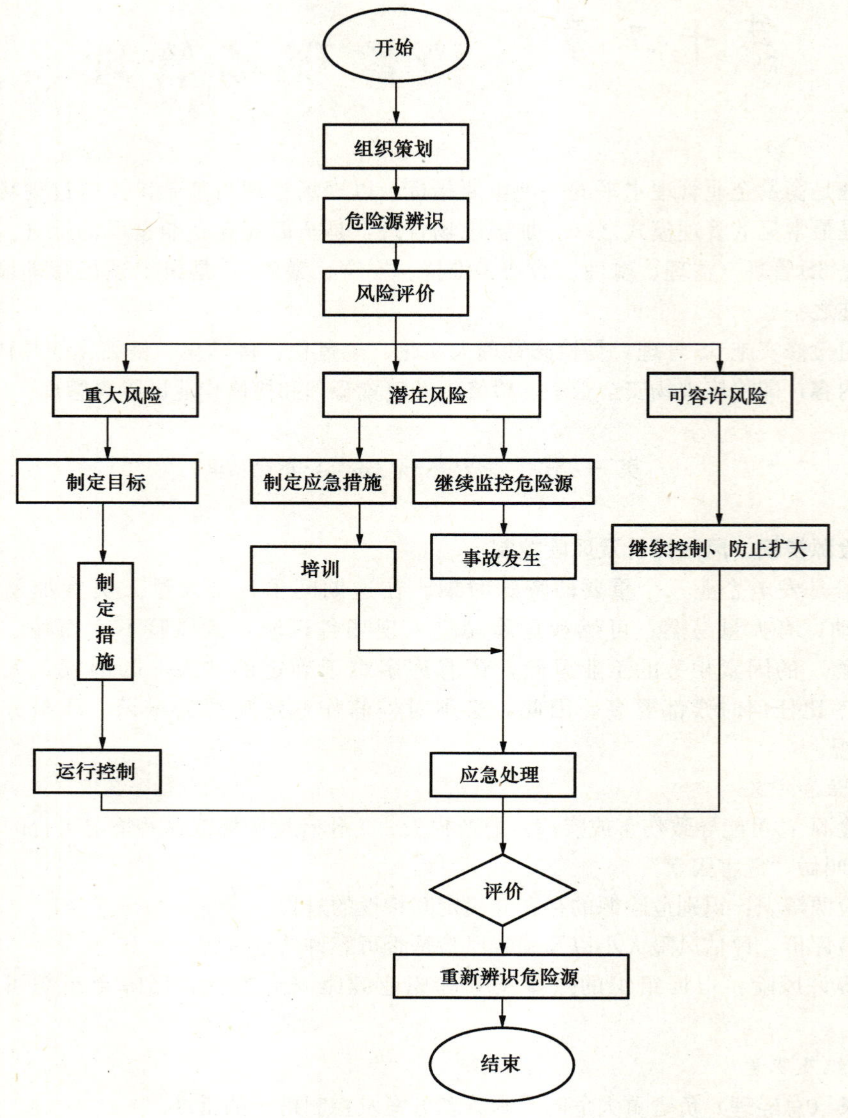

图 12-1 工作流程

3. 危险源辨识

电能、热能、化学能、放射能、生物因素、人机工程因素等七种类型。上述范围适用于机组检修活动的全过程，包括外包工程的施工活动、临时工作人员以及所有进入作业场所的人员的活动。

(1) 危险源辨识方法。①询问和交流；②现场观察；③查阅有关记录；④获取有关信息；⑤基本分析法；⑥工作安全分析法；⑦安全检查表法等。

(2) 危险源辨识依据。①职业健康安全法律与其他要求；②职业健康安全方针；③事故、事件记录，不符合项发现；④内部审核、安全大检查和安全性评价的结果；⑤类似企业曾发生的事故与事件的信息；⑥来自员工或相关方交流的信息；⑦组织的设施、工艺过程和运行活动方面的信息，如现场计划、工艺流程图、危险物料的库存清单、毒理学资料、监测数据、作业场所环境数据；⑧各部门对本部门所涉及的所有作业和管理活动进行危险源辨识，确定作业活动，辨识危险因素及可能导致的事故，对辨识的危险源进行评价后形成《危险源辨识与风险评价结果一览表》。

4. 风险评价

(1) 采用作业条件危险性评价法（LEC法）（表12-1～表12-3）对危险源辨识的危险因素进行评价。

LEC法是一种常用的（定性）评价法——半定量，用来评价作业条件的危险性。公式为

$$D=LEC$$

式中 L——发生事故的可能性大小；

E——人体暴露在这种危险环境中的频繁程度；

C——一旦发生事故会造成的损失后果；

D——危险性。

表12-1　　LEC法 *L*、*E* 的取值参考表

L 的取值参考		*E* 的取值参考	
分数值	事故发生的可能性	分数值	暴露于危险环境的频繁程度
10	完全可以预料（会发生）	10	连续暴露
6	相当可能发生	6	每天工作时间内暴露
3	可能发生，但不经常	3	每周一次，或偶然暴露
1	发生的可能性小，属于意外	2	每月一次暴露
0.5	很不可能发生，可以没想到	1	每年几次暴露
0.2	极不可能发生	0.5	非常罕见的暴露
0.1	实际上不可能发生		

表12-2　　LEC法 *C* 的取值参考表

分数值	发生事故产生的后果（对人身）	发生事故产生的后果（对设备）
100	大灾难，许多人死亡	设施损坏，损失达500万元
40	灾难，数人死亡	设施损坏，损失达300万元
15	非常严重，一人死亡	设施损坏，损失达10万元
7	严重，重伤	导致机组停运，损失1万元以上
3	重大，致残	导致机组停运
1	引人注目，需要救护	造成设备二类障碍

(2) 根据"LEC"法确定的 D 值对危险源辨识、风险评价结果进行危险级别的划分（见表12-4）。

表 12-3 LEC 法 D 的取值参考表

分数值	危险程度
>320	极其危险，不能继续作业
160～320	高度危险，要立即修改
70～160	显著危险，需要修改
20～70	一般危险，需要注意
<20	稍有危险，可以接受

表 12-4 危险等级划分表

D 值	危险程度	危险等级
>320	极其危险	5
160～320	高度危险	4
70～160	显著危险	3
20～70	一般危险	2
<20	稍有危险	1

5. 重大风险的确定

凡符合下列条件之一的均应判定为重大风险：①不符合法律、法规及其他要求的；②相关方有合理要求或抱怨的；③曾经发生过事故仍未采取控制措施的；④直接观察到可能导致事故的危险，且没有适当的控制措施；⑤依据 LEC 法判定风险等级在三级及以上的危险源。

6. 辨识与评价结果

（1）根据辨识的危险因素及确定的重大风险，形成《危险源辨识与风险评价结果一览表》、《重大危险因素清单》。

（2）安全管理部门组织对重大危险因素进行审核、汇总，形成全厂的《危险源辨识与风险评价结果一览》、《重大危险因素清单》，经厂长批准后下发。

7. 风险控制

（1）确定风险控制措施编制原则。①首先考虑消除危险源，然后再考虑降低风险，最后考虑采用个人防护设备；②对于不可容许风险，需采取相应的风险控制措施以降低风险，使其达到可容许的程度；③对于可容许风险，需保持相应的风险控制措施，并不断监视，以防止其风险变大至不可容许的范围；④风险控制措施应与本厂的运行经验和能力相适应。

（2）风险控制措施的实施。风险控制措施编制（参见表 12-5）完成后，交由承包方工作负责人在项目检修过程中实施，实施时应注意以下几点：

1）工作负责人是该项目工作的安全第一责任人，如项目涉及多个工作面，工作负责人可根据具体情况指定能胜任工作的分工作面工作负责人，并作好记录。

2）开工前，工作负责人或指定分工作面负责人必须将安全控制点及控制措施向全体检修、施工人员进行认真交底学习，并在签字栏签名。如项目外包，承包工作负责人接到交底措施后，在工作负责人栏内签名，填写交底时间，负责组织本承包队伍施工人员的学习及安全措施的落实。工作负责人对承包方安全控制措施的执行情况进行监督检查。

3）首次执行，在执行栏填写执行情况，已执行的在执行栏内打“√”，不需要执行的在执行栏内打“×”号，项目或分工作负责人在执行人栏内签字，作为首次执行情况的标记。

4）项目开工后，工作负责人应在每天开工前检查控制措施的执行情况。因试运、调试等原因造成控制措施变更，工作负责人必须与运行许可人达成共识、采取补充安全措施后，方可继续工作。

5）检修工作期间，承包方工作负责人、安全专工每天要对安全控制点、控制措施落实情况进行监督检查，并根据工作实际情况对控制措施进行必要的补充。

6）业主方安监人员定期对安全控制点进行重点监督，把控制措施的执行情况作为重点内容进行监督检查。

表 12-5　　发电厂高压缸检修安全控制点及控制措施

安全控制点名称	×号机组高压缸检修		
作业项目	×号机高压缸检修		
作业场所	×号汽轮机 12m 运转层		
工作负责人		分工作负责人	
专职监护人			
措施交底工作负责人签名	年　月　日		
序号	控制措施	执行情况	执行人
1	工作人员		
1.1	工作人员须经《安规》、《检规》考试合格。工作前进行充分的安全风险分析，完善标准安全措施卡，办理工作票和工作许可手续		
1.2	工作人员思想稳定，身体健康，精神状态良好		
1.3	个人防护用品齐全完整。上缸人员必须穿无纽扣专用工作服、胶底鞋，上缸前，必须将身上所有物品取出		
1.4	工作服不应有可能被转动机器绞住的部分		
1.5	工作时正确使用个人防护用品		
1.6	电焊、气焊工应穿好防护衣服		
1.7	工作人员熟悉汽缸揭（扣）缸、翻缸、转子检修、转子动平衡试验的工序、工艺要求和安全技术措施		
1.8	参加工作人员必须由一人负责指挥，其余人员分工明确，各负其责		
1.9	在工作过程中任何人发现异常情况，必须立即汇报指挥者，停止作业，待查明原因，采取相应措施后再行作业		
1.10	行车指挥者必须有丰富的起吊经验，并经考试合格，佩戴明显标志，做到指挥规范、信号明确		
1.11	行车司机必须经培训考试合格，持有上岗资格证书，并有一定的吊装工作经验。司机看不到指挥者手势或信号不明确时不准操作		
2	工器具		
2.1	所用工器具经定期检验合格，贴有合格证，所有工器具在有效期内		
2.2	工作前检查所有工器具齐全完整、绝缘良好		
2.3	电气工器具使用时应确保其外壳有良好的接地		
2.4	工作人员应熟悉工器具的使用方法		
2.5	钢丝绳应全面检查，外观检查无断股，无变形，无磨损，无腐蚀，接扣无松动，内部无锈蚀且润滑良好		
2.6	在工作过程中使用的千斤顶、倒链等必须在吨位上或数量上满足工作要求。倒链悬吊点与倒链总数应满足各拉力分量		

续表

安全控制点名称	×号机组高压缸检修		
作业项目	×号机高压缸检修		
作业场所	×号汽轮机 12m 运转层		
工作负责人		分工作负责人	
专职监护人			
措施交底工作负责人签名	年 月 日		
序号	控制措施	执行情况	执行人
2.7	汽缸内工作时，必须将工具、零部件等物放在专用盘或工具袋里并进行登记，严禁到处乱放工具。扣缸前要清点工器具。工具使用时，必须用布条拴在手臂上。		
2.8	行车要全面检查，使用前经技术管理、安全管理等部门检查验收合格		
3	作业环境		
3.1	对现场的材料和拆除下来的部件要按照平面布置图摆放整齐、定置管理		
3.2	工作现场工作面用胶皮或用木板等铺设，做到“三不落地”，并防止高空落物或造成格栅、地面污染		
3.3	工作部位应照明充足		
3.4	12m 汽轮机周围要用临时安全防护围栏隔离，留有出入口，并设置安全通道，挂安全警示牌。对掀开的孔洞要用临时安全防护围栏进行隔离		
3.5	设置施工垃圾箱，废油布、破布等易燃垃圾应与其他垃圾分类存放，定期清运		
3.6	起吊转子、汽缸时，应选定固定的行走路线，行走路线下方禁止作业。将转子、汽缸等放置 0m 时，起吊作业下方的作业区应设置安全旗绳，专人监护		
3.7	严禁任何人在吊起的汽缸、转子、隔板、轴瓦等下面行走或进行工作，如确需在下面进行工作，则要在下面垫方钢架或采取可靠的安全措施		
4	设备安全条件		
4.1	检修相关设备必须停运、停电、消压、放水，有关阀门开关状态应满足检修工作安全要求		
4.2	运行值班人员应对由运行人员所做安全措施负责，每班进行检查，对安全措施需要变更者应征得工作负责人同意，否则不得擅自变更安全措施		
5	高空作业、临时用电、动火作业安全要求		
5.1	根据需要搭设必要的脚手架，脚手架必须经过验收合格方可使用		
5.2	安全带要挂在牢固的构件上，禁止低挂高用		
5.3	高空作业应使用工具袋传递工器具，不得上下抛掷		
5.4	材料、工器具、零部件应定置管理，防止高空落物		
5.5	使用胶皮电缆线，绝缘良好并架空，高度不低于 2.5m；不能架空时，应采取可靠的防护措施		

续表

安全控制点名称	×号机组高压缸检修		
作业项目	×号机高压缸检修		
作业场所	×号汽轮机 12m 运转层		
工作负责人		分工作负责人	
专职监护人			
措施交底工作负责人签名	年　月　日		

序号	控制措施	执行情况	执行人
5.6	电源插座完整、插头，固定牢固，电缆线绝缘良好		
5.7	超过安全电压应接漏电保护器		
5.8	电源由电工资格人员接、拆线		
5.9	使用电气焊时，应清理周围可燃物，并做好防火措施。在油系统上及顶轴油系统运行期间动火必须按《现场安全工作规程》、《动火安全管理标准》规定办理动火工作票		
5.10	使用的氧气、乙炔管完整无破损、未老化，接头绑扎牢固		
6	汽缸起吊		
6.1	汽缸起吊前，要对有关吊具和钢丝绳捆绑情况进行全面检查无误后，才能进行起吊		
6.2	揭缸时，必须将汽缸定位销全部拆除，汽缸对角装入两根导杆，并用顶丝将汽缸微微顶起后方能起吊		
6.3	起吊过程中如发现缸内有异音等不正常情况，必须立即停止起吊，待查明原因，采取相应措施后继续起吊		
6.4	起吊过程中，如身体需要伸入汽缸结合面内部进行检查时，必须在汽缸结合面四角垫上方木		
6.5	汽缸盖吊起高出导杆后，必须检查汽缸结合面高出叶片时，方能指挥吊车到指定位置		
6.6	吊缸行走过程中，为防止摆动，必须将汽缸用绳牵引，同时指挥不得中断		
6.7	揭缸后，下汽缸的抽汽口必须堵好，凝汽器的排汽口用专用盖板盖严，以防掉入杂物和确保人身安全		
7	翻缸		
7.1	翻缸（将汽缸盖翻身或复原）时，车间主任（或车间专工）、班长和技术管理、安全管理等部门人员必须在场指导和监督		
7.2	必须有足够的场地，以防碰坏设备		
7.3	现场干净，无杂物，照明充足		
7.4	选用的钢丝绳和专用夹具正确无误		
7.5	钢丝绳捆绑好后，工作负责人和班长全面检查结绳情况，保证在整个翻缸过程中，钢丝绳不致发生滑脱、弯折或与尖锐边缘直接发生接触和摩擦		
7.6	翻缸过程中，吊车的主钩必须配合协调，以主钩为主，保持汽缸在翻转过程中的重心平稳，不致翻缸时由于失稳发生撞击		

续表

安全控制点名称	×号机组高压缸检修		
作业项目	×号机高压缸检修		
作业场所	×号汽轮机 12m 运转层		
工作负责人		分工作负责人	
专职监护人			
措施交底工作负责人签名	年 月 日		

序号	控制措施	执行情况	执行人
7.7	所有参加翻缸的工作人员，必须注意站立的位置，防止汽缸翻转时被打伤		
7.8	翻缸过程中，工作人员不准在起吊的汽缸下面行走或进行工作。如有工作时，必须用方木（方钢架）垫牢后方可进行		
7.9	汽缸翻身（或复原）后下部必须用方木垫牢，工作负责人检查无误后方能松开钢丝绳		
7.10	翻缸时，现场必须设置安全围栏或醒目的安全警戒线，非工作人员严禁靠近		
7.11	翻缸工作结束后，必须将钢丝绳、专用夹具按要求保存好		
8	转子吊装		
8.1	必须使用专用吊具和专用钢丝绳		
8.2	起吊前必须对吊车、吊具及专用钢丝绳和结绳情况进行全面检查，确认无误后方可起吊		
8.3	进行转子吊装工作时，车间主任或车间专职工程师必须到现场监护。第一次和最后一次吊装转子时，技术管理、安全管理部门必须到现场监护		
8.4	转子微吊后，应用框图式水平仪测量轴颈水平，调整水平合格后，方可进行起吊		
8.5	转子各部不准与固定部分发生摩擦		
8.6	当转子最大直径下沿吊起高度高出汽缸平面大于 300mm 后方可移动吊车		
8.7	吊入转子前，下汽缸内部必须经技术管理人员、车间专工检查，确认无误后，方可吊入，此时禁止非工作人员上缸		
8.8	转子起吊时，严禁用人或附加物做平衡重量使起吊平衡。其扬度必须与转子在轴瓦内扬度相符		
8.9	转子行走过程，为防止摆动，必须将转子一端用绳牵引，转子未放在专用铁架之前，严禁任何人在转子下面行走或进行工作		
9	检修中在汽缸内盘动转子		
9.1	只准在工作负责人的指挥下进行转动工作。转动前，负责人必须先通知其他工作人员		
9.2	一般情况下不得使用吊车盘动转子，特殊情况如须用吊车盘动转子，必须经车间领导同意、总工程师批准		
9.3	吊车盘动转子时，工作负责人必须通知其他工作人员，不准有人站在拉紧的钢丝绳对面		

续表

安全控制点名称	×号机组高压缸检修		
作业项目	×号机高压缸检修		
作业场所	×号汽轮机 12m 运转层		
工作负责人		分工作负责人	
专职监护人			
措施交底工作负责人签名	年 月 日		

序号	控制措施	执行情况	执行人
9.4	用手盘动转子时，工作人员不准戴线手套，鞋底必须擦干净，开始盘动前，人必须站稳，脚趾不准伸出汽缸结合面		
9.5	吊装转子时，汽缸周围做好安全措施，严禁非工作人员上缸，必须有充足的照明，场地干净		
10	轴承、隔板拆装		
10.1	揭开和盖上轴承及吊装隔板都必须使用环首螺栓，并将丝扣牢固地全部旋进丝孔内，以确保安全起吊		
10.2	在不吊出汽轮机转子而要拆装下轴瓦时，必须使用专用工具，将汽轮机大轴微微托起，并用百分表监视大轴起升高度，防止过升		
10.3	轴瓦旋出或就位，必须用倒链起吊轴瓦，不准用手拿轴瓦的边缘，以免在轴瓦下滑时伤及手指		
10.4	汽轮机对轮找中心过程中，需要转动轴瓦或加装垫片，必须将转动的轴瓦固定后再进行工作，以防手被挤伤		
10.5	隔板“卡死”时，不准用吊车强行吊出，也不准用大锤猛敲隔板，以防隔板变形和受损		
10.6	翻倒轴瓦和隔板时，必须用卡环将环首螺栓与钢丝绳子连接，不准用带钩的钢丝绳，以防翻倒时发生滑脱而伤及人和设备		
10.7	不允许在吊起的隔板、轴瓦下面进行工作		
10.8	如需要在轴瓦的油挡和隔板汽封进行工作时，工作人员必须戴手套，以防尖锐的边缘划伤手指		
10.9	揭轴承时，不可用手直接搬轴承油挡处，以免手指受伤		
11	扣缸		
11.1	扣缸前必须对吊车、吊具及专用钢丝绳和结绳情况进行全面检查，确认无误后方可起吊		
11.2	缸内所有工作已全部结束，经技术管理部门、安全管理部门、车间验收合格，工具清点清楚，无遗留物，确认各抽汽口封堵物已拆除，缸内吹扫干净后，方可扣缸		
11.3	扣缸时必须进行拭扣，确认无异常情况后才能正式扣缸		
11.4	扣缸过程中，汽缸盖进行结合面清扫、抹涂料等工作时，必须在汽缸结合面四角垫上木块，并经工作负责人检查合格后才能进行		

续表

<table>
<tr><td colspan="2">安全控制点名称</td><td colspan="3">×号机组高压缸检修</td></tr>
<tr><td colspan="2">作业项目</td><td colspan="3">×号机高压缸检修</td></tr>
<tr><td colspan="2">作业场所</td><td colspan="3">×号汽轮机 12m 运转层</td></tr>
<tr><td colspan="2">工作负责人</td><td></td><td>分工作负责人</td><td></td></tr>
<tr><td colspan="2">专职监护人</td><td colspan="3"></td></tr>
<tr><td colspan="2">措施交底工作负责人签名</td><td colspan="3">年　月　日</td></tr>
<tr><td>序号</td><td colspan="2">控制措施</td><td>执行情况</td><td>执行人</td></tr>
<tr><td>11.5</td><td colspan="2">扣缸时，汽缸周围做好安全措施，严禁非工作人员上缸，照明良好，场地干净</td><td></td><td></td></tr>
<tr><td colspan="5">以上安全措施已经全体工作组成员学习。
签字：
时间：</td></tr>
</table>

二、现场安全管理的基本要求

(1) 人员着装和安全帽佩戴符合《电业安全工作规程》有关要求。

(2) 高处作业必须使用安全带（存有火种时，使用防火安全带）。上下传递物件应使用绳索。在危险的边沿处工作，临空的一面应装设安全网或防护栏杆、护板等。

(3) 在有可能造成高空落物和电气焊作业的下方应设围栏和安全标志，并设监护人，防止落物伤人和引起火灾。

(4) 交叉作业上部应有防止落物的封闭遮挡措施。交叉作业工作现场一律使用工具袋，不准将材料、工具放在管道上、钢架上、格栅上。

(5) 在锅炉格栅平台上放置螺丝和零星工具应使用托盘，做好防止坠落的措施。

(6) 做好防止二次污染措施，凡油系统有工作，必须在地面铺上塑料布，再在上面铺一层胶皮，防止油等液体渗漏到地面。

(7) 揭开盖板或打开孔洞，必须设置符合防护要求的围栏和护板，并挂安全警告牌。

(8) 平台栏杆及楼梯扶手，严禁随意拆除。因工作需要，确需拆除时，须向技术管理部门申请，经批准并采取可靠的防止摔跌的安全防护措施后，方可实施。修后应及时恢复原貌。

三、检修现场重点安全要求

（一）施工临时电源

(1) 生产现场拉接临时电源，必须严格执行《电业安全工作规程》中有关电气安全注意事项的规定。

(2) 检修现场临时电源接、拆线由业主方专职电工负责，承包方有专职电工的，必须报安全管理部门备案。

1) 检修指挥部设立“检修临时电源接拆线登记簿”，由检修指挥部专职电工对检修现场临时电源接拆线情况进行登记。

2) 记录簿登记内容为：使用部位、工作内容、工作负责人姓名、接线日期、接线电工姓名、拆线日期、拆线电工姓名、合格证编号。

3) 接线前，应向检修指挥部领取合格证，编号后，按规定内容记录在“检修临时电源接拆线登记簿”相应栏内。

4）拆线后，拆线电工必须把合格证收回，并在“检修临时电源接拆线登记簿”内进行登记，并及时注销合格证。

5）为防止误接拆线，应在临时电源线压接头100mm处贴合格证。

6）合格证上必须注明接线电工姓名、临时电源的作用、接线日期、合格证编号。

7）业主方专职电工有权对检修现场的接线规范情况监督检查，有权提出考核建议，上报安全管理部门。

（3）施工用临时电源线一律使用胶皮电缆线，严禁使用花线或塑料线。临时电源线必须架空，不能架空的必须采取可靠的防护措施，防止被碾压。

（4）在每路施工临时电源开关上，应装设合格的漏电保安器。不能装设漏电保安器的应制定可操作的经批准的安全措施。

（5）临时电源线要正确连接，压接牢固，不能用勾挂、缠绕等方法连接，作业中应尽量减少临时线。应装设刀闸、插座的必须装设。

（6）在金属容器如汽包、凝汽器、槽箱、加热器、蒸发器、除氧器工作时，必须使用24V以下的电气工具，并加装合格的漏电保安器，否则应制定出特殊的安全措施，经安全管理部门审核，分管安全的副总工程师或主任批准后，方可使用。

（7）在金属容器、炉膛、煤仓、电除尘、沟道、锅炉烟风道、空气预热器、磨煤机罐体内部及发电机小间、发电机内部等工作必须使用行灯照明，行灯电压不准超过36V，并加装合格的漏电保护器，否则应制定特殊安全措施，经安全管理部门审核，分管安全的副总工程师或主任批准后，方可使用。

（8）在特别潮湿或周围均为金属导体的地方工作时，如汽包、凝汽器、加热器、蒸发器、除氧器、水箱、油槽、油箱以及其他金属容器等内部，行灯的电压不准超过12V，并加装合格的漏电保安器。

（9）行灯变压器外壳应有接地线，并放在容器外面。

（10）电气工具用变压器、电焊变压器、漏电保安器必须放在容器、锅炉、电除尘、沟道外面。

（11）使用220V照明灯时，应固定牢固，并没有触及的危险。

（12）临时电源线必须远离电焊、气焊作业点的热体。

（二）防异（落）物措施

（1）高处作业应采取防落物措施，包括工具绑扎、设置安全网、进行作业下方铺垫胶皮等物。

（2）人孔打开，应及时放置临时人孔盖板。

（3）管道、设备开口必须及时使用塑料布等保护。

（4）进入容器，进行工具材料清点、绑扎和固定。

（三）交叉作业

（1）上方作业保护下方的原则。

（2）必须制定齐全、周密的安全措施，并指定一名作业协调人，明确现场边界、作业顺序、联络手段。

（3）不同专业使用一张工作票时，工作票签字的工作负责人为整个作业的负责人。

（四）起重作业

（1）起重作业必须使用起吊作业安全检查卡（见表12-6）。

表 12-6　　现场起吊作业安全检查卡

作业项目：　　　　　　　　　　　　　　　　　　　　　　　　　　作业时间：　　年　　月　　日

部　　门		吊具名称/规格		起吊装置名称	
作业地点		允许起重量（kg）		额定起重量（kg）	
工作负责人		索具名称/规格		吊 物 名 称	
承包方安全专工		允许起重量（kg）		质 量（kg）	
工作组成员签名					

检　查　内　容		
序号	检查项目	检查情况
1	根据吊重物件的具体情况选择相适应的吊具与索具，其允许起重能力必须大于物件的质量并有一定的余量	
2	钢丝绳无断丝、断股、严重磨损等现象；吊索外观完整，无破损；安全标签无损坏；U形螺栓外观完整，无缺损；截面满足荷重要求	
3	起吊大的或不规则的构件时，应做到四角吊挂、平衡起吊；在构件上系以牢固的拉绳，各连接点应牢固可靠。起吊工作区域已设置明显的安全警示标志	
4	吊具承载时不得超过额定起重量，吊索（含各分支）不得超过安全工作载荷（含高低温，腐蚀等特殊工况）	
5	起吊时，必须将绳索挂在设备的全部专用起吊点处（如吊耳、吊鼻、吊孔、牛腿），吊挂绳之间的夹角应小于120°，以免吊挂绳受力过大	
6	绳、链、吊索所经过的棱角处应加衬垫	
7	作业中不得损坏吊件、吊具与索具，必要时，应在吊件与吊索的接触处加保护衬垫	
8	起重机吊钩的吊点应与吊物重心在同一条铅垂线上，使吊物处于稳定平衡状态	
9	禁止司机或其他人员站在吊物上一同起吊，严禁司机或其他人员停留在吊物下方	
10	起吊重物时，工作人员应与重物保持一定的安全距离	
11	起吊前，应对吊物经过的路线及放置地点进行检查确认，做好安全警示及准备工作	
12	发现不安全情况时，应及时通知指挥或操作人员	
13	捆绑后留出的绳头，必须紧绕在吊钩或吊物上，防止吊物移动时，挂住沿途人员或物件	
14	同时吊运两件以上重物，要保持平稳，不得相互碰撞	
15	起吊重物就位前，要垫好衬木或支撑，保持平衡	
16	进入悬吊重物下方时，应先于司机或操作人员联系并设置好支撑装置	
17	卸往运输车辆上的吊物，要注意观察中心是否平稳，确认不致倾倒时，方可松绑、卸物	
18	工作结束后，所使用的绳索吊具应放置在规定的地点	
备注		

1）工作负责人是起吊作业的安全第一责任人，负责填写《现场起吊作业安全检查卡》，并将内容向工作组全体人员进行认真交底。交底后，工作组成员在签字栏签名。

2）起吊作业前，工作负责人应按《现场起吊作业安全检查卡》的内容进行认真检查落实。

3）一项起吊作业间断后，在重新起吊工作开始前，工作负责人必须对有关起吊装置、吊索具重新按照检查卡内容逐项核对检查，无问题后方可再次起吊。

4）现场临时安装的起吊设施，第一次使用前必须报请项目所在部门，按程序检验合格，经批准后方可使用。

5）重大起吊作业（如揭缸、发电机抽穿转子等）起吊前，工作负责人应联系安全、技术管理部门及有关专业人员对起重机械进行全面检查，发现问题及时整改，合格后方可进行起吊工作。

（2）所用每台起吊设备（行车、卷扬机、电动葫芦、倒链及千斤顶、卡环等）必须检验合格，编号、合格证齐全。起重工必须经培训、考试合格后，持证上岗，并经发布在检修许可操作的人员。

（3）所有钢丝绳、棕绳等绳索，必须符合《电业安全工作规程》规定，编号、合格证齐全。起重工作开始前，必须认真检查起重机械、索具符合安全要求。

（4）升降机、吊笼、电梯必须按规定使用，吊笼严禁载人。

（5）工作负责人必须向所有工作人员交待技术措施和安全注意事项。起重工作必须由专人负责指挥，按照起重标准、信号，规范起吊作业指挥。

1）一般起吊为口哨加手势；

2）重大设备起吊、炉本体吊笼使用哨加指挥旗；

3）炉膛或炉顶起吊大件，采用对讲机加口哨指挥。

（6）重大、特殊的起重工作，必须制定专门的安全、技术和操作措施，经有关厂领导批准后执行。

（7）严禁用非起重机械、索具吊、运重物。

（8）操作、使用起重机械、设备时，操作人员必须严格按照操作规程的要求，做好各项检查、操作工作。

（9）在下列情况下，禁止起吊：指挥信号不明；吊物重量超过允许负载；吊物捆绑不牢；起重机械安全装置失灵；吊物上有人；吊物埋在地下，情况不明；光线不足，视线不清；吊物边缘锋利，无防护措施；液体盛放过满；斜拉斜拽等。

（10）一切设备起吊必须由有起重经验的人员负责指挥。设备起吊必须明确由一人指挥。

（11）重大物件起吊载荷要准确计算，并制定起吊方案，防止超载或发生人身伤亡及设备损坏事故。

（12）禁止用管道、栏杆、脚手架、瓷件、电缆托架起吊或悬挂重物。

（五）脚手架搭设拆除

（1）生产现场1.5m以上长时间工作的场所应搭设脚手架，6m及以上的脚手架在工作面下部必须设置平网和立网（平网距地面不得小于3m）。

（2）脚手架（移动脚手架）的搭设和拆除必须符合《电业安全工作规程》（热力和机械部分）规定第二节脚手架第594～624条、第650～655条和《电力建设安全工作规程》（火力发电企业部分）第126～191条要求。扣件钢管脚手架和门式钢管脚手架的搭设必须按JGJ 130—2001《建筑施工扣件式钢管脚手架安全技术规范》和JGJ 128—2000《建筑施工门式钢管脚手架安全技术规范》要求执行，并做到：

1）脚手架整体稳固，在电气线路和设备附近搭设应采取安全措施；

2）施工脚手架在工作中的材料堆放和施工人员不得超过其荷重；

3）脚手架工作面的外侧应设1000mm的护栏或下部设180mm的护板。

（3）作业层脚手架的脚手板应铺设严密，脚手架外侧应采用密目式安全网做全封闭，不得留有空隙。密目式安全网应可靠固定在架体上。作业层脚手板与建筑物之间的空隙大于15cm时应作全封闭，防止人员和物料坠落。作业人员上下应有专用通道，不得攀爬架体。

(4) 在光滑的地面上搭设脚手架，必须铺设胶皮。在网格板平台上必须铺设足以防止塌陷的平板。脚手架必须设有栏杆、护板、爬梯，要有供工作人员使用的木梯或步道。

(5) 脚手架钢筋爬梯的使用符合以下要求：

1) 采用 A3 钢，钢筋直径由计算确定，但不得小于 12mm。

2) 挂钩应无伤痕、无裂口，横档应焊接牢固。使用时，上部应牢固地连接在构筑物上。梯级间距不得大于 40cm。

3) 梯身每隔 3m 设一道长 15cm 的撑框。长度超过 10m 的爬梯，中间每隔 5m 应与构筑物绑牢。

4) 不得在钢筋爬梯上拉设电源线。严禁将钢筋爬梯作为接地线使用。

(6) 梯子的使用按照《电业安全工作规程》(热力和机械部分) 第 630～649 条执行和《电力建设安全工作规程》(火力发电企业部分) 第 192～185 条执行。

(7) 移动作业平台分为自制和购买两种，必须编制安全使用注意事项，使用中防止倾翻、防跌下、防触电、防碰撞的危险。严格按照设备说明书进行操作，每 6 个月进行一次功能测试和电气校验。

(8) 脚手架搭设完毕后，必须经使用部门验收合格，贴上合格证，悬挂脚手架标示牌（见表 12～7)。脚手架标示牌是脚手架现场管理的重要手段，其制作及悬挂应注意以下几个方面。

1) 脚手架标示牌应悬挂在面向主要安全通道侧的护栏上（高度应控制在 1.5～2m)，悬挂位置一般在靠近主要安全通道的一侧横杆的中间位置，要求用软绳（线）等固定，不要用铁丝；上端与横杆平齐，不留空隙。无横杆的可以在靠近其他安全标示牌的位置布置，并按照要求填写有关内容。填写内容要求用宋体、2 号字，打印，并压膜，在脚手架标示牌左、右上角处固定悬挂。

2) 脚手架的编号选用有关部门前两个字的首位汉语拼音字母，如：锅炉队，用 GL000，编号应与脚手架搭设合格证编号一致，由脚手架搭设单位统一编号。

3) 脚手架标示牌在开始工作前悬挂，并在工作中随时维护，确保处于完好状态。

(9) 脚手架、安全网、移动梯台等高空作业用具等建立日常检查制度。

表 12 - 7　　脚手架标示牌

工作内容			
工作负责人	姓名：	搭设负责人	姓名：
	电话：		电话：
允许最大承重（包括人、物、工具）(kg/m^2)		工作人员数量（人）	
搭制时间		预计拆除时间	
负责部门：			
脚手架编号：			

（六）设备仪器、工器具、材料、备品备件

(1) 所有检修用的设备仪器、工器具和安全防护用品必须经检验合格，未经检验的严禁使用。并做到定置规范管理。

(2) 每日收工前要清点工器具、重要材料和备品备件，防止丢失或其他意外事件。

(3) 加强对易燃、易爆、有毒有害、腐蚀性、放射性等对设备或人身安全有影响物品的管理。班组和现场汽油、煤油的存放量，不得超过厂规定数量。

(4) 各种电焊机存放要有固定地点；氧气瓶与乙炔瓶存放、使用必须符合要求。电焊线要符合要求，严禁使用裸露电焊线；二次侧有快速插头的电焊机，一定要使用快速插头。

(七) 防火措施

(1) 检修现场易燃易爆物品要及时清理。

(2) 焊接现场要配备足够的灭火器。防止焊渣掉落，引燃周围易燃物。

(3) 上方焊接作业要检查下方有无易燃物，并做好隔离措施，防止焊接引起火灾。

(4) 在易燃易爆场所动火作业，必须办理动火工作票，采取安全防火措施，并做好监护。

(5) 氧气瓶、乙炔瓶瓶帽、防震胶圈齐全，并垂直固定放置，存放数量不得超过《安规》规定。夏季高温时，露天布置的气瓶或者环境温度较高的部位，应考虑防晒、降温措施。

(6) 氧气瓶、乙炔瓶及其他易燃、易爆物品不得混装、混放，使用中两瓶距离不得小于 8m，并与明火有足够的安全距离。

(八) 车辆管理

(1) 所有厂内机动车辆，须经检验合格。

(2) 所有驾驶人员必须有经审批合格的驾驶证，严禁无证驾驶。

(3) 厂内机动车辆驾驶室不得超过规定乘员，车厢禁止载人；载货时，需有防止货物松脱措施。

(4) 厂内机动车辆进入厂房，必须沿规定的路线行驶，无规定路线时，应事先确认路况，以防压坏沟道盖板、碰坏设备。

(5) 货车不得进入厂房，若确需进入，必须由用车部门提出申请，经检修指挥部批准后，方可驶入。

(6) 氢冷机组检修时，必须严格做好车辆带入火种的预防工作，做好与运行机组的隔离工作。

(九) 酸碱工作

(1) 在进行酸碱类工作的地点，应备有自来水、毛巾、药棉及急救中和用的溶液。

(2) 搬运和使用浓酸或强碱性药品的工作人员应熟悉药品的性质和操作方法。

(3) 从事酸碱工作的人员应根据工作需要戴口罩、橡胶手套及防护眼镜，穿橡胶围裙及长筒胶靴等。

第二节 检修现场定置管理

一、定置管理的含义

定置管理起源于日本，由日本青木能率（工业工程）研究所的青木龟男始创。他从 20 世纪 50 年代开始，根据日本企业生产现场管理实践，经过潜心钻研，提出了定置管理这一新的概念，后来又由日本企业管理专家清水千里在应用的基础上，发展了定置管理，把定置管理总结和提炼成为一种科学的管理方法，并于 1982 年出版了《定置管理入门》一书。以后，这一科学方法在日本得到推广应用，取得了明显的效果。

定置管理是对生产现场中的人、物、场所三者之间的关系进行科学地分析研究，使之达到最佳结合状态的一门科学管理方法，它以物在场所的科学定置为前提，以完整的信息系统为媒介，以实现人和物的有效结合为目的，通过对生产现场的整理、整顿，把生产中不需要的物品清除掉，把需要的物品放在规定位置上，使其随手可得，促进生产现场管理文明化、科学化，达到高效生产、优质生产、安全生产。

二、定置管理的基本程序

(1) 方法研究。方法研究是定置管理开展程序的起点，它是对生产现场现有加工方法、机器设备情况、工艺流程等全过程进行详细分析研究，确定其方法在技术水平上的先进性，在经济上的合理性，分析是否需要和可能采取更先进的工艺手段及加工方法，进行改造、更新，从而确定工艺路线与搬运路线，使定置管理达到科学化、规范化和标准化。

(2) 人、物结合状态分析。这是开展定置管理的第二个阶段也是定置管理中最关键的一环。在生产过程中不可少的是人与物，人与物的结合是定置管理的本质和主题。定置管理要在生产现场实现人、物、场所三者最佳结合，首先应解决人与物的有效结合问题，所以就必须对人、物结合状态进行分析。

(3) 物流、信息流分析。这是开展定置管理的第三步。在生产现场中需要定置的物品无论是毛坯、半成品、成品，还是工装、工具、辅具等都随着生产的进行而按照一定的规律流动着，它们所处的状态也在不断地变化，这种定置物规律的流动与状态变化，称之为物流。随着物流的变化，生产现场也存在着大量的信息，如表示物品存放地点的路标、表示所取之物标签、定置管理中表示定置情况的定置图、表示不同状态物品标牌、为定置摆放物品而划出的特殊区域等，都是生产现场中的信息。

随着检修作业的进行，这些信息也在不断地运动着、变化着。当状态转变时，信息也伴随着物的流动变化而变化，这就是信息流。通过对物流、信息流的分析，不断掌握变化规律和信息的连续性并对不符合标准的物流、信息流进行改正。

(4) 定置管理的设计。这是推行定置管理的第四个阶段。首先是定置图的设计，其次是信息的标准化工作，其中定置图是最重要的。

三、检修现场需定置管理的几项重点内容

(一) 进出场通道布置

检修期间进出场通道的挤占现象并不少见，这常常会引起一些不必要的纠纷，严重的会影响到消防安全及延误工期，从而影响到整个检修目标的实现。检修开工前，必须对进、出场通道进行合理布置，制定专项管理制度，不允许任何单位以任何理由长期占用进出场通道。确需短期占用的，应事先报告并获批准后在规定的时间内实施，不允许超时占用。

(二) 设备和备品、材料的摆放和标识

(1) 主机设备解体前，应在现场张贴大型零部件和工器具旋转示意图，检修完工后撤除。

(2) 所有拆卸的零部件不准直接放在地面上，应放在事先准备的橡胶垫上，对于可能有油类或其他脏物漏出的零部件，应在橡胶垫下铺置塑料薄膜。

(3) 卷扬机、千斤顶、链条葫芦、滑轮及其他大型工器具，在生产现场放置时，应事先在地面上铺上橡胶垫，常用工具应整齐地排列在白布或薄膜上，或者排放在专用盘中，禁止乱扔乱放。

(4) 在主厂房的平台格栅上进行检修作业时，作业区域必须铺设铁板或橡胶垫，以防零部件掉落受损和伤人。

(5) 在楼板或平台格栅上堆放物品时，应注意楼板允许载荷重量。严禁在厂房楼板或格栅上超负荷堆放物品。

(6) 轴类和其他易滚动、易倾倒的零部件，在现场旋转时，应使用道木或木板垫好，防止滚动、倾倒损坏设备或伤人。

(7) 螺栓、螺母等小零件应使用专用盘或容器收好，以免丢失。大的螺栓螺母应排列在橡胶垫上并防止碰伤螺纹。

(8) 汽轮机汽缸中分面排汽部分揭开处，无论水平或垂直位置均应封盖牢固。汽包、下水包及拆开的汽水管口等，应封盖牢固并及时加贴封条。

(9) 机组检修中，应对检修作业点建立工作隔离区或设立工作区标识，检修隔离区应由专人负责看护，工作人员应凭证件进、出入隔离区。

(三) 工具箱的摆放

现场使用的工具箱应摆放整齐，所有暂时不用的工器具必须按规格、品种进行分类存放在工具箱内。工具箱的摆放地点不应占用通道位置。

(四) 现场临时工作间基本要求

(1) 实行专人负责制，负责人对其安全文明状况负责。

(2) 临时电源的使用必须事先申请，经过批准后统一敷设，严禁擅自拉接电源。

(3) 禁止使用电热水器、电炉或无人在场使用充电器。

(4) 无人在时，应切断电源，关好门窗。

目前许多单位现场工作间采用集装箱，是一个很好的方式。

(五) 对暂时存化学危险品集装箱的附加安全要求

(1) 存放化学危险品的集装箱必须再办理一份“特准化学危险品存放许可证”，并张贴在现场的集装箱门外。

(2) 危险品必须有完好的包装和醒目的危险品标志。

(3) 必须遵守分类存放的原则，严禁把相混可能出现危险情况的危险品存放在一个集装箱内。

(4) 存放易燃易爆化学品的集装箱必须注意通风，禁止在箱内或附近进行可能产生明火或高热的作业或活动。

(5) 针对储存危险品种类和数量，集装箱必须配备相应的安全防护和消防设备。

(6) 除了有人看守，其他任何时候集装箱都必须关闭并锁门。

(六) 检修电源点的设置

(1) 工作需要必须在现场敷设电源点时，电源点用户的工作负责人应事先向技术管理部门提出书面申请，写明使用地点、需要负荷量、使用时间及特殊要求。

(2) 由技术管理部门下达工作任务书，由电源管辖单位安排人员会同工作负责人到现场进行电源点的敷设工作。

(3) 在运行管辖的配电盘、备用开关、照明（包括事故照明）开关箱、插座电源开关箱、专用盘等设备上搭接电源点，应取得运行人员同意，办理运行许可手续，方可进行搭接工作。擅自接电源者按有关规定给予处罚。

(4) 电气检修人员自行搭接的电源点的范围仅限于检修专用的配电箱、检修电源盘。

(5) 在检修专用的插座上插接临时检修电源可允许本单位非电气专业人员自行进行，但电源线必须符合安全规定及要求。.

(6) 电源点使用完毕应及时通知相应人员拆除。在运行管辖的设备上拆除电源点必须办理工作许可手续。

(7) 电源点线不准接触热体，不准放在地面或铁栅上及通道上。

(8) 严禁在有爆炸或有火灾危险场所架设电源点。

(七) 气、水源点的设置

(1) 检修期间使用气、水源点必须经设备管理部门批准。

(2) 非消防用途不允许使用消防水。确因工作需要使用的，必须经消防管理部门批准后方可使用。

(3) 在现场使用气、水源泉点，其接头必须牢固，密封可靠，不允许渗漏和跑冒。

(4) 检修中使用的气、水管道敷设应尽可能避开通道，防止踩踏和压轧。条件不允许的应采取可靠的防护措施。

(5) 应本着节约使用的原则，对不再使用和临时不用的气、水源，应及时关闭阀门，防止资源流失。

(6) 在检修现场使用气、水源应遵守管理部门的有关规定。

(八) 废弃物的管理

1. 废弃物的概念

废弃物是指人们在生产、流通和消费过程中产生的基本上或完全失去使用价值、无法再重新利用的最终排放物。事实上，废弃物是一个相对概念，不存在任何绝对的废物。往往一种过程中产生的废弃物，可以成为另一个过程的原料。随着时间的推移和技术的进步，人类所产生的废弃物将愈来愈多地被转化为新的原料。

2. 废弃物的分类

发电企业设备检修过程中会产生大量的废弃物，其主要分类有：

(1) 技术废物。工作人员在发电企业设备检修过程中产生的废弃物，如受到污染而且不可复用的个人防护用品、报废工器具、损坏的无法修复的设备部件、部分检修材料的边角料等。

(2) 工艺废物。发电企业设备检修前系统中残留的工作介质（油、水等）、设备清理用废液及工艺系统必然产生的废物，如废树脂、垫片、过滤器芯子等。

3. 组织及职能

(1) 技术管理部门负责机组检修废弃物回收、存放及运输的监督管理；

(2) 业主方成立专门的废弃物清运小组负责废弃物的运输；

(3) 设备检修工作人员负责检修废弃物的收集、分类及运送至相应的废弃物回收区域存放。

4. 废弃物的回收

(1) 废弃物回收区域的设置。

1) 检修现场必须设置固定的废弃物回收区域，可根据现场实际情况确定回收区域的数量及位置，一般，废弃物回收区域可分别设置在汽机房0m层、汽轮机运转层、锅炉房0m层等。

2) 废弃物回收区域必须隔离设置，周围采用围栏规范布置，形状应规则、美观，按照现场安全规程和安全设施规定，围栏摆放要成直线，留有专门出口便于人员、物料进出。隔离区地面敷设必要的地革、胶皮垫、吸水材料等。

3) 在废弃物回收区内，应根据场地条件和用途划分作业区域，如：钢材区、非钢材区、油罐区、其他废液区、有害废弃物区等，不同区域必须设置废弃物类别的明显标志。

4) 有毒、有害废弃物单独放置在密闭容器内或对其进行全封闭，并注明“有害”字样。

(2) 一般固体废弃物如无回收利用价值可直接丢弃在垃圾桶内。

(3) 机组检修时，系统中残存的水可直接通过下水道排放，系统存油或设备清洗液必须分类放置于废弃物存放区内专门容器内。

(4) 废水处理产生的固废、含油固废等难以再生的非危险性固废物可运至煤场后混煤燃烧用。

5. 废弃物的运输

(1) 业主方成立专门的废弃物清运小组，负责组织清运存放区的废弃物。

(2) 存放区内废弃物的清理坚持每日两次，可分别在早上上班后和下午下班前半小时内进行，特殊情况下及时清运。

（3）清运车辆设置统一醒目标志，运输过程中应当封盖严密，不得撒漏、渗漏。

四、现场定置管理图绘制

定置图是对生产现场所有物品进行定置管理，并通过调整物品来改善场所中人与物、人与场所、物与场所相互关系的综合反映图。其种类有室外区域定置图，车间定置图，各作业区定置图，仓库、资料室、工具室、计量室、办公室等走置图和特殊要求定置图（如工作台面、工具箱内，以及对安全、质量有特殊要求的物品定置图）。

1. 定置图绘制的原则

（1）现场中的所有物均应绘制在图上。

（2）定置图绘制以简明、扼要、完整为原则，物形为大概轮腕、尺寸按比例，相对位置要准确，区域划分清晰鲜明。

（3）生产现场暂时没有，但已定置并决定制作的物品，也应在图上表示出来，准备清理的无用之物不得在图上出现。

（4）定置物可用标准信息符号或自定信息符号进行标注，并均在图上加以说明。

定置图应按定置管理标准的要求绘制，但应随着定置关系的变化而进行修改。

2. 现场定置管理图范例

附录二十是四缸四排汽机组检修时汽轮机运行平台的参考现场布置图。

五、定置管理实施

定置实施是理论付诸实践的阶段，也是定置管理工作的重点，包括以下三个步骤：

1. 清除与生产无关之物

生产现场中凡与生产无关的物，都要清除干净。清除与生产无关的物品应本着“双增双节”精神，能转变利用便转变利用，不能转变利用时，可以变卖，化为资金。

2. 按定置图实施定置管理

各承包方都应按照定置图的要求，将生产现场、器具等物品进行分类、搬、转、调整并予定位。定置的物品要与定置图相符，位置要正确，摆放要整齐，贮存要有器具。可移动物品，如推车、电动车等，也要定置到适当位置。

3. 放置标准信息铭牌

放置标准信息铭牌要做到牌、物、图相符，设专人管理，不得随意挪动。要以醒目和不妨碍生产操作为原则。

总之，定置实施必须做到：有图必有物，有物必有区，有区必挂牌，有牌必分类；按图定置，按类存放，账（图）物一致。

第三节　检修现场作业区隔离管理

一、设置作业隔离区的范围

（1）检修现场（含厂房内、外）所有平面、立体工作区域。

（2）涉及到脚手架（升降平台）等立体工作，应在脚手架（升降平台）的下部设置隔离区。

（3）较小容器内的工作，应将整个容器设置独立的作业区。

（4）0m以下的单项检修工作，下部无法设置作业隔离区的，应在0m入口处设置隔离区。

（5）涉及到两个及以上部门的工作或者在同一区域或设备进行平面交叉作业的，应设置一个隔离区。

(6) 其他具备设置作业隔离区条件的工作场所。

二、隔离区设置的条件和要求

(1) 使用新的隔离材料搭制汽轮发电机检修隔离区域，做到整齐美观。

(2) 隔离区信息牌使用铝质镜框、有机玻璃镜面，悬挂在隔离区醒目位置。

(3) 严格按现场平面布置图摆放主要部件。

(4) 隔离区内外整齐、清洁。

(5) 使用专用盖板、堵板封堵。

(6) 汽轮发电机隔离区内设置坚固件或小部件摆放货架。

(7) 隔离区内外检修平台、花格栅铺设垫板。

(8) 做好防止高空落物措施。

(9) 重要部件和精密部件检修确保清洁。

三、隔离区布置方式

作业隔离区用围栏、安全旗绳等规范布置，并逐步推行用铁围栏代替警示旗绳，形状应规则、美观。按照现场安全规程和安全设施规定，围栏摆放要成直线；旗绳等一定拉紧，四角用专用的立杆固定，不得斜拉固定在邻近的设备或者管道等物上，并留有活动出口便于人员、物料进出，旗绳设置符合《安规》等制度的规定。隔离区地面敷设必要的地革、胶皮垫、吸水材料等。工具、物料的存放应定置管理。

四、隔离区清洁度要求

工作负责人应确保作业隔离区内的场地整洁度，作业开始前，应充分估计到作业期间可能产生的油污、报废材料、疏排废液等对现场整洁度造成直接影响的情况，准备充分的防护措施应对这些情况。特别是对于油系统的检修，工作负责人应准备充分的容器、疏排软管等，并对作业隔离区内地面敷设充足的地革、胶皮垫、吸水材料等，用这些材料维持检修期间作业区的清洁度。

在作业隔离区内，工作负责人应根据场地条件和用途划分作业区域，如工具区、设备检修区、材料区等小区域。各个区域内整齐摆放工具、材料和零部件，一般情况下，地面都应敷设胶皮垫等以保护地面。

有些情况下很难形成规范的作业隔离区，如作业区过于狭窄、高空作业等，即便如此，工作负责人也应时刻提醒工作人员对自己的工具和使用的材料做到心中有数，保护设备及其周围的其他设施，尽量保持作业现场的清洁度。

五、作业区信息牌的悬挂

(1) 作业区信息牌（见表 12 - 8）按照要求填写部门、工作内容，负责人、联系方式（现场或办公电话等），填写内容要求用宋体、2 号字，打印，并压膜。

(2) 在面向主要安全通道的一侧，在隔离围栏（或旗绳）上的中间位置上悬挂“作业区信息牌”，用软绳（线）等固定，不要用铁丝等较硬的材料固定。信息牌上端与围栏或者旗绳平齐，不留空隙。在同一区域或设备进行平面交叉作业的，设置一个隔离区的，宜并排悬挂同时工作的信息牌。

(3) 现场围栏或旗绳、作业区信息牌的制作由各责任部门负责。各外包项目由管理部门监督执行。各工作组要随时做好维护工作，确保作业过程中完好、规范。

(4) 作业区信息牌在进入作业区工作前必须悬挂完毕。工作办理终结后，方可撤离作业区信息牌和作业隔离围栏。

(5) 关于作业区信息牌内注明的安全事项应根据工作特点制定。

表 12-8 **作业区信息牌**

<table>
<tr><td>工作票编号</td><td></td><td rowspan="6">现场基本安全规定：
1. 建立良好、规范的作业区域与环境（围栏或旗绳、安全警示标志齐全，照明通风符合要求）。
2. 作业人员必须正确配置、使用合适的安全防护用品。
3. 特种作业（起重、容器作业、动火等）严格执行防护措施。
4. 涉及盖板、格栅打开的区域，必须设置围栏和警示标志。
5. 严格按照工作票规定的内容、时间和范围作业。
6. 工作完毕恢复原状，全面清理作业现场</td></tr>
<tr><td>工作内容</td><td></td></tr>
<tr><td>工作期限</td><td>自　　至</td></tr>
<tr><td>所在部门</td><td></td></tr>
<tr><td>工作负责人</td><td></td></tr>
<tr><td>联系电话</td><td></td></tr>
</table>

注 作业区信息牌用 A4 纸横向打印后将信息填入，悬挂在作业区域的围栏上。

第十三章 检修竣工、总结与资料整理归档

第一节　检修竣工、总结及评估

机组启动并入电网标志着检修施工实施阶段的工作基本结束，但机组检修全过程管理工作并未完成，机组的竣工、总结及其评估工作仍是机组检修管理工作的重要内容，也是检修全过程闭环管理的重要一环。做好机组检修的竣工、总结及其评估工作既是发电企业闭环管理、持续改进的需要，也是区域性公司生产全过程管理的要求。

一、机组检修竣工报告

设备管理部门应及时对工期、检修项目完成情况、主要设备问题及处理情况、主要检修遗留工作及处理措施等方面进行汇总，在机组检修结束后三日内，向上级主管部门填报机组检修竣工报告单（见表13-1）。这标志着检修活动的结束，全面进入总结评估阶段。

表13-1　　机组检修竣工报告单　　报送日期：

<table>
<tr><td>发电单位名称</td><td colspan="5">（盖章）</td></tr>
<tr><td>检修机组编号</td><td></td><td colspan="2">检修等级</td><td colspan="2"></td></tr>
<tr><td>电网批准开工日期</td><td></td><td colspan="2">电网批准竣工日期</td><td colspan="2"></td></tr>
<tr><td>实际检修开工日期</td><td></td><td colspan="2">实际检修竣工日期</td><td colspan="2"></td></tr>
<tr><td colspan="6">检修项目完成情况：</td></tr>
<tr><td colspan="6">主要设备问题及处理情况：</td></tr>
<tr><td colspan="6">主要检修遗留工作及处理措施：</td></tr>
<tr><td>批准：</td><td></td><td>审核：</td><td></td><td>填报：</td><td></td></tr>
</table>

二、检修总结

检修总结是通过对检修准备阶段和实施阶段工作进行全面归纳、总结和分析，找出好的经验做法，更重要的是找出存在的不足和遗留问题，制定相应的措施，保持检修管理工作的持续改进。

（一）检修承包方总结

检修承包方在完成了各自承包的检修工作以后，应及时对自己合同范围内的工作进行全面总结，并在一周内编写出书面总结反馈给业主方的设备管理部门。总结的主要内容包括：

1. 检修工作完成情况

（1）计划完成情况；

（2）质量完成情况；

（3）项目变更及原因；

（4）设备异动；

（5）设备定值、逻辑修改情况；

（6）设备缺陷消除情况；

（7）进行的主要检修工作、发现的问题以及处理情况；

（8）更换备品、备件及消耗性材料；

（9）消耗人工工时；

（10）机组启动过程中及运行中需注意的事项；

（11）遗留的问题、原因分析及建议采取的对策。

2. 管理总结

检修承包方在大修结束后都应结合自己合同履行过程对正反两方面的经验教训以及对业主方管理方面的建议进行全面总结，反馈给业主方的设备管理部门，主要内容包括：

（1）所承包项目实施过程管理总结；

（2）准备工作存在的问题和建议；

（3）安全生产方面的经验教训及事件分析；

（4）在质量控制方面的经验教训及事件分析；

（5）对检修工艺、工序方面的建议和意见；

（6）对工器具、专用工器具方面的建议和意见。

（二）专业总结

大修结束后，设备管理部门各专业应及时组织业主方、承包方相关人员对本专业大修工作进行总结，并在冷态验收前写出专业大修总结报告。总结报告的主要内容包括：

（1）大修工作概况；

（2）工作评语；

（3）简要文字总结。

各专业总结的格式参见附录二十一～附录二十五。

（三）大修总结

机组大修结束后，设备管理部门及时做好决算，于 30 天内编写完成大修总结（格式参见附录二十六），并报上级主管部门。

大修总结的主要内容应包括：

（1）检修中的项目计划管理情况；

（2）施工组织的安全、质量、工期情况；

（3）技术监督情况；

（4）检修中消除的设备重大缺陷及采取的主要措施；

（5）设备重大改进的内容和效果；

（6）自动、保护、连锁、定值变动情况；

（7）人工和费用的统计分析；

（8）主设备检修前后主要技术指标和检修情况；

（9）检修后尚存在的主要问题及准备采取的对策等方面情况；

（10）对机组检修进行全面总结并作出技术经济评价；

（11）热力试验结果分析。

三、检修效果评估

（一）机组修后热力试验和电除尘效率试验

机组修后热力试验和电除尘效率试验应在机组大修竣工30日内完成，向上级主管部门提交试验报告，对机组大修后的热效率作出评价。一般机组修后热力试验可委托有相应资质的电力研究院或中试所负责完成，并负责编写机组大修后热力试验报告。修后热力试验由上级技术监督部门负责监督。

（二）机组热态验收

热态验收是指大修竣工后第30天对机组运行状况、设备修后评估、设备效率、设备缺陷的消除情况、检修人工、材料、工程费用、文件管理等方面进行的整体鉴定分析和评价。

1. 目的

对检修机组投运后设备运行的安全性、稳定性、经济性进行跟踪，对设备发生的问题、原因进行分析，总结经验，持续改进。

2. 时间要求

机组大修竣工30日内要进行热态验收。

3. 验收组织及验收方式

（1）热态验收有设备管理部门负责组织进行。

（2）热态验收由生产副厂长/总工程师主持，设备管理部门、技术管理部门、安全管理部门、运行部门、物资管理部门及检修承包方参加。

（3）热态验收采取集中会议与现场检查相结合的方式。

4. 热态验收的内容

（1）启动后的可靠性评价：机组启动成功率、非计划降负荷情况、自动投入率等、启动后缺陷及处理情况。

（2）热态运行、调试情况。

（3）经济技术指标完成情况。

（4）检修文件管理及检修总结编制情况。

（5）监督、鉴定分析。

（6）工程费用分析。

（7）材料消耗分析。

（8）人工、劳动生产率分析。

（9）启动后缺陷处理情况。

（10）遗留问题处置。

5. 热态验收报告

热态验收完成后由技术管理部门负责编写出热态验收报告，上报上级主管部门，报告格式参见表 13 - 2。

表 13 - 2　　　　××年度×号机组大修热态验收报告

<table>
<tr><td colspan="14">机组大修于　　年　　月　　日　　时报竣工，至今已安全稳定运行　　天。期间的各种试验和资料整理工作全部按要求完成，已达到热态总体验收条件，申请验收</td></tr>
<tr><td colspan="14">检修时间：</td></tr>
<tr><td colspan="14">热态试运中存在的主要问题和处理情况：</td></tr>
<tr><td colspan="14">试运期间进行的主要工作：</td></tr>
<tr><td colspan="14">大修后一个月内因设备缺陷影响降出力　　小时，损失出力　　MW，起止时间　　月　　日　　时至　　月　　日　　时</td></tr>
<tr><td colspan="14">大修后一个月内临故修时间　　年　　月　　日　　时至　　年　　月　　日　　时，实用时间　　小时</td></tr>
<tr><td colspan="14">A 级检修前后主要指标</td></tr>
<tr><td colspan="4">指标名称</td><td colspan="4">单　　位</td><td colspan="3">大 修 前</td><td colspan="3">大 修 后</td></tr>
<tr><td colspan="4">汽轮机汽耗值</td><td colspan="4">kg/（kW・h）</td><td colspan="3"></td><td colspan="3"></td></tr>
<tr><td colspan="4">汽轮机热效率</td><td colspan="4">%</td><td colspan="3"></td><td colspan="3"></td></tr>
<tr><td colspan="4">锅炉总效率</td><td colspan="4">%</td><td colspan="3"></td><td colspan="3"></td></tr>
<tr><td colspan="4">电除尘电场投入数</td><td colspan="4">个</td><td colspan="3"></td><td colspan="3"></td></tr>
<tr><td colspan="4">继电保护装置投入率</td><td colspan="4">%</td><td colspan="3"></td><td colspan="3"></td></tr>
<tr><td colspan="4">热工自动投入率</td><td colspan="4">%</td><td colspan="3"></td><td colspan="3"></td></tr>
<tr><td colspan="4">热保护投入率</td><td colspan="4">%</td><td colspan="3"></td><td colspan="3"></td></tr>
<tr><td>评价</td><td></td><td>检修质量</td><td></td><td>设备状况</td><td></td><td>文明卫生</td><td></td><td>软件管理</td><td></td><td>试验工作</td><td></td><td>总评</td><td></td></tr>
<tr><td>评语</td><td colspan="13"></td></tr>
<tr><td>验收人员意见并签字</td><td colspan="13">生产副厂长（总工程师）__________
设备管理部门主任__________　运行管理部门主任__________
安全管理部门主任__________　技术管理部门主任__________</td></tr>
<tr><td colspan="2">时间</td><td colspan="12">年　　月　　日</td></tr>
</table>

（三）热态评价和检修工程评估

1. 投运后的可靠性评价

（1）机组启动成功率，包括设备启动时是否达到四个一次成功（一次水压试验成功、一次点火成功、一次冲转成功、一次并网成功）。

（2）非计划降负荷率。

（3）调峰范围及运行灵活性。

（4）强迫停运和 MFT 情况。

（5）热控、电气仪表及自动、保护装置投入率。

（6）计算机监控系统模拟量、开关量投入率，DAS 模拟量、开关量投入率。

（7）设备泄漏率。

（8）机组主要辅机设备无异常，检修后连续运行的天数分别为 30 天，设备缺陷发生项数及主要缺陷。

2. 技术经济指标评价

（1）工时管理。

1）工时计划正确率；

2）超时和节约工时分析；

3）各技术工种配备合理性；

4）人员配备的合理性；

5）紧缺人员培训计划制定。

（2）材料管理。

1）库存材料、备件的合理储备；

2）采购计划的正确性；

3）采购网络通畅；

4）交货价格信息正确性。

（3）费用管理。

1）费用结算情况；

2）各项目预算超支和节约原因分析；

3）各费用出账正确；

4）总预算费用控制等。

3. 技术评价

（1）检修目标完成情况；

（2）重大技术改造项目收到预期效果；

（3）热态验收时文件资料齐全、完整情况；

（4）修后机组主要经济技术指标达到设计值或要求的标准值；

（5）新设备新技术选用正确性；

（6）设备状态诊断的正确性；

（7）设备健康状况和设备性能试验评价；

（8）设备主要存在问题及今后的技术措施；

（9）外借和外包人员选用、各种合同条款合理性等。

（四）项目后评估

项目后评估工作应在项目完成后，经一个完整的财务年度后进行，内容包括项目运营情况、技术评价、投资分析和效益分析等方面。对外发包工程的后评估工作还包括对承包方的工作业绩进行评价。

（五）大修项目计划分析与改进

1. 原则

大修项目的优化必须建立在科学合理的基础上，不能以牺牲机组安全稳定运行为代价，因此要遵循以下原则：

（1）必须保证机组的安全水平在允许水平之上。

（2）设备的可靠性和可用性得以保证和提高。

2. 方法

大修项目优化的主要途径有：增加机组正常运行期间的预防性维修，或延长大修周期，或取消某些预防性检修项目。一般可通过以下方法对大修项目进行优化。

（1）通过对设备可靠性、安全性评价分析，对定期滚动检修计划、年度检修计划进行调整，合理减少设备检修项目或延长检修项目的时间间隔。

（2）对系统设备进行功能分析，使检修的重点集中于对系统功能有影响的关键设备，减少不必要的预防性维修工作。

（3）通过增加设备状态诊断监督，进行趋势分析，减少以时间为基础的预防性检修项目，减少预防性检修工作量，增加以状态诊断为基础的检修和预测性检修。

（4）增加在线检修。通过对预防性检修和机组的安全水平进行分析，将能够在平时进行的预防性检修项目尽量安排在机组运行期间进行，减少机组大修期间预防性检修项目的数量。

（5）通过提高检修技能来减少大修项目，提高检修质量，达到延长设备检修时间间隔的目的。

（6）通过提高大修计划的编制和管理水平，促使大修计划走向科学化、标准化、规范化，从而缩短大修工期。提高大修计划的水平可以从大修项目的时间编排、计划编制方法、计划编制软件等方面入手。

第二节　修后检修资料的整理和归档

检修基本资料管理是保证企业检修管理体制正常运行，直接反映企业管理水平的一项基础性管理工作。发电企业应建立完善的管理规章制度，成立资料管理部门进行专人管理。修后资料整理和归档既是一项基础性管理工作，也是机组检修工作的重要内容。良好的资料整理和归档管理，既可便于日后查阅、追溯和综合分析，也可以帮助我们总结经验，促进机组检修管理的持续改进，进一步提高管理水平。

检修资料整理和归档的原则是：全面性，要将有保存价值的资料全部整理归档；系统性，检修资料要按系统分类保存；可追溯性，质量控制文件要妥善保存，便于日后追溯；有效性，归档的文件资料应符合GB/T19001质量管理标准的要求；实用性，要筛选不具备保存价值的文件，保存有价值的资料文件；先进性，充分发挥计算机管理优势，最大限度降低资料纸面保存。

一、检修资料分类

机组检修资料根据其特点及形成时间，总体分为三大类：

1. 检修准备阶段文件

（1）计划性文件。

1）检修项目计划；

2）外包项目计划；

3）技术监督、锅炉压力容器监督计划；

4）质量控制计划；

5）机组检修备品材料计划；

6）工器具、安全用具计划；

7）检修前机组试验项目计划；

8）厂家及专业配合计划；

9）机组检修准备阶段全过程管理程序。

（2）操作性文件。

1）合同与技术协议；

2）可研报告；

3）技术备忘（来往传真、会议纪要、设计变更）；

4）检修项目变更申请；

5）设备异动申请；

6）机组设备修前状态分析报告；

7）机组设备运行分析报告；

8）现场定置管理图；

9）机组整体试运行及总启动大纲；

10）修前检修作业文件包、单独编制的重大技术改造或特殊项目的安全技术组织措施；

11）检修项目进度与网络图。

（3）管理性文件。

1）检修规程；

2）各项检修考核细则（检修管理、质量、文明生产等考核办法）；

3）检修工艺纪律；

4）检修作业文件包及其使用管理规定。

（4）其他文件。

1）检修前缺陷统计；

2）机组检修开工报告单。

2. 检修过程阶段文件

（1）修中检修作业文件包及其附件（调试记录、质量缺陷报告、再鉴定单、不符合项报告、施工质量整改通知单等）；

（2）设备异动竣工报告；

（3）设备定期检修项目延期申请单；

（4）设备检修项目变更申请单；

（5）其他现场记录资料。

3. 检修总结阶段文件

（1）重大特殊项目的技术措施及施工总结；

（2）改变系统和设备结构的设计资料和图纸；

（3）质量监理报告；

（4）检修技术记录和检修专题总结；

（5）检修工时、材料消耗统计资料；

（6）质量监督验收资料；

(7) 检修前、后机组热效率试验报告；

(8) 汽轮机检修前、后调速系统特性试验报告；

(9) 汽轮机叶片频率试验报告；

(10) 重要部件材料和焊接试验、鉴定报告；

(11) 修后检修作业文件包及其附件；

(12) 设备试运行记录；

(13) 各专业检修交代；

(14) 项目后评估报告；

(15) 冷热态验收总结评估报告；

(16) 机组检修竣工报告单；

(17) 机组检修总结报告，见附录二十六。

二、检修资料整理

(一) 职责分工

(1) 检修准备阶段文件：由技术、设备管理部门负责整理。

(2) 检修过程阶段文件：由检修调试人员负责整理，由技术管理部门、安全管理部门和设备管理部门监督。

(3) 检修总结阶段文件：

1) 检修交代由检修人员负责。

2) 设备管理部门负责各自专业的检修总结。

3) 技术管理部门负责技术监督及锅炉压力容器监督总结。

4) 检修承包方负责各自承担检修项目的检修总结。

(二) 大修结束后，承包方必须向业主移交或提供的资料清单

(1) 执行完成的工作文件包。

(2) 重大项目、改造项目、特殊项目检修专项交代。

(3) 合同执行总结及经验反馈。

(三) 大修结束后业主负责汇总各项资料清单

(1) 承包方负责提供的各项资料。

(2) 修前设备状态分析报告。

(3) 检修项目计划，包括：

1) 标准、特殊、技术改造项目计划；

2) 阀门滚动检修计划；

3) 防磨防爆检修计划；

4) 压力容器检修计划；

5) 电气母线停电检修计划；

6) 电机滚动检修计划；

7) 节能、科技、反措项目计划；

8) 电气、热工仪表周检计划；

9) 各项技术监督计划；

10) 网络计划、网络图、现场布置图等；

11) 物料计划、工器具计划。

(4) 技术改造、特殊项目实施方案及图纸资料；

(5) 各种会议纪要；

(6) 设备异动报告及异动竣工报告；

(7) 技术监督报告；

(8) 项目变更单；

(9) 来往传真资料；

(10) 各专业总结（包括工时、物耗、费用等分析）；

(11) 冷热态验收报告等；

(12) 修前、修后热力实验报告；

(13) 运行操作措施、设备分布试转调试措施、启动调试大纲、启动电气试验运行操作措施、重要的电气隔离措施。

（四）整理及归档要求

(1) 所有需要存档的资料在审核完成后，必须将原件存于资料管理部门（如档案科、档案室等），不得用复写件和复印件代替。原件使用微机打印或蓝黑、碳素墨水钢笔填写，手写体要书写工整、清晰，不得出现铅笔、圆珠笔、纯蓝墨水字迹。

(2) 纸张要求：归档文件一律使用 A4 纸张，报表可使用 A3 纸。

(3) 竣工图必须要与实际情况相符，保证图面整洁、字迹清晰、签字完备，加盖竣工图章。

(4) 文字型电子文件以 .DOC、.XLS、.WPS、.XML、.RTF、.TXT 为通用格式。绘图文件以 .DWG 为通用格式。扫描型电子文件以 .JPEG、.TIFF、.PDF、.SIF 为通用格式。视频和多媒体电子文件以 MPEG、AVI 为通用格式。音频电子文件以 WAV、MP3 为通用格式。照片档案要求底片、照片、说明齐全，底片与照片的影像相符。

(5) 设备开箱验收，由物资管理部门通知档案人员参加设备开箱验收，正式文件及说明书的正本归档，复制件归有关部门。如文件不全，由设备购进部门负责补齐。

(6) 检修过程阶段文件应在相关工作结束后 3 日内，由检修承包方负责录入微机，已执行的文件包内容填写必须完整。

(7) 大修冷态验收前，应将所有已完成工作的检修作业文件包全部录入微机，并将检修作业文件包（手签版和电子版）按发电企业所辖专业分开，返回给发电企业技术、设备管理部门相关专业，各专业审查后签收并负责归档。

(8) 大修冷态验收后完成的检修作业文件包，应由检修承包方在其工作完成后 2 天内录入微机，并将检修作业文件包（纸版和电子版）按发电企业所辖专业分开，返回给发电企业技术、设备管理部门相关专业，各专业审查后签收并负责归档。

(9) 全部文件应在检修结束后一周内完成录入微机。

(10) 凡未有检修作业文件包计算机管理系统的发电企业，应由检修承包方负责将检修作业文件包电子版存入该设备的设备台账，设备管理部门负责监督检查。

(11) 凡有检修作业文件包计算机管理系统的发电企业，应由检修承包方负责将检修作业文件包录入系统，由设备管理部门负责审核后关闭检修作业文件包（系统会自动归档）。

(12) 电子文件档案与相应纸质档案同一时间归档。

(13) 大修后两个月内，由负责部门将大修档案资料移交资料管理部门。

第三节 文件修编

检修文件修编是检修全过程管理的必然要求，也是企业持续改进的重要工作之一，既是检修全过程管理的最后的一个环节，也是一个新的检修全过程管理的开始。检修文件修编应根据检修实绩修订相应标准、规程、检修文件包及其相关等管理文件，完善检修信息管理数据库。

一、规程修编

（一）修编依据

（1）结合检修情况、设备再鉴定以及运行调试结果，对相关检修规程、运行规程的内容进行修编。

（2）结合大修中完成的技术改造项目及设备（系统）异动竣工报告，编制或修编相关检修、运行规程。

（二）编审流程

（1）检修规程由技术管理部门负责修编、技术管理部门主任审核、生产副厂长/总工程师批准。

（2）运行规程由运行部门专工负责修编、运行部主任审核、生产副厂长批准。

二、文件包修编

（一）修编依据

根据文件包实际使用中出现的问题以及承包方的反馈意见，从安全管理、质量控制、作业标准、检修程序、物料准备以及工时定额等方面对文件包进行修编，逐步完善标准项目检修作业文件包，从而逐步建立并充实标准项目检修作业文件包库，方便以后的检修工作。

（二）编审流程

由技术、设备管理部门负责修编，技术管理部门、安全管理部门负责审核，生产副厂长/总工程师批准。

三、图纸修编

（一）修编依据

（1）编制修改特殊项目、技术改造项目相关图纸。

（2）根据大修过程中发现的与现场实际不相符的情况，对图纸进行修改。

（3）设备（系统）异动竣工报告。

（二）编审流程

（1）由技术管理部门负责修编，技术管理部门主任审核，生产副厂长/总工程师批准。

（2）修改后的图纸经过审批后归档，并下发到相关专业人员。

四、设备台账录入

（一）设备台账的主要内容

设备台账是设备管理和技术管理的基础，它记录设备从投入运行到退役整个寿命周期的重要资料。设备台账的主要内容包括：

1. 设备规范

（1）设备名称。

（2）设备型号。

（3）出厂编号。

（4）制造（出厂）日期。

（5）制造厂家。

（6）投运（使用）日期。

（7）安装单位。

（8）管理部门（或安装地点）。

(9) 有关技术参数。

2. 主要附属设备规范

内容同上。

3. 检修经历

(1) 检修日期。主要记录计划和实际的检修起止日期。

(2) 检修性质。大修、小修、临故修。

(3) 修前状况。主要简述设备修前运行情况和存在的主要问题。

(4) 检修主要内容。主要记录检修过程中进行的特殊、技改项目，消除的主要缺陷，更换的主要部件和检修中发现的重大问题及处理情况。

(5) 修后状况。简述设备检修后主要试验数据和修后遗留问题及对策。

(6) 用工、物耗、费用情况。主要记录用工、物耗、费用实际发生情况。

(7) 检修评价。对该设备的总评价，用优、良、合格、不合格表示。

4. 事故、障碍、重大异常记录

(1) 发生日期。

(2) 性质分类：事故、障碍、重大异常。

(3) 发生原因及过程。

(4) 对设备造成的影响，该设备发生事故、障碍、异常时和该设备外部（出口）发生事故、重大异常时对该设备完好情况造成的影响。

(5) 跟踪处理措施。

(6) 处理结果。

(7) 消除日期。

(8) 消除负责人。

5. 设备变更、异动记录

(1) 变更、异动设备名称。

(2) 变更、异动设备时间。

(3) 变更、异动设备原因。

(4) 变更、异动设备内容。

6. 设备缺陷记录

7. 设备投产前说明

(二) 设备台账录入管理

(1) 机组检修资料录入设备台账的分工原则：由检修承包方负责录入，设备管理部门负责监督。

(2) 根据设备在检修中所进行的检修项目的不同，对台账中的不同内容进行录入。

1) 对于只进行了标准项目检修的设备，台账录入的主要内容有：检修经历和设备缺陷处理记录等。

2) 对于特殊、技术改造项目相关的设备，台账录入的主要内容包括：设备及其主要附属设备规范、检修经历、设备异动变更记录、设备缺陷处理记录和设备投产前的说明等。

第十四章 检修综合评价

第一节 概 述

检修规范化管理的模式和方法不是一成不变的，应积极采用PDCA循环的闭环管理方式，不断总结经验教训，吸取外部积极成果，注重创新发展，持续改进，持续提高检修管理的规范化、标准化、科学化、高效化、精细化水平。检修管理评价就是落实持续改进的具体有效的手段，评价的实质是一种测量活动，是对企业检修管理状况，给出真实、客观的信息。通过检修综合评价，可以评价机组检修后的技术经济指标，更重要的是可以对检修全过程管理的各过程各方面或部分管理内容重新审视目前检修管理模式的效能，找出存在的问题与差距，对目前的管理手段进行扬弃，进而达到不断提高检修全过程管理水平的目的。本章的内容是基于对检修全过程全方面的评价编写的，企业可以参照进行检修管理全面评价，也可以用来对部分过程或内容进行评价。

一、检修全过程综合评价的指导思想

（1）开展对检修全过程管理和全要素的检查评价。检修综合评价要对整个发电设备检修准备、实施、总结全过程管理中影响检修的人、机、料、法、环诸因素进行检查、评价。

（2）发电设备检修综合评价重视检修管理体系的有效性检查，指标评价与管理评价兼备。修后技术经济指标是检修效果的体现，检修管理是检修效果的保证。

（3）采用自我评价与专家评价相结合的方式。自我评价的优点是可以对照标准，依据自己掌握的数据和资料，根据自身切身体会，审视目前管理模式的优缺点和检修中存在的问题，提出的改进措施会十分结合企业实际；专家评价的优点是外部专家以不同的角度和高度审视企业的管理模式和管理水平，更直接地发现企业管理存在的不足，更有利于引入外部优秀检修管理成果，因此应采用自我评价为主，与专家评价相结合的方式开展评价活动。

（4）评价时机应至少在修后一个月后进行。指标检修管理体系有效性最终落实到设备检修后再投运的可靠性、经济性上，所以为便于诊断发现检修过程管理中的问题，检修评价应在机组检修竣工后一段时间再进行，或结合在另一次检修过程进行检查评价，以保证评价的直观性、真实性、有效性。

（5）检修评价要采用对标管理的手段，既要将目前检修管理与自身以前情况比较，也要与国内外其他优秀企业比较，以发现自身与行业内先进企业的差距，制定改进的目标和措施。

二、检修评价的基本步骤

1. 建立检修综合评价组织管理体系

（1）建立健全检修指标评价组织机构，做到职责明确，任务清晰；

（2）发布检修评价的相关管理程序、文件；

（3）各有关人员经过相应培训，熟知各自在建立检修指标评价组织管理体系的职责及评价方法和评价流程。

2. 建立发电设备检修综合评价体系

建立科学合理的发电设备检修指标评价体系是推行检修指标评价的基础，按照检修的实施过程，检修指标评价体系分为三个方面的内容：检修准备阶段指标评价内容、检修实施阶段指标评价内容、检修总结阶段指标评价内容。

检修综合评价体系建立遵循的原则如下：

(1) 中心明确：在实际的指标体系设计中，指标的选择要紧扣评价目的这一主题，就是要针对检修全过程管理质量及检修效果的设计评价指标。

(2) 全面系统：全面性是指指标的选择应尽可能从不同的角度反映评价对象的全貌，如考虑检修的质量管理、工期管理、安全管理、费用管理、经济技术指标管理等各个方面；系统性是指指标之间要具有一定的内在联系，而不是杂乱无章的罗列，按照类别进行分类，如按照检修准备阶段、检修实施阶段、检修总结阶段分类排列。

(3) 体系简洁：指标体系并不是包含指标越多就越全面，在设计指标体系时都力求精简，尽可能地删除一些可有可无的指标，重点突出，条理清晰，层次分明。

(4) 有效：指标的设置要有利于资料的取得，便于操作，否则评价无从谈起。各项指标要真正反映发电企业检修管理实际水平，要求真务实，力求实效。

建立发电设备检修指标评价体系过程中，需要收集相关的指标数据，建立完整的指标数据库，根据中国华电集团同类型机组先进值、全国同类型机组先进值、本机组设计值、机组大修前全年平均完成值、修前机组性能试验值或修前统计值，确定机组检修指标的可达目标值；要收集其他企业检修管理优秀做法，以便于更好的评价自身模式的优劣。

3. 评价实施和评价具体内容（检查评价检修组织管理体系运行情况及检修效果）

检修评价可以根据检修阶段评价以下内容：

(1) 检修准备阶段的评价。按照检修准备的要求，检查检修准备的落实情况，检修组织结构是否适应检修管理规范化的要求，检修管理程序及文件是否符合要求。

(2) 检修实施阶段的评价。针对检修的实施过程中是否符合规范的检修管理的要求，包括以下几个方面：

1) 检修现场安全管理。

2) 检修现场定置管理。

3) 现场作业区隔离管理。

4) 检修工艺管理。

5) 检修质量管理。

6) 检修作业文件包应用。

7) 检修工期控制。

8) 检修费用管理。

9) 项目完成情况。

(3) 检修总结阶段的评价。检修提高质量、机组启动投运后，可靠性指标提高；机组检修结束启动投运后，指标提高（检修前提出的质量目标实现情况、检修后机组投运可靠性与经济性指标、机组小指标对比情况）。

(4) 发电设备检修指标评价时间的要求。大修结束后，完成热态验收及性能试验，各项需要评价的性能、技术指标均已取得后可以进行评价，一般在大修结束三个月后进行。

第二节　检修综合评价体系和评价标准

检修综合评价体系和评价标准是开展检修评价的基础和依据。本章给出了推荐性的评价指标体系和评价标准（详见附录二十七）。

一、发电设备检修准备阶段评价内容

（一）检修管理文件评价

（1）应有检修组织机构表。

1）成立大修指挥部，配置各专业组、安全文明监督组、质检组、支持与保障组、再鉴定组等，各机构人员安排、职责、联系方式明确。

2）重点项目负责人明确，列有各承包商及协调人。

3）质量监督、安全监督人员资质合格。

（2）本次检修安全目标、质量目标、工期目标、费用目标明确。

1）安全目标要包括人员安全目标、设备安全目标、火灾与火险控制目标。

2）质量目标要包括主要经济性能指标的大修目标值及重要的技术性能指标大修目标值、检修返工指标、违反质量管理规定次数指标、质量监督点合格率指标及再鉴定一次合格率指标等目标。

3）工期目标要包括目标工期（天）、主线工作（关键路径活动）按时完成率等目标。

4）费用目标要包括各类费用的大修目标值。

（3）对参与检修的本单位人员及承包商的管理要求，至少包含以下内容：

1）对管理者的要求。

2）对监督者的要求。

3）对检修工作负责人的要求。

4）对检修工作人员的要求。

（4）适用本次检修的管理制度，要包括以下方面：

1）检修计划的管理文件。

2）现场安全管理文件。

3）质量控制文件。

4）工期控制文件。

5）文明生产管理文件。

6）检修工艺纪律文件。

7）费用控制文件。

8）检修竣工、总结与资料整理归档要求。

（5）确定大修例会制度：参加人、时间、地点、会议主要内容与功能明确。

（二）检修项目计划评价

（1）工作项目应齐全、内容应细化。

1）大修项目计划要包括标准项目计划、特殊项目计划、技改项目计划，为管理方便，还应编制技术监督计划、反措计划、节能项目计划等，计划项目全面不漏项，具体要求参见本书第四章要求。

2）项目计划内容要细化至检查、加油、换油、拆卸、解体、修补、更换等，明确设备检修深度，便于控制。

3）工作项目列表应明确列出工作组负责人，便于掌握人、控制质量。

（2）有项目专业配合计划、制造厂家配合计划：明确配合内容和时间，便于各方协作。

（三）检修工期网络计划的评价

（1）明确本次检修目标工期、里程碑计划。

（2）有机组大修厂级主线计划、各专业主线网络计划、各专业细分网络计划、重大项目检修网络计划。

(3) 是否有应进行再鉴定设备的试运转计划。

(四) 基本控制文件评价

(1) 合同评审程序。

(2) 文件和资料控制程序。

(3) 采购控制程序 * 。

(4) 检修过程控制程序 * 。

(5) 特殊过程控制程序 * 。

(6) 技术监督控制程序 * 。

(7) 检验测量和试验设备控制程序 * 。

(8) 现场环境控制程序。

(9) 不符合项控制程序 * 。

(10) 人员培训、考核、授权管理程序。

(11) 纠正和预防措施程序 * 。

注：* 为必须有的基本控制程序。

(五) 操作性文件准备评价

(1) 绘制完成定置管理图。定置管理图绘制合理，满足施工和安全文明生产需要。定置图绘制以简明、扼要、完整为原则，物形为大概轮廓、尺寸按比例，相对位置要准确，区域划分清晰鲜明。定置图是对生产现场所在物进行定置，并通过调整物品来改善场所中人与物、人与场所、物与场所相互关系的综合反映图。其种类有室外区域定置图，车间定置图，各作业区定置图，仓库、资料室、工具室、计量室、办公室等定置图和特殊要求定置图（如工作台面、工具箱内，以及对安全、质量有特殊要求的物品定置图）。

(2) 设备异动申请单。如果检修项目实施后使生产设备、系统产生变更异动，则此类项目实施前，应办理设备异动手续，由设备管辖部门提出设备异动变更申请，办理审核批准手续。

(3) 制定设备安全隔离操作措施。隔离措施完备，制定了机组隔离操作卡，明确操作人、监护人、发令人及相应操作内容，便于指导设备隔离操作。

(4) 检修作业文件包。检修作业文件包涵盖了标准项目、特殊项目、技改项目、设备消缺、特种作业、试验调试等，各项目文件包格式统一，内容规范、全面，符合文件包管理规定要求。检修准备阶段应在机组检修开工 1 个月前根据检修工艺规程修编完成检修文件包。

(六) 人员选择、培训、授权评价

(1) 企业领导层应熟悉发电设备检修指标评价体系，管理层应熟知发电设备检修指标评价体系、本部门的管理职责和相互接口。

(2) 现场管理人员（工业安全、文明生产）选择、培训、授权符合程序并达到相关要求，QC 人员有相应的资质，其选择、培训、授权均应符合要求。

(3) 作业人员选择、培训、授权（特别注意特殊作业人员管理）应符合相关行业标准规定。

(4) 检修承包方有相应的检修资质和检修业绩，检修承包方人员资格必须经过验证，应熟知文件包和其他检修管理制度要求，其控制、培训、考核（含 QC 人员与作业人员）均符合相关程序并达到要求。

(七) 检修物资准备

(1) 检修物资计划要逐级审批，物资需用计划（设备、备品、配件、材料等）内容要全面。

(2) 物资计划应按规定时间编制并下达到物资管理部门：对于大修所需进口设备、备品备件，供货周期较长物资，应在开工前 5 个月提报物资需求计划；其他物资计划应在开工前 3 个月提报需求计划；因项目变更需要调整物资需用计划时，设备管理部门应在计划变更后 3 日内提报修订计划，并下达物资管理部门。

(3) 物资公司采购计划要有较高的准确性，备品配件到货时间应有足够的提前量，满足检修需要，不影响工期。采购物资进货检验程序控制文件内容齐全，已到货物资进行了标识和记录，并办理了入库手续。

(4) 物资计划提报审批后，检修准备工作组应定期召开物资平衡会，检查、落实检修物资的到货情况。设备管理部门要随时跟踪计划的执行情况，确保在大修开始前所需物资采购到位。

(八) 工器具的准备

(1) 安全工器具、常用工器具、测量仪器、特种设备、运输车辆、专用工器具应齐全、可用。

(2) 计量工器具应校验合格，安全工器具、特种设备、运输车辆等应检验合格，均应有合格证书及检验报告。

二、发电设备检修实施阶段评价内容

(一) 检修现场安全管理评价

1. 危险源辨识、风险评价及风险控制的工作开展情况

(1) 安全管理部门负责组织确定本单位重大危险因素，制定危险源辨识和风险评价的计划、方案，并组织实施。

(2) 技术管理部门负责组织制定设备重大危险因素管理方案或控制措施。

(3) 在机组检修活动的全过程中，包括外包工程的施工活动、临时工作人员以及所有进入作业场所的人员的活动，对电能、热能、化学能、放射能、生物因素、人机工程因素等七种类型进行危险源辨识。

(4) 采用作业条件危险性评价法（LEC 法）对所选定危险源辨识的危险因素进行评价。

(5) 根据辨识的危险因素及确定的重大风险，形成《危险源辨识与风险评价结果一览表》、《重大危险因素清单》。

(6) 安全管理部门组织对重大危险因素进行审核、汇总，形成全厂的《危险源辨识与风险评价结果一览》、《重大危险因素清单》，经厂长批准后下发。

(7) 确定风险控制措施，风险控制措施编制完成后，交由检修单位在项目检修过程中实施。检修过程中，安全管理部门专工定期对安全控制点进行重点监督，把控制措施的执行情况作为重点内容进行监督检查。

2. 现场安全管理是否符合规定

对于人员着装、高处作业、交叉作业及特殊环境作业等现场的安全管理等，应按《电业安全工作规程》有关要求及本书第十二章检修现场安全管理的有关规定和要求进行评价，认定是否符合规定要求。

3. 检修现场重点安全要求是否符合规定

对九个方面要按照相应管理规定及管理规范要求制定措施并严格执行：施工临时电源，防异（落）物措施，交叉作业，起重作业，脚手架搭设拆除，设备仪器、工器具、材料、备品备件，防火措施，车辆管理，酸碱管理工作。

4. 安全目标是否明确以下要求

(1) 无人员伤亡、重大火灾及设备损坏事故；

(2) 无 10 万元以上经济损失事故；

(3) 无人员误操作事故；

(4) 不发生各种违章。

（二）检修现场定置管理

（1）检修现场定置管理必须包含以下几项重点内容，并必须落实：

1）进出场通道布置应合理，制定了专项管理制度。

2）设备和备品、材料的摆放符合要求和标识清楚。

3）工具箱的摆放。现场使用的工具箱应摆放整齐，所有暂时不用的工器具必须按规格、品种进行分类存放在工具箱内。工具箱的摆放地点不应占用通道位置。

4）集装箱布置基本要求。

5）对暂时存化学危险品集装箱的附加安全要求。

6）检修电源点的设置。

7）气、水源点的设置。

8）废弃物的管理。

（2）现场定置管理是否符合要求：是否按定置图实施定置管理，各承包方都应按照定置图的要求，将生产现场、器具等物品进行分类、搬、转、调整并予定位。按图定置，按类存放，账（图）物一致。

（三）现场作业区隔离管理的要求

（1）明确设置作业隔离区的范围，规范隔离区设置的条件和要求。

（2）隔离区布置方式必须满足检修规范的要求。

（3）隔离区清洁度满足检修规范的要求。工作负责人应确保作业期间作业隔离区内的场地整洁度。

（4）作业信息牌的悬挂有明确的要求并实施。

（四）检修工艺管理的要求

（1）检修工艺规程的编制、修订、发布严格按规定执行。参见本书第六章对检修工艺规程的有关规定。

（2）检修工艺规程覆盖全面，执行严格。

（五）检修质量管理的要求

1. 检修质量管理文件是否建立，编制的质量控制文件是否符合要求

按照系统协调原则、合理优化原则、操作适用原则、证实检查原则、文件编号原则的要求编制质量管理控制文件。

2. 质量控制是否有组织管理措施保证

（1）机组检修质量管理组织结构健全。建立健全机组检修组织机构，成立机组检修指挥部、检修专业组、质量监督检验组、重点项目协调小组。及时开展工作，对分管的质量管理工作负责。

（2）是否健全会议制度。检修指挥部日常例会、重点项目阶段性质量评审会、不定期召开专业组或项目协调会议、机组启动前冷态验收会、机组启动后热态验收。

（3）是否建立质量考核制度，最大限度地发挥考核在检修质量控制的功用，从而有效地约束检修行为，保证检修质量。

3. 质量控制过程控制是否符合要求

发电企业机组检修通常可以分为修前准备、检修实施、修后调试三个主要阶段，发电机组检修的质量控制也相应的分为修前准备阶段质量控制、检修实施阶段质量控制、修后调试阶段质量控制三个主要过程。检修实施阶段和复装后质量控制要满足以下要求：

（1）检修实施阶段质量控制要求：①验证检修程序的符合性及有效性。②签证质量计划中的各项质量控制点。③管理和控制检修过程中出现的不符合项。④特殊过程的控制。特殊过程的控

制必须满足特定程序要求。对这些过程所使用的设备能力进行鉴定并对操作人员的资格进行认可。⑤对工作负责人的跟踪。⑥文件包的使用与检查。⑦质量控制人员的检查与监督。

（2）修后调试阶段质量控制工作是发电厂检修质量控制的一个很重要的环节，检修项目必须按文件规定完成最终检验和试验，具体要求如下：①是否组织好设备再鉴定工作；②检修作业文件包关闭。设备检修、再鉴定工作结束，检查过程检验是否已完成，文件包的记录是否符合规定，工作包是否按要求关闭，修后设备的再鉴定工作组织是否合理。③检修完成，设备、系统恢复前，要确认所有影响整体启动的因素均已排除；确认已按调试程序完成所有冷态调试项目后机组冷态验收合格，整组启动试验正常，记录完整。

检查中填写附录三十一。

（六）检修文件包使用情况

（1）编制的检修文件包的内容是否全面，是否覆盖到所有设备，是否符合设备的实际情况。

（2）文件包的执行是否按开工条件，严格按要求填写数据；按文件包要求的检修工序执行，不允许跨越程序执行；验收签证是否严格执行。

（3）文件包整理。整个工作结束，工作负责人可按照规定对文件包进行整理：对所有要求的签字确认无遗漏，将文件包按要求整理成文档，补充完善相应的附件，清理没用表格。

（4）文件包验收与关闭。工作负责人应在设备再鉴定结束后 24h 内，填好检修报告，并将文件包送技术管理部门审查签字认可后方可将文件包关闭。

（七）检修工期控制

（1）大修组织机构是否履行职责，统一指挥和协调；检修网络工期计划是否得到动态优化调整；关键路径控制是否有效；工期计划控制是否具有刚性。

（2）机组检修工期考核机制是否实施。

（3）检修工期是否按计划或提前完成。

（八）检修费用管理

（1）是否建立健全预算管理体系，增强预算约束的刚性，保证费用支出不超预算安排。

（2）是否严格执行费用计划，不得随意调整计划项目及安排计划外费用。

（3）费用管理是否规范，节奖超罚。

（4）成本控制、资金管理是否采取费用定额管理、物资需用计划的多级审核、物资集团采购等有效手段，合理控制费用支出，实现检修费用管理的规范化、定额化、精细化。

（九）检修项目完成情况

对照检修项目计划、项目变更申请表检查项目完成情况，填写附录三十一。

三、发电设备检修总结阶段评价内容

（一）检修竣工、总结及评估是否按要求进行

（1）是否及时提交了机组检修竣工报告。

（2）是否及时按要求进行了检修总结。

（3）是否进行了检修效果评估工作、机组修后热力试验工作、机组热态验收工作。

（二）修后检修资料整理和归档是否符合要求

（1）总结文件是否分类齐全。

（2）检修资料整理是否分工明确，整理及归档是否符合要求。

（三）开展修后指标评估

（1）根据性能试验结果，开展检修前后技术经济类指标对比分析

1）主要经济类指标：发电厂用电指标、发电煤耗、辅机单耗、锅炉、汽轮机、电气专业小指

标修后一般应达到设计值或历史最好值，见附录三十二。

2）技术类指标：机组大修后主要运行技术指标较大修前有明显改善（大修后一般应达到设计值）。

锅炉检修前后主要运行技术指标见附录三十三。

汽轮机检修前后主要运行技术指标见附录三十四。

发电机检修前后主要技术指标见附录三十五。

（2）费用类指标的评价标准：大修资金控制在批复计划资金范围内，见附录三十六、附录三十七。

（3）可靠性指标（机组主要可靠性指标、辅机可靠性指标等）：

1）300MW及以上机组大修后连续运行100天，300MW以下机组大修后连续运行120天。

2）机组主要可靠性指标：出力系数（%）、运行系数（%）、等效可用系数（%）、等效强迫停运率（%）、非计划停运率（%）、非计划停机次数、运行暴露率（%），见附录三十八。

3）机组辅机可靠性指标：可用系数（%）、非计划停运率（%）、故障率［次/（台·年）］，见附录三十九。

（4）热工三率、电气仪表正确率、保护动作正确率，见附录四十和附录四十一。

（四）大修后资料修编

1. 规程修编

是否结合检修情况，设备再鉴定以及运行调试结果，对相关检修规程、运行规程的内容进行修编；是否结合大修中完成的技改项目及设备（系统）异动竣工报告，编制或修编相关检修、运行规程。

2. 工作包修编

是否结合文件包实际使用中出现的问题以及承包商的经验反馈，从工作程序、质量标准、物料准备以及工时定额等方面对文件包进行修编，逐步完善标准项目工作包，从而逐步建立并充实标准项目检修工作文件包库，方便以后的检修工作。

3. 图纸修编

是否根据大修过程中发现的与现场实际不相符的情况以及异动、技术改造情况，对相关图纸进行修改。

4. 设备台账录入

设备台账是设备管理和技术监督的基础，它记录设备从投入运行到退役整个寿命周期的重要资料，应包含以下内容：

（1）设备规范。

（2）主要附属设备规范。

（3）检修经历。

（4）事故、障碍、重大异常记录。

（5）设备变更、异动记录。

（6）设备投产前说明。

根据设备在大修中所进行的检修项目的不同，对台账中的不同内容进行输入。对于只进行了标准项目检修的设备，台账输入的主要内容有检修经历和设备评定级记录等；对于特殊、技改项目相关的设备，台账输入的主要内容包括设备及其主要附属设备规范、检修经历、设备异动变更记录和设备投产前的说明等。

第三节 检修综合评价的程序及方法

一、检修综合评价程序

(1) 成立检修指标评价小组。

(2) 根据范本编制本企业检修指标评价标准及评价计划。

(3) 根据检修指标评价计划实施检修指标评价。

(4) 检修指标评价总结，提交评价报告。

(5) 根据检修指标评价意见，受评单位制定整改方案。

二、检修综合评价计划（含评价标准）编制的要求

(1) 编制检修指标评价计划的原则，确定本次评价目的、方式；检查评价标准；实施方案。

(2) 制订检查评价表。评价表内容为检查项目、检查内容、评价记录、调查方式、调查评价人员、调查时间安排等；不符合项记录格式、内容。

三、对参加评价人员要求

(1) 人员素质要求。熟悉发电厂设备检修管理，熟悉检修准备，熟悉检修质量控制，熟悉检修现场管理，熟悉管理检修文件包应用等有关管理工作，熟悉检修规范管理的内容。

(2) 评价组人员组成。一般不少于5～7人，最少分2～3组，采用外聘专家评价时，每组受评单位均要派1～2人参加。

四、检查评价的时间安排

(1) 检查评价组准备不少于一天（编制评价计划、进度、检查表等），主要是学习评价标准、收集有关资料，统一检查方式；明确检查细则，明确记录人。

(2) 现场检查原则上安排两天。

半天：被检查单位汇报机组检修管理实施情况、检查评价组向被检查单位介绍本次检查评价计划工作。

一天半：根据所确定的检查评价方式实施检查评价。

最后半天：检查评价组向被检查单位反馈机组检修管理评价情况。

五、检查评价方式

1. 按组织体系进行检查评价

管理层（领导层）、职能层（主要有技术管理部门、安全管理部门、物资管理部门、人力资源部等）、操作层（设备管理部门、运行管理部门以及检修运行的车间、班组）。

2. 按检修过程分组进行检查评价

检修准备阶段评价、检修实施阶段评价、检修完成总结阶段评价。

3. 具体的查评方式

(1) 召开相关人员座谈会，以询问方式了解收集信息，了解掌握检修过程中文件包携带、检修程序签证、质量记录记载、不符合项报告、检修现场及定置管理、工具仪器检定、防异物控制、特殊作业现场监管等执行情况。

(2) 查阅有关检修过程的资料、文件、记录，检查使用完已关闭的文件包，检修前培训档案（含承包商）等；以查阅文件的方式了解收集信息；了解检查检修程序签证、质量记录记载、不符合项报告、检修定置管理、工具仪器检定、防异物控制、特殊作业现场监管等执行情况；查阅有关检修过程的各类通报，了解考核情况。

(3) 检修后设备现场察看（仪表、保护、自动投入情况，泄漏情况、保温、防腐、标牌悬挂

情况）。

（4）查看复役后设备的运行状态、性能试验报告、大修总结，了解机组经济指标及小指标情况。

六、填写评价报告

（1）检查评价综合报告，包括本次检查评价基本情况、检查中发现的不符合项报告、检查评价结论等，格式见附录二十八。检查内容和评价标准见附录二十七。

（2）不符合项报告格式见附录二十九，作为检查评价报告的附件，要求应分类或分项填写不符合项内容，提出处理建议，检查评价人要签字。

附录一

机组大修准备全过程管理程序

<table>
<tr><th>时间</th><th>工作内容</th><th>编制</th><th>审核</th><th>批准</th><th>备注</th></tr>
<tr><td rowspan="15">大修前
6个月</td><td>成立大修准备工作，启动大修准备月度例会</td><td></td><td></td><td></td><td rowspan="14"></td></tr>
<tr><td>编制机组可靠性分析报告</td><td>设备管理部门</td><td></td><td></td></tr>
<tr><td>结合机组运行情况提出影响机组经济运行的重点检查项目</td><td>运行管理部门</td><td></td><td></td></tr>
<tr><td>编制机组设备状态诊断分析报告</td><td>设备管理部门</td><td></td><td></td></tr>
<tr><td>召开运行分析会，汇总设备缺陷</td><td>运行管理部门</td><td></td><td></td></tr>
<tr><td>编制大修项目计划</td><td></td><td></td><td></td></tr>
<tr><td>● 标准项目</td><td rowspan="3">设备管理部门</td><td>技术管理部门</td><td rowspan="3">生产副厂长</td></tr>
<tr><td>● 特殊项目</td><td rowspan="2">检修副总</td></tr>
<tr><td>● 更改项目</td></tr>
<tr><td>● 阀门滚动检修计划
● 防磨防爆检修计划
● 压力容器检修计划
● 锅炉烟风门检修计划
● 电气母线清扫计划
● 热工阀门电机滚动检修计划
● 节能、科技、反措项目计划
● 电气、热工仪表周检计划
● 各项技术监督计划</td><td rowspan="3"></td><td>技术管理部门</td><td></td></tr>
<tr><td>编制标准项目备品备件采购计划</td><td></td><td></td></tr>
<tr><td>完成特殊、更改作业文件包确定特殊、更改项目实施方案</td><td></td><td></td></tr>
<tr><td>编制需要提前购买的更改项目、特殊项目采购计划</td><td rowspan="2">设备管理部门</td><td></td><td></td></tr>
<tr><td>开始编制工作文件包</td><td>设备管理部门</td><td>检修副总</td></tr>
<tr><td>编制工器具检修计划</td><td>安全管理部门
设备管理部门</td><td>安全管理部门</td><td></td><td></td></tr>
<tr><td rowspan="6">大修前
5个月</td><td>讨论确定大修检修项目</td><td rowspan="6">设备管理部门
技术管理部门</td><td rowspan="2">检修副总</td><td rowspan="2">生产副厂长</td><td rowspan="6"></td></tr>
<tr><td>确定重点检修项目和大修重点控制工期</td></tr>
<tr><td>完成标准项目备品备件材料计划提报</td><td rowspan="3">设备管理部门</td><td></td></tr>
<tr><td>完成特殊、更改项目备品备件材料计划提报</td><td></td></tr>
<tr><td>继续编制作业文件包并完成标准作业文件包的编制</td><td>检修副总</td></tr>
<tr><td>讨论确定由承包方实施的项目并提出候选承包方</td><td>检修副总</td><td>生产副厂长</td></tr>
</table>

续表

时间	工 作 内 容	编 制	审 核	批 准	备 注
大修前 4个月	完成标准作业文件包的审查	设备管理部门	设备管理部门	检修副总	
	编制并完成特殊、更改作业文件包				
	确定大修承包方，完成承包方资格审查	安全管理部门 设备管理部门			
	提报备品备件材料补充采购计划	设备管理部门			
	编制机组大修网络图及各专业检修网络图		检修副总	生产副厂长	
	完成安全工器具检修	检修单			
大修前 3个月	完成特殊、更改作业文件包的审查	设备管理部门	技术管理部门	检修副总	
	落实备品备件材料采购计划的执行情况				
	完成起吊设备等特种设备的检修				
大修前 2个月	修前机炉热效率试验	设备管理部门、技术管理部门、运行部门、安全管理部门			
	制定补充检修项目，并编制文件包、提报补充采购计划				
	承包商进厂 ● 对承包商人员进行安全培训 ● 对承包商特种人员进行资质验证 ● 对承包商自备的工器具进行检验				
	将审查后文件包下发到工作负责人手中				
	确定大修现场布置图				
	向上级公司提报大修准备工作汇报材料				
	完成需要提前进行的检修项目的检修工作	检修单位			
大修前 第4周	确定需要提前进行的检修项目已完成	设备管理部门			
	办理设备异动手续	设备管理部门			
	工作负责人开始熟悉作业文件包，检查工器具及备件情况	承包方			
大修前 第3周	完成所有人员安全培训及考核	安全管理部门			
	落实备品备件材料采购计划的执行情况	设备管理部门			
	与上级公司签订大修质量目标责任书				
大修前 第2周	完成与大修相关资料的上网 向上级公司填报机组检修开工报告	技术管理部门			
大修前 第1周	召开大修动员会				
	完成大修现场布置	承包方			

附录二

××电厂（公司）×号机组大修准备情况汇报材料

一、准备情况简介

二、计划落实情况

1. 机组可靠性分析
2. 修前热力试验分析
3. 运行分析
4. 设备修前状态评估分析
5. 检修项目计划编制情况
6. 技术监督项目落实情况
7. 配合项目计划
8. 重点工期控制（检修里程碑计划）（参见第八章）
9. 检修工期网络计划（参见第八章）

三、措施落实情况

四、物资落实情况

五、检修工器具落实情况

六、组织与人员落实情况

七、外包工程项目落实情况

八、检修作业文件落实情况

附录三

中国华电集团公司

发电机组大修目标责任书

单位名称：

机组编号：

机组容量：

计划检修时间：　　年　　月　　日至　　年　　月　　日

大修目标责任书对照表

序号	内容	大修目标值	修前值	设计值	历史最优值
1	综合指标	发电煤耗［g/（kW·h)］	≤		
		发电厂用电率（%）	≤		
2	汽轮机	机组出力（MW）	达到设计要求，≥		
		各轴承（或轴）振动	达到优良标准		
		热耗［kJ/（kW·h)］			
		真空严密性	达到优良标准		
		补水率（%）	≤		
3	发电机		修后试验符合有关标准		
			漏氢量达到优良标准（针对氢冷机组）		
4	锅炉	空预器漏风率（%）	≤		
		制粉单耗（kW·h/t）	≤		
		飞灰可燃物（%）	≤		
		排烟温度（℃）	≤		
		效率（%）	≥		
5	热工	自动投入率（%）	≥		
		保护投入率（含辅机）（100%）			
6	电除尘器投入率及除尘效率（%）		投入率≥，除尘效率≥		

需要说明的问题：

发电机组大修目标责任书

序号	考核内容		目标	备注
1	安全		无人员伤亡、重大火灾及设备损坏事故，无10万元以上经济损失事故，无人员误操作事故，不发生各种违章	
2	质量		冷态验收总评达到优 修后实现四个一次成功 修后机组缺陷结零 本机组范围内不明泄漏率<0.3% 不发生应检修质量问题引起的重大返工 完成装置性违章消除计划	
3	工期		按期或提前竣工	
4	项目		项目无漏项（项目变更应符合相关手续） 标准项目工序卡覆盖率100%	
5	费用		检修费用不超计划	
6	综合指标	发电煤耗［g/（kW·h)］		
		发电厂用电率（%）		

续表

序号	考核内容		目标	备注
7	汽轮机	机组出力	达到设计要求	
		各轴承（或轴）振动	达到优良标准	
		热耗［kJ/（kW·h）］	达到设计值，比修前降低	
		真空严密性	达到优良标准	
		补水率（%）		
8	发电机		修后试验符合有关标准	
			漏氢量达到优良标准（针对氢冷机组）	
9	锅炉	空气预热器漏风率（%）		
		制粉单耗（kW·h/t）		
		飞灰可燃物（%）		
		排烟温度（℃）		
		效率（%）		
10	热工	自动投入率（%）	≥	
		保护投入率（含辅机）（100%）		
11	电除尘器除尘效率（%）		≥	
12	技术管理		大修技术资料规范、完整、齐全，数据准确，报送及时	
13	机组修后连续运行		≥ 天	
14	考核		按“四项责任制考核办法”执行	
说明	1. 目标责任书中所列各项技术指标数据应以电研院出具的测试报告或其认定的热试组测试的结果为准。 2. 检修竣工后30天内，上报各有关指标数据。			

甲方：	乙方： （单位名称）
中国华电集团公司 （盖章） 年 月 日	（盖章） 年 月 日

附录四

检修等级组合规划表

报送单位： 填报时间：

	上次大修年月	AAAA 年		BBBB 年		CCCC 年		XXXX 年		YYYY 年		ZZZZ 年		备 注
1 号机组规定														
1 号机组规划/实际														
2 号机组规定														
2 号机组规划/实际														
1 号主变压器规定														
1 号主变压器规划/实际														
2 号主变压器规定														
2 号主变压器规划/实际														

填写说明：1. 本表以 6 年大修间隔为例，XXXX 年是填报年度，AAAA、BBBB、CCCC 为填报年度的前三、二、一年，YYYY、ZZZZ 为填报年度的后一、二年；
2. 同一年中若同时有各等级检修，可按小 1 小一 1 填写，指该年度有一次小修和一次临修；
3. 填报年度以前的按实际情况填写，填报年度以后的为报送单位的检修规划；
4. 规划/实际与规定不同时，在备注栏中用文字进行说明

附录五

定期工程项目滚动检修计划表

报送单位： 填报时间：

序号	工程名称	工程类别	主要依据和技术措施	预计实施年度	预计停用天数	所需主要器材和备品	预计费用	备注

填写说明：1. 只填写预计于后五年实施的重大特殊项目和重大更改项目；
2. 预计停用天数只填写执行本项目比标准项目停用天数需要增加的停用天数；
3. 主要器材和备件只填写数量多、订货困难、加工时间较长、需提前订货的器材和备件

附录六

检修标准项目及费用实施计划

报送单位：××电厂（公司）　　　　填报时间：　　年　　月　　日

序号	名　称	主要检修项目或内容	费用（万元）			备注
			材料及备品	人工	其他	
	标准项目合计					
1	机组大修					
1.1	××机组大修					
1.1.1	汽轮机专业					
1.1.1.×	××系统检修	××检修				
		1)				
		2)				
1.1.2	锅炉专业					
1.1.2.×	××系统检修	××检修				
		1)				
		2)				
1.1.3	电气专业					
1.1.3.×	××系统检修	××检修				
		1)				
		2)				
1.1.4	热工专业					
1.1.4.×	××系统检修	××检修				
		1)				
		2)				
××	金属压力容器监督					
××	××					
2	机组小修					
2.1	××机组小修					
2.1.×	××专业					
2.1.×.×	××系统检修					

续表

序号	名称	主要检修项目或内容	费用（万元）			备注
			材料及备品	人工	其他	
3	公用系统					
3.×	××检修					
4	生产建筑物和生产附属设施大修					
4.1	生产建筑物大修					
××	××					
4.2	生产附属设施大修					
××	××					
××	××					
5	不可预见费（备用金）					
填写说明：本表格提交电子版时应使用Excel表格						

附录七

（××××）年度检修工程计划表

报送单位：　　　　　　　　　　　　　　　　　　　　　　　　　　　　填报时间：

工程编号	单位工程名称（名称及检修等级）	检修项目	项目类别	特殊/更改项目列入原因	所需主要器材和备品	检修时间		工日	预计费用	备注
						开工时间	停用时间			
	一、机组检修									
	1. ×号机组×级检修									
	2. ×号机组×级检修									
	…									
	二、公用系统检修									
	…									
	三、生产建筑物									
	…									
	四、非生产设施									
	…									
	合计									

填写说明：标准项目只填工日、费用，特殊及更改项目要逐项填写；项目类别分标准、一般特殊、重大特殊、一般更改、重大更改等五类

附录八

（××××）年度检修工期计划表

报送单位： 填报时间：

机组编号	容量（MW）	上次检修等级及竣工时间	本次检修等级	计划检修		备　注
				开工时间	竣工时间	

关于检修工期安排情况的说明：（检修间隔与检修等级组合方式调整，各级检修停用时间的调配，标准项目削减，重大特殊、更改项目对机组停用时间的影响等）

批准：		审核：		编制：	

附录九

×号机组大修前可靠性分析报告

一、机组前次大修以来指标情况

描述机组自前次大修后投运以来累计运行时间、发电量、年平均运行系数、等效可用系数、等效强迫停运率、出力系数、平均无故障可用小时数等指标情况，可进行表格说明，见附表 9－1。

附表 9－1　　×号机组主要可靠性综合指标

指标／年度	运行系数（%）	等效可用系数（%）	计划停运系数（%）	非计划停运系数（%）	降低出力系数（%）	等效强迫停运率（%）	出力系数（%）	平均无故障可用小时	运行暴露率（%）	利用系数（%）
投产累计										

二、机组前次大修投运后以来可靠性分析

重点统计分析机组计划停机、非计划停机、降低出力运行的数据、结果及原因等。

三、上年度机组指标情况

重点统计说明本次检修上年度机组的运行小时数、发电量、完成的供电标准煤耗率、综合厂用电率、等效可用系数、等效强迫停运率、计划停运系数、非计划停运系数、降低出力系数、出力系数、全年停机备用小时数、运行暴露率、锅炉效率、制粉系统用电率、制粉单耗等。

四、辅机可靠性指标

通过对磨煤机、送风机、引风机、给水泵、高压加热器等重要辅助设备的统计数据分析，说明近几年本机组该类设备的可靠性，可用表格进行统计分析，见附表 9－2。

附表 9－2　　×号机组辅机可靠性指标

指标／年度	2002	2003	2004	2005	2006	累计
运行系数（%）（台平均）						
可用系数（%）（台平均）						
计划停运系数（%）（台平均）						
非计划停运系数（%）（台平均）						
非计划停运率（%）（台平均）						
故障率［次/（台·年）］						

五、目前设备存在的主要问题

列出目前设备存在的、影响机组安全运行的、应引起重视的、需在本次检修中重点解决的缺陷和隐患。

六、提高机组可靠性建议

七、参考资料

提供本可靠性分析报告中有关结论的支持数据，一般有机组前次大修投运以来计划停运事件汇总表、机组前次大修投运以来非计划停运事件汇总表、机组前次大修投运以来降低出力事件汇总表，见附表9-3。

附表9-3　　机组上次大修后计划停运事件汇总表

序号	事件起始时间（年-月-日）	事件结束时间（年-月-日）	事件状态	持续小时	补充说明
1	1999-4-21	1999-7-15	PO1	2045.530	投产后第一次大修（检查性大修）
2	2000-5-1	2000-5-20	PO2	459.600	计划小修
3	2001-1-27	2001-2-8	PO2	302.830	机组小修
4	2002-1-21	2002-2-5	PO2	373.910	计划小修
5	2003-1-1	2003-1-9	PO3	197.920	机组节日检修

注　PO1—机组大修，PO2—机组小修，PO3—机组节日检修。

附录十

×号汽轮机大修前性能评估报告

一、概述

设备简介、修前试验项目和试验工况描述。

二、设备规范及系统简介

主要技术参数及设备、系统介绍。

三、试验要求

1. 试验期间运行参数要求。
2. 试验运行方式要求。

四、有关计算说明

五、试验结果（以列表形式给出试验结果，见附表 10-1）

附表 10-1 **试 验 结 果**

序号	名　　称	单位	试验数据及试验结果			
1	试验负荷	MW				
2	主蒸汽压力	MPa				
3	主蒸汽温度	℃				
⋮						

六、试验结果分析

七、检修建议

附录十一

×号发电机组电气设备修前状态评估报告

说明：阐述状态评估报告编写目的。

一、×号机所属电气设备简要概述及健康水平

1. 配电部分

其中A级设备X台，占总数X%；B级设备X台，占总数X%；C级设备X台，占总数X%；D级设备X台，占总数X%。详细情况见附表11-1。

附表11-1

设备台数 / 设备类别	A级设备	B级设备	C级设备	D级设备	总　计
母线系统					
开关类					
高压变压器					
低压厂用变压器					
直流系统母线、开关					
蓄电池					
其他					
合计					
该类设备占设备总数百分比（%）					

2. 电机部分

其中A级设备X台，占总数X%；B级设备X台，占总数X%；C级设备X台，占总数X%；D级设备X台，占总数X%。详细情况见附表11-2。

附表11-2

设备台数 / 设备类别	A级设备	B级设备	C级设备	D级设备	总　计
发电机					
高压电机					
高压电缆					
低压电机					
低压电缆					
合　计					

二、设备状态诊断分析结果

各类设备诊断分析结果。

三、检修建议

针对设备诊断分析结果提出相应检修建议。

附录十二

检修管理考核细则

序号	考核内容	考核标准	责任部门	考核金额	备注
1	修前管理				
1.1	计划管理				
1.1.1	检修项目应发至各有关部门	开工前三个月发至各有关部门			
1.1.2	技术监督计划应发至各有关部门	开工前二个月发至各有关部门			
1.1.3	检修作业文件包等控制文件编制下发并培训	开工前二个月发至各有关部门			
1.1.4	专业（厂家）配合项目计划下发	开工前一个月发至各有关部门			
1.1.5	重点控制工期及网络计划下发	开工前二个月发至各有关部门			
1.2	材料、备品、工器具管理				
1.2.1	主要材料、备品未按时到货	开工前15天必须运至现场			
1.2.2	备品材料无“三证”	无“三证”备品材料不能使用			
1.2.3	耐磨件、保温材料未取样化验	必须现场取样化验，合格后方能使用			
1.2.4	新材料、新产品使用前未经签定批准	使用前必须签定并经有关部门批准			
1.2.5	测量工具未经有关部门标定	必须经有关部门标定，在有效期内			
1.2.6	专用工具未检查、验收	专用工具，修前必须检查验收合格			
1.2.7	起重工具未进行检查验收	必须检查验收合格			
1.2.8	电动工具器未经检查试验	必须检查试验合格			
1.3	外包队伍确定、合同签订，进行文件包、工艺纪律、安全、制度等培训和学习	合同规范、任务明确，安全、文明检修培训合格，技术交底明确			
2	修中管理				
2.1	项目管理				
2.1.1	标准、非标、更改、技术监督项目漏项	以对应的项目计划为准			
2.1.2	质监项目漏项	以项目计划为准，以是否已通知为准			
2.1.3	项目增（减）手续未批准或不合格而先实施	以项目变更手续为准，以项目开工时间为准			
2.1.4	项目增（减）手续时间	检修开工一个月内			
2.2	质量管理				
2.2.1	P点验收不合格	按质量标准			
2.2.2	H点验收验收人无故不到场或到位不及时	被通知人必须到场，超过规定时间30min			
2.2.3	由于责任心不强造成不符合项	以不符合项造成的原因为准（生技部断定）			

续表

序号	考 核 内 容	考 核 标 准	责任部门	考核金额	备注
2.2.4	文件包执行不严格，程序漏项、不签字等	以文件包管理制度要求为准			
2.2.5	分部调试管理				
2.2.5.1	设备调试启动没有技术记录或记录不全	必须作好技术记录			
2.2.5.2	调试中发现的缺陷消除不及时	以指挥部规定的消除期限为准			
2.2.5.3	第一次启动问题没有纠正就进行第二次启动	首次启动发现的问题没有纠正不能下次启动			
2.2.6	冷态验收达不到良好标准	以质量手册及检修全过程管理标准为准			
3	修后管理				
3.1	修后经济指标管理				
3.1.1	排烟温度高于目标值	以热力试验报告为准			
3.1.2	锅炉漏风系数高于规定值	以热力试验报告为准、以规程规定为准			
3.1.3	给水温度低于目标值	以热力试验报告为准			
3.1.4	汽轮机热耗高于目标值	以热力试验报告为准			
3.1.5	真空严密性试验达不到目标值	以热力试验报告为准			
3.1.6	热工自动装置投入率	≥80%			
3.1.7	热工主保护投入率	100%			
3.1.8	继电保护投入率	100%			
3.1.9	主设备继电保护正确动作率	100%			
3.1.10	修后设备渗漏点	以热态验收时			
3.1.11	需在检修中消除特殊泄漏点消除率	100%			
3.1.12	需在检修中消除的重大缺陷消除率	100%			
3.2	修后连续运行时间				
3.2.1	300MW及以上机组连续无设备故障运行100天，300MW以下机组连续无设备故障运行120天	以运行可靠性记录为准			
3.3	机组启动目标管理				
3.3.1	水压试验第一次未成功	指挥部认定为准			
3.3.2	第一次启动未成功	指挥部认定为准			
3.3.3	第一次冲转未成功	指挥部认定为准			
3.3.4	第一次并网未成功	指挥部认定为准			
3.4	检修项目管理				
3.4.1	重大缺陷未列入检修项目计划致缺陷未消除	比较重大缺陷必须列入项目计划			
3.4.2	较重要的项目未列入检修项目计划	以制造厂规定或行业标准或规程为准			

附录十三

文明检修相关制度

一、文明检修管理制度

（一）管理机构

（1）各发电企业应成立以厂/公司领导任组长，副总师及管理部门负责人为成员的文明检修管理领导小组，负责文明检修管理工作领导、检查和考核工作。

（2）应明确主管文明检修工作的责任部门。

（3）各检修承包方应成立相应的文明检修管理机构，负责本单位文明检修工作。

（二）职责

应明确各级部门文明检修工作的具体职责及权限。

（三）管理内容与要求

（1）文明检修管理应实行区域责任制，并由主管文明检修工作部门负责界定和划分。

（2）文明检修应组织、制度健全（包括工作的量、质、期明确，责任清楚），监督考核严格，文明检修机制能有效运转。

（3）所有参加检修的施工承包方，都要有专人负责文明施工检查和考核。

（4）文明检修管理标准。

1）检修现场安全隔离围栏设置规范、排列整齐、完整整洁，检修作业区进、出口设置合理，检修过道通畅，警戒牌、作业区信息牌悬挂整齐。

2）安全设施、标语、楼梯、平台、钢架、栏杆、扶手、护板及警告标志整洁齐全完好，楼梯步道畅通。

3）检修现场做到定置定位管理，仓库箱、柜、工具橱等放置有序，不随意堆放物品；设备存放留有通道；贵重零部件存放在专用箱内，妥善保管。现场临时存放物品，必须贴上临时存放物品信息卡，注明责任人、计划存放时间等。

4）检修现场做到“四无”（无积水、无积油、无积灰、无杂物）、“三齐”（拆下零部件摆放齐、检修机具布置齐、材料备品安放齐）、“三全”（沟道盖板全、设备标志全、照明设施全），“三不乱”（电线不乱拉、管路不乱放、杂物不乱丢）。

5）检修中电缆敷设整齐、走向清楚、无积灰，电缆沟、架盖（护）板齐全完整，电缆沟内无积水、无杂物，通风、照明良好。

6）检修保温拆除应统一组织，在检修开始 1、2 周内集中进行，必须有防止粉尘飞扬的措施。所有废保温必须装袋或装箱当天搬运。

7）检修工作中的油、破布、棉纱应定置存放，厂房内应设置带盖的废布箱和废油料桶，不得随意倾倒、乱丢以防火灾和污染环境，使用部门应定期清运。

8）施工现场应每天坚持随时清扫，垃圾、废弃物等杂物应及时清理，防止垃圾中的朝天钉伤人。检修现场割除的废铁件，要随割随清，每日收工前送到指定地点。

9）检修过程防止污染地面和二次污染。凡在地面上检修或在有可能砸坏、污染地面的地方工作时，应铺设胶皮等防护物品。严格执行检修工艺纪律，确保“三不落地”（工具、材料、零部件）。

10）施工垃圾应定点存放，每天定时清运，运输车辆密闭，不发生装载物撒落的现象。

11）检修工作收工时要做到工完、料净、场地清。

12）检修工作结束后，做到设备保温良好，设备标志齐全，设备见本色，介质流向清楚正确。

二、机组检修“安全文明示范作业区”评比管理制度

为进一步加强检修全过程管理，保障检修工作顺利进行，各发电企业应积极开展以争创“安全文明检修最好、质量工艺最优、消防保卫最佳”为主要内容的“安全文明示范作业区”定期评选活动，以点带面，激发各作业组“高严细实，精雕细刻”的敬业精神，促进检修现场安全文明检修水平的进一步提高。

（一）评比范围

（1）机组检修现场（含厂房内、外）所有平面工作区域设置单独作业隔离区的工作。

（2）各检修单位自愿参加并报经评比组织机构同意参赛的作业区，统计表格见附表 13 - 1。

附表 13 - 1　　×机组大修安全文明示范作业区评选单

单　位	作业区名称	工作负责人	作业地点、位置

（3）检修过程中各检修单位在各自独立的作业区域设置围栏，悬挂作业区信息牌。作业信息牌用 A4 纸横向打印后将信息填入，悬挂与作业区域的围栏上。（参见第十二章检修现场管理）

（二）评比办法

1. 组织机构

各发电企业成立以现场文明检修管理部门负责人为组长，各相关部门人员为成员的“安全文明示范作业区”评比小组，负责“安全文明示范作业区”定期评选并公布评选结果。

对评为“安全文明示范作业区”单位要给予一定奖励或表彰通报表彰，授予流动“示范作业区”锦标。

2. 评比标准

（1）作业区围栏平直牢固，有合适出口，安全警示齐全且与工作内容相符，电缆、气带等规范有序，设备摆放整齐，地面保护措施完善，使用的工器具符合要求，工作暂停时现场符合防火、防盗要求。

（2）《文明检修管理制度》相关规定。

（3）机组检修工艺标准要求。

（4）治安、保卫等各项规章制度。

（5）各发电企业其他相关规定。

3. 扣得分标准（基本分 100 分）

（1）各发电企业可根据各自检修实际情况，对发生的违章、文明检修不符合项、检修工艺不符合项、治安及消防不符合项，每项次进行相应扣分。

（2）对在检修协调会上因检修工作被点名批评，加倍扣分。

（3）累计各项积分之和，得分排名较高的作业区为“示范作业区”。积分相同者，可取工作量大者为示范作业区。

（4）对现场因工作配合关系，虽未撤消工作隔离区，但工作量很少，不宜参与评比。

4. 否决条件

（1）检修中发生轻伤、未遂、设备损坏等以上不安全情况，或者被通报批评者。

（2）发生严重质量不符合项，发生火险，发生因保存不善而造成重要材料、工器具丢失等事件。

(3) 因低级错误，造成较大损失或被通报批评者。

发生以上事件，本作业区自行退出“安全文明示范作业区”评选。

(三) 要求和奖励

(1) 坚持精神奖励和物质奖励相结合的原则。对获得“安全文明示范作业区”的工作组，授予“安全文明示范作业区”流动锦标，并给予适当奖励。

(2) 对积极组织、开展此项工作的检修单位负责人和安全员给予适当鼓励。

附录十四

单代号网络图示例

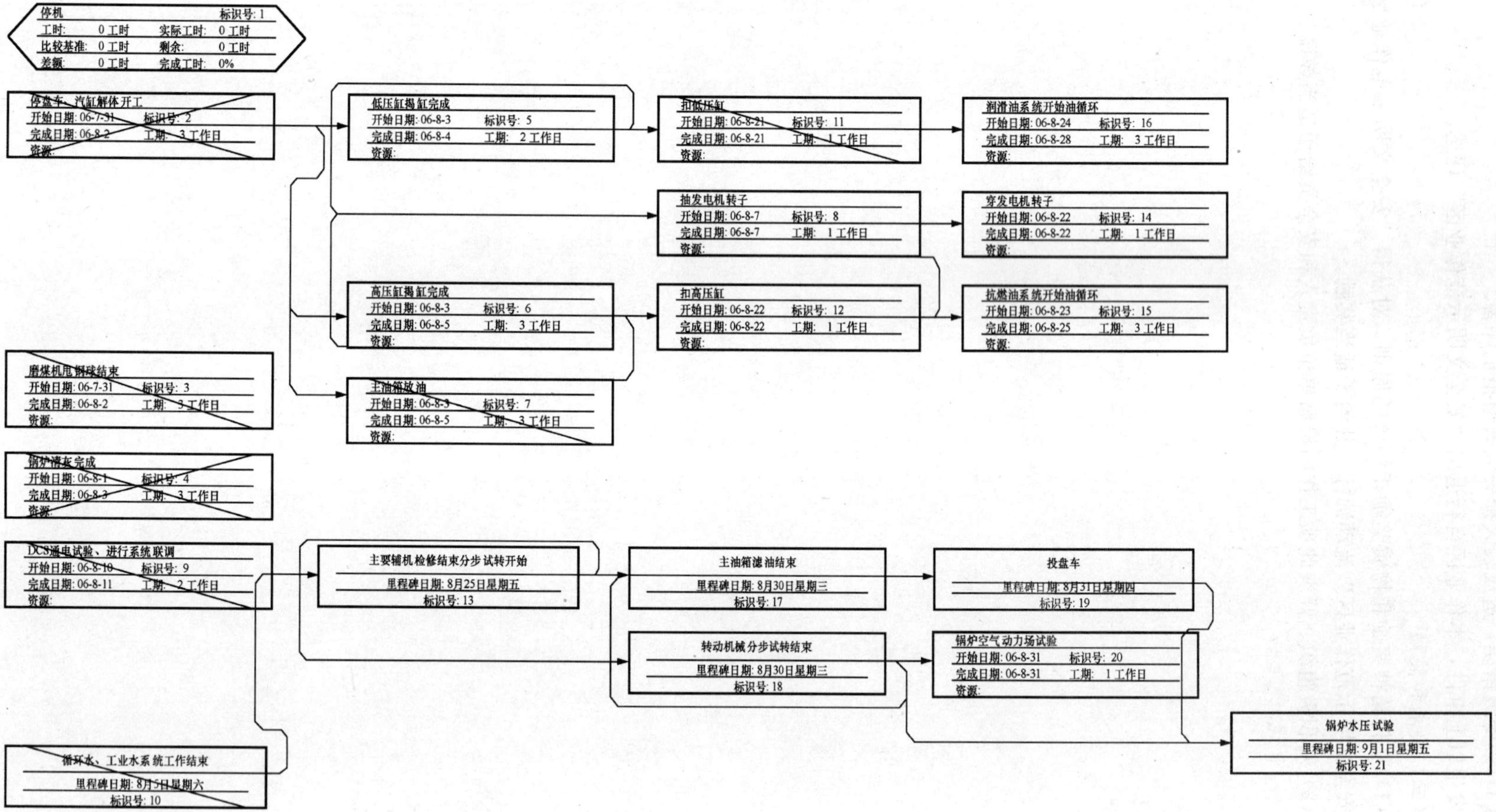

停机　标识号: 1
工时: 0工时　实际工时: 0工时
比较基准: 0工时　剩余: 0工时
差额: 0工时　完成工时: 0%

停盘车、汽缸解体开工
开始日期: 06-7-31　标识号: 2
完成日期: 06-8-2　工期: 3工作日
资源:

低压缸揭缸完成
开始日期: 06-8-3　标识号: 5
完成日期: 06-8-4　工期: 2工作日
资源:

扣低压缸
开始日期: 06-8-21　标识号: 11
完成日期: 06-8-21　工期: 1工作日
资源:

润滑油系统开始油循环
开始日期: 06-8-24　标识号: 16
完成日期: 06-8-28　工期: 3工作日
资源:

抽发电机转子
开始日期: 06-8-7　标识号: 8
完成日期: 06-8-7　工期: 1工作日
资源:

穿发电机转子
开始日期: 06-8-22　标识号: 14
完成日期: 06-8-22　工期: 1工作日
资源:

高压缸揭缸完成
开始日期: 06-8-3　标识号: 6
完成日期: 06-8-5　工期: 3工作日
资源:

扣高压缸
开始日期: 06-8-22　标识号: 12
完成日期: 06-8-22　工期: 1工作日
资源:

抗燃油系统开始油循环
开始日期: 06-8-23　标识号: 15
完成日期: 06-8-25　工期: 3工作日
资源:

磨煤机电钢球结束
开始日期: 06-7-31　标识号: 3
完成日期: 06-8-2　工期: 3工作日
资源:

主油箱放油
开始日期: 06-8-3　标识号: 7
完成日期: 06-8-5　工期: 3工作日
资源:

锅炉清灰完成
开始日期: 06-8-1　标识号: 4
完成日期: 06-8-3　工期: 3工作日
资源:

DCS通电试验、进行系统联调
开始日期: 06-8-10　标识号: 9
完成日期: 06-8-11　工期: 2工作日
资源:

主要辅机检修结束分步试转开始
里程碑日期: 8月25日星期五
标识号: 13

主油箱滤油结束
里程碑日期: 8月30日星期三
标识号: 17

投盘车
里程碑日期: 8月31日星期四
标识号: 19

转动机械分步试转结束
里程碑日期: 8月30日星期三
标识号: 18

锅炉空气动力场试验
开始日期: 06-8-31　标识号: 20
完成日期: 06-8-31　工期: 1工作日
资源:

锅炉水压试验
里程碑日期: 9月1日星期五
标识号: 21

循环水、工业水系统工作结束
里程碑日期: 8月5日星期六
标识号: 10

附录十五

300MW 机组 A 级检修网络图（数字代表第几天开始到第几天结束开始）

炉内起吊架搭设 3~9
炉受热面及空气预热器水冲洗 6~17
喷燃器检修 10~29
再热器入口堵阀改造10~35
安全阀排汽管改造 5~38
炉侧防磨防爆及金属监督6~45
受热面改造焊接工作结束14~45
锅炉水压试验 46
粉仓清仓 1~5
丙磨煤机衬瓦更换 6~26
空气预热器检修 6~28
下粉膨胀节更换 30
制粉系统回粉管道更换31
吹灰器检修 1~32
磨煤机检修 1~32
送引风机、排粉机再鉴定完成48
汽缸保温拆除 4~5
测量修前通流间隙 10
轴系中心调整及 轴瓦研磨 15~19
隔板汽封、轴封调整20~23
修后通流间隙测量 26
汽轮机扣缸 32
低压缸-发电机中心测量调整 31~33
主机恢复轴瓦 40
甲高压主汽门检修17
凝汽器铜管清理 8~20
甲小机检修 3~23
低压加热器疏水泵轴封改进 25
机侧防磨防爆检查 6~25
乙汽动给水泵检修 2~26
甲循环水泵检修 3~30
真空系统检漏 33~38
发电机抽转子 7
AVC自动电压控制系统安装 1~18
励侧转子风扇治理 29
发电机复装前试验29
发电机穿转子 30
励磁系统检修 1~30
发电机-变压器组保护检修1~35
发电机复装后试验 45
6kV Ⅰ段母线及开关检修 1~17
动力控制回路检修 1~30
主变压器检修 1~30
6kV Ⅱ段母线及开关检修 18~30
高低压电动机检修 3~33
磨煤机电动机绝缘升级 36
高低压电动机再鉴定40
高压厂用变压器检修25~45
DCS软件备份 1~2
DCS控制系统卫生清扫 6~14
DCS送电联调 25~38
TSI调试 1~35
大机保护系统静态试验 37
FSSS试验 39
DCS系统联调完毕 39
大小机调门静态整定 42
ETS继电器校验及回路检查3~10
TSI探头拆校 5~16
火检柜电源回路更改25
ETS开关复装 25
EH油站联锁试验 30
主机汽缸元件安装完成 32
机炉电动门调试结束33
辅助设备再鉴定完成40
电场清灰 11
电除尘高压供电设备检修26
捞渣机检修 32
捞渣机电气检修 33
极间距调整 40
碎渣机检修 43
阴阳极振打检修 44
电除尘器静态升压实验 45
机组冷态验收 48
总启动试验 50
检修报竣工 56

×号机组 A 级检修网络图			
批准		××发电厂	
审定			
审核		图号	
编制		时间	

附录十六

300MW 机组汽轮机专业检修主线计划（用甘特图表示）

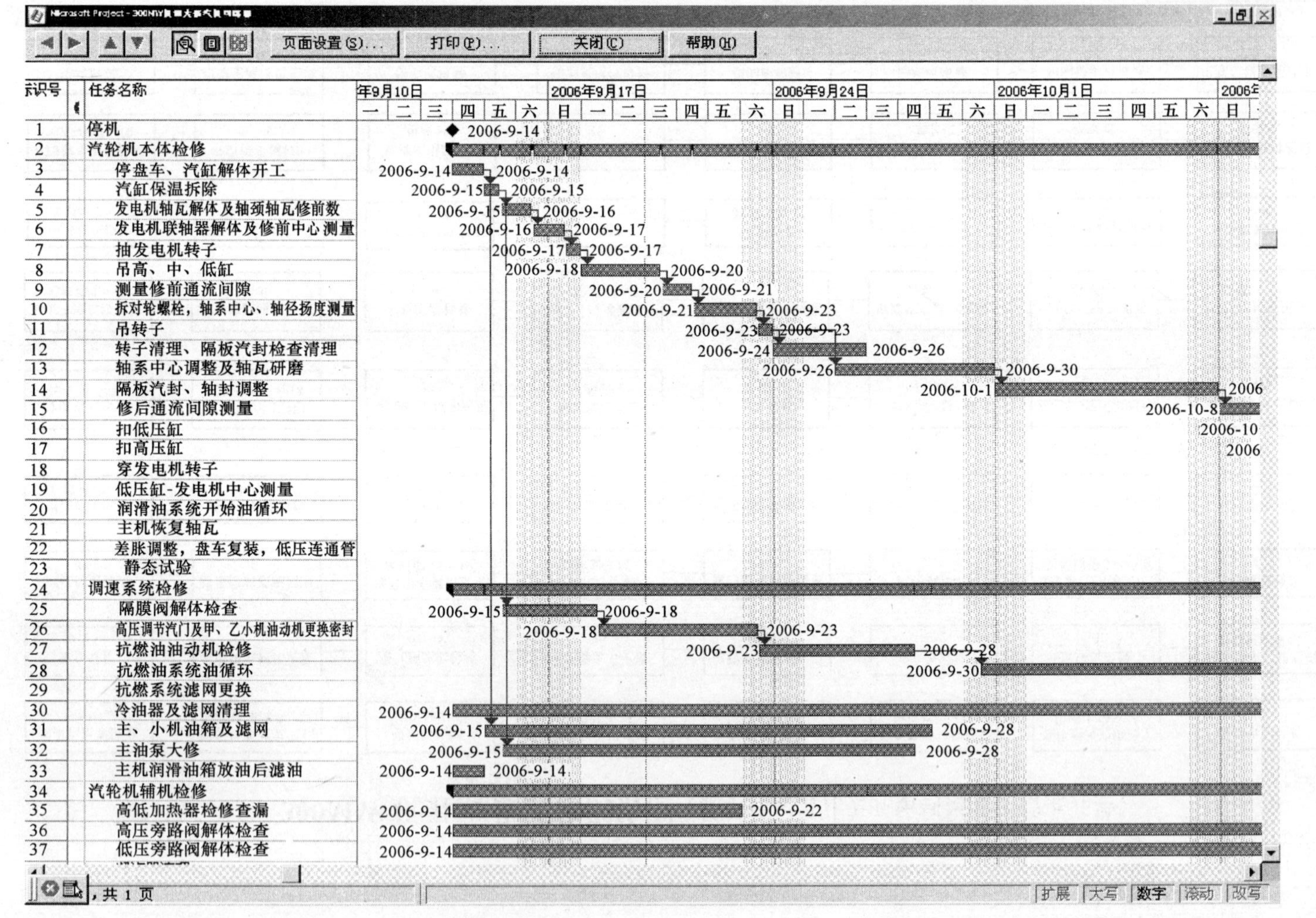
页面设置(S)...
打印(P)...
关闭(C)
帮助(H)
标识号
任务名称
年9月10日
2006年9月17日
2006年9月24日
2006年10月1日
1 停机 2006-9-14
2 汽轮机本体检修
3 停盘车、汽缸解体开工 2006-9-14 2006-9-14
4 汽缸保温拆除 2006-9-15 2006-9-15
5 发电机轴瓦解体及轴颈轴瓦修前数 2006-9-15 2006-9-16
6 发电机联轴器解体及修前中心测量 2006-9-16 2006-9-17
7 抽发电机转子 2006-9-17 2006-9-17
8 吊高、中、低缸 2006-9-18 2006-9-20
9 测量修前通流间隙 2006-9-20 2006-9-21
10 拆对轮螺栓，轴系中心、轴径扬度测量 2006-9-21 2006-9-23
11 吊转子 2006-9-23 2006-9-23
12 转子清理、隔板汽封检查清理 2006-9-24 2006-9-26
13 轴系中心调整及轴瓦研磨 2006-9-26 2006-9-30
14 隔板汽封、轴封调整 2006-10-1 2006
15 修后通流间隙测量 2006-10-8
16 扣低压缸 2006-10
17 扣高压缸 2006
18 穿发电机转子
19 低压缸-发电机中心测量
20 润滑油系统开始油循环
21 主机恢复轴瓦
22 差胀调整，盘车复装，低压连通管
23 静态试验
24 调速系统检修
25 隔膜阀解体检查 2006-9-15 2006-9-18
26 高压调节汽门及甲、乙小机油动机更换密封 2006-9-18 2006-9-23
27 抗燃油油动机检修 2006-9-23 2006-9-28
28 抗燃油系统油循环 2006-9-30
29 抗燃系统滤网更换
30 冷油器及滤网清理 2006-9-14
31 主、小机油箱及滤网 2006-9-15 2006-9-28
32 主油泵大修 2006-9-15 2006-9-28
33 主机润滑油箱放油后滤油 2006-9-14 2006-9-14
34 汽轮机辅机检修
35 高低加热器检修查漏 2006-9-14 2006-9-22
36 高压旁路阀解体检查 2006-9-14
37 低压旁路阀解体检查 2006-9-14
，共 1 页
扩展 大写 数字 滚动 改写

300MW 机组大修汽轮机专业检修细分计划（用方块图表示）

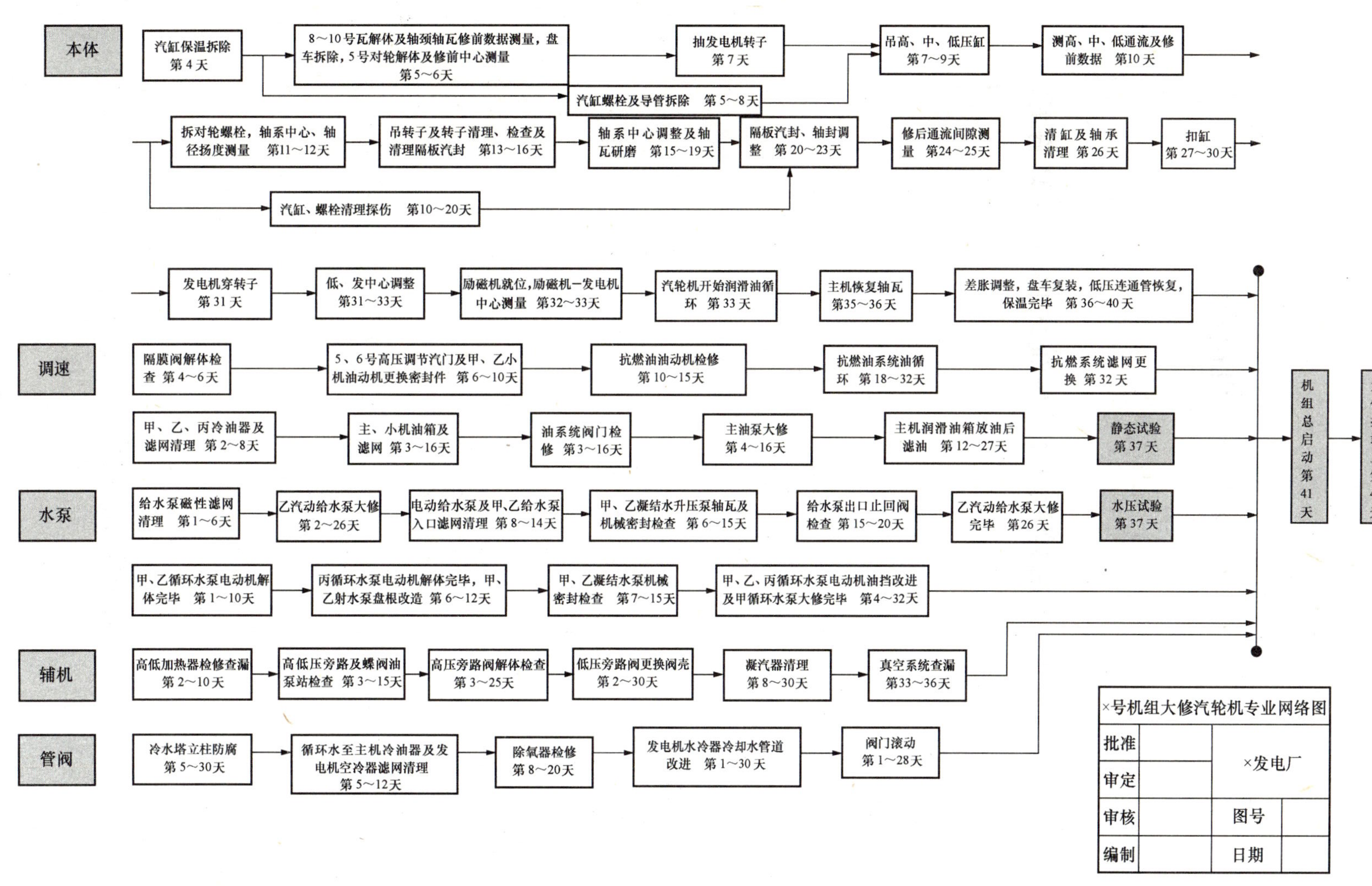
本体
汽缸保温拆除 第4天
8～10号瓦解体及轴颈轴瓦修前数据测量，盘车拆除，5号对轮解体及修前中心测量 第5～6天
抽发电机转子 第7天
汽缸螺栓及导管拆除 第5～8天
吊高、中、低压缸 第7～9天
测高、中、低通流及修前数据 第10天
拆对轮螺栓，轴系中心、轴径扬度测量 第11～12天
吊转子及转子清理、检查及清理隔板汽封 第13～16天
轴系中心调整及轴瓦研磨 第15～19天
隔板汽封、轴封调整 第20～23天
修后通流间隙测量 第24～25天
清缸及轴承清理 第26天
扣缸 第27～30天
汽缸、螺栓清理探伤 第10～20天
发电机穿转子 第31天
低、发中心调整 第31～33天
励磁机就位，励磁机一发电机中心测量 第32～33天
汽轮机开始润滑油循环 第33天
主机恢复轴瓦 第35～36天
差胀调整，盘车复装，低压连通管恢复，保温完毕 第36～40天
调速
隔膜阀解体检查 第4～6天
5、6号高压调节汽门及甲、乙小机油动机更换密封件 第6～10天
抗燃油油动机检修 第10～15天
抗燃油系统油循环 第18～32天
抗燃系统滤网更换 第32天
甲、乙、丙冷油器及滤网清理 第2～8天
主、小机油箱及滤网 第3～16天
油系统阀门检修 第3～16天
主油泵大修 第4～16天
主机润滑油箱放油后滤油 第12～27天
静态试验 第37天
水泵
给水泵磁性滤网清理 第1～6天
乙汽动给水泵大修 第2～26天
电动给水泵及甲、乙给水泵入口滤网清理 第8～14天
甲、乙凝结水升压泵轴瓦及机械密封检查 第6～15天
给水泵出口止回阀检查 第15～20天
乙汽动给水泵大修完毕 第26天
水压试验 第37天
甲、乙循环水泵电动机解体完毕 第1～10天
丙循环水泵电动机解体完毕，甲、乙射水泵盘根改造 第6～12天
甲、乙凝结水泵机械密封检查 第7～15天
甲、乙、丙循环水泵电动机油挡改进及甲循环水泵大修完毕 第4～32天
辅机
高低加热器检修查漏 第2～10天
高低压旁路及蝶阀油泵站检查 第3～15天
高压旁路阀解体检查 第3～25天
低压旁路阀更换阀壳 第2～30天
凝汽器清理 第8～30天
真空系统查漏 第33～36天
管阀
冷水塔立柱防腐 第5～30天
循环水至主机冷油器及发电机空冷器滤网清理 第5～12天
除氧器检修 第8～20天
发电机水冷器冷却水管道改进 第1～30天
阀门滚动 第1～28天
机组总启动第41天
大修报竣工第47天

×号机组大修汽轮机专业网络图			
批准		×发电厂	
审定			
审核		图号	
编制		日期	

附录十七

×××MW发电机组

×号机组汽轮机ETS系统大修作业文件包

批准：

审定：

审核：

编写：

中国华电集团××发电厂/公司

年　　月

华电集团 ××发电厂/公司	×号机组汽轮机 ETS 系统 大修作业文件包	版次： 年×号机组大修使用有效

目　录

华电集团 ××发电厂/公司	×号机组汽轮机 ETS 系统 大修作业文件包	版次：B 2006 年×号机组大修使用有效

前　言

为认真贯彻执行《发电企业设备检修导则》、《中国华电集团公司燃煤机组检修管理办法（A 版）》，落实“预防为主，计划检修”的方针，强化检修过程控制，实现检修作业标准化、规范化、程序化、高效化的要求，以全面提升检修管理水平，特制定本检修作业文件包。

1　编制说明

1.1　本检修作业文件包括了“前言、概述、检修资源准备、质量检验验收及技术监督计划、安全风险分析与预防措施、检修工序及质量要求、设备再鉴定、检修报告、设备质量缺陷报告、不符合项报告”等内容，为检修实现全过程规范化管理提供支持材料。

1.2　本检修作业文件包适用于×××MW 机组×号机大机 ETS 系统的标准大修及类似于大修性质的抢修。

1.3　本检修作业文件包的消耗材料计划根据《发电设备标准大修材料消耗》并结合设备修前状态诊断编制。

1.4　本检修作业文件包的危险点分析以及防范措施根据《电业安全工作规程》、《现场安全规程》、《火力发电厂危险点分析及预控措施》，并结合现场实际情况编制而成。

1.5　本检修作业文件包的设备检修工序及质检点、技术监督设置参考《发电机组大修标准项目和验收质量标准×××MW 机组热工专业》，并结合中国华电集团公司部分企业相关资料编制而成。

1.6　本检修作业文件包需经技术管理部门审核，检修副总工程师批准后方可使用。

2　编制目的

2.1　有利于检修项目管理，规范检修作业行为，便于检修管理全过程控制，确保 ETS 系统修后符合质量要求。

2.2　有利于检修方执行，提供完善、标准、规范的检修作业程序。

2.3　有利于检修资料归档。

3　确保目标

3.1　确保 ETS 系统检修全过程无不安全因素发生。

3.2　确保 ETS 系统检修项目的验收率、合格率为 100%，质量评价为“优秀”。

3.3　实现 ETS 系统修后一次性启动成功，达到修后运行 100 天无故障。

3.4　确保 ETS 系统修后技术参数达到目标值。

4　ETS 系统结构概述

ETS 系统为主机安全保护系统，主要包括 ETS 系统控制柜、操作面板、压力开关、AST 电磁阀、电缆等。

<table>
<tr><td colspan="2">华电集团
××发电厂/公司</td><td colspan="2">×号机组汽轮机 ETS 系统
大修作业文件包</td><td>版次：B
2006 年×号机组大修使用有效</td></tr>
<tr><td colspan="5">概　述</td></tr>
<tr><td>检修文件包编号</td><td colspan="4">16206RK＃XDX0019</td></tr>
<tr><td>检修计划名称</td><td colspan="4">×号机组热控专业大修</td></tr>
<tr><td>检修等级</td><td colspan="4">大修</td></tr>
<tr><td>检修项目类型</td><td colspan="4">标准项目</td></tr>
<tr><td>技术监督项目</td><td>热工监督</td><td>实际完成</td><td colspan="2"></td></tr>
<tr><td>质检点设置</td><td>P 点计划 1 个
W 点计划 12 个</td><td>实际完成</td><td colspan="2"></td></tr>
<tr><td>反措项目</td><td>有□个，无□</td><td>实际完成</td><td colspan="2"></td></tr>
<tr><td>设备异动项目</td><td>有□个，无□</td><td>实际完成</td><td colspan="2"></td></tr>
<tr><td>项目变更情况</td><td>有□个，无□</td><td>实际完成</td><td colspan="2"></td></tr>
<tr><td>不符合项统计</td><td colspan="4">有□个，无□</td></tr>
<tr><td>质量缺陷报告统计</td><td colspan="4">有□个，无□</td></tr>
<tr><td>是否需要再鉴定</td><td colspan="4">品质再鉴定有□个，无□；功能再鉴定有□个，无□</td></tr>
<tr><td>工作票号</td><td colspan="4"></td></tr>
<tr><td>检修工作描述</td><td colspan="4">×号机组热控专业汽轮机 ETS 系统大修</td></tr>
<tr><td>检修工作内容</td><td colspan="4">压力开关校验、系统检查、整体功能试验</td></tr>
<tr><td>设备型号</td><td>QWZ－2</td><td>设备编码</td><td colspan="2"></td></tr>
<tr><td>检修地理位置</td><td colspan="4">×号机组电子间、×号汽轮机机头 A 端子箱、B 端子箱、×号机主控室、热工实验室</td></tr>
<tr><td>计划开工时间</td><td></td><td>计划完成时间</td><td colspan="2"></td></tr>
<tr><td>实际开工时间</td><td></td><td>实际完成时间</td><td colspan="2"></td></tr>
<tr><td colspan="5">工作接受单位</td></tr>
<tr><td colspan="5">工作负责人</td></tr>
</table>

华电集团 ××发电厂/公司	×号机组汽轮机 ETS 系统 大修作业文件包	版次：B 2006 年×号机组大修使用有效

文件包附件目录

序号	项目内容（工序描述）	附 件 目 录
1	××工序：内容	设备试运行申请单（示意）
2	××工序：内容	质量缺陷报告单（示意）
3	××工序：内容	不符合项报告（示意）
4	××工序：内容	反事故措施回执单（示意）

<table>
<tr><td>华电集团
××发电厂/公司</td><td>×号机组汽轮机 ETS 系统
大修作业文件包</td><td>版次：B
2006 年×号机组大修使用有效</td></tr>
<tr><td colspan="3">修前设备状态检查与诊断</td></tr>
<tr><td colspan="3">设备状态：

检修建议：

检查人：　　　　日期：</td></tr>
</table>

华电集团 ××发电厂/公司	×号机组汽轮机 ETS 系统 大修作业文件包	版次：B 2006 年×号机组大修使用有效

资 源 准 备

工作所需工作人员计划

检修人员和配合人员	需 用 人 数	需 用 工 时	统 计 工 时
专责工			
作业工			
临时工			
电焊工			
架子工			
试验工			
备注			统计工时＝需用人数×工时

工作所需备品配件准备

序号	名　　称	规格型号	单位	数量	单价	编　　码

工作所需消耗性材料准备

序号	名　　称	规格型号	单位	数量	单价	编　　码

工作负责人确认以上准备完成后签字：　　　　　　　　日期：

华电集团 ××发电厂/公司	×号机组汽轮机 ETS 系统 大修作业文件包	版次：B 2006 年×号机组大修使用有效

资 源 准 备

检修所需工器具准备

序 号	工具名称	型 号	数 量	序 号	工具名称	型 号	数 量

检修所需测量用具准备

序 号	工具名称	型 号	数 量	序 号	工具名称	型 号	数 量

检修所需试验器具及电动工器具准备

序 号	试验器具名称	型 号	数 量	序 号	电动工器具名称	型 号	数 量

工作负责人确认以上工器具准备齐全、可用后签字： 日期：

华电集团 ××发电厂/公司	×号机组汽轮机 ETS 系统 大修作业文件包	版次：B 2006 年×号机组大修使用有效

资 源 准 备

检修所需参考图纸资料

序 号	资 料 名 称	资 料 图 号
1		
2		
3		
4		

华电集团 ××发电厂/公司	×号机组汽轮机 ETS 系统 大修作业文件包	版次：B 2006 年×号机组大修使用有效

反事故技术措施计划

序　号	反事故技术措施计划名称	标 准 要 求	执行结果	执行负责人

<table>
<tr><td colspan="2">华电集团
××发电厂/公司</td><td colspan="3">×号机组汽轮机 ETS 系统
大修作业文件包</td><td>版次：B
2006 年×号机组大修使用有效</td></tr>
<tr><td colspan="6">质量检验验收与技术监督计划</td></tr>
<tr><td>序号</td><td>工 序 名 称</td><td>工时</td><td>质检点</td><td>技术监督项目</td><td>标准要求</td></tr>
<tr><td>1</td><td>办理工作票</td><td>2</td><td></td><td></td><td></td></tr>
<tr><td>2</td><td>作业区布置</td><td>4</td><td></td><td></td><td></td></tr>
<tr><td>3</td><td>ETS 机柜检修、回路接线检查</td><td>20</td><td></td><td></td><td></td></tr>
<tr><td>4</td><td>PLC 检查</td><td>4</td><td></td><td>热工监督 1</td><td>功能正常</td></tr>
<tr><td>5</td><td>电源系统检修</td><td>2</td><td></td><td></td><td></td></tr>
<tr><td>6</td><td>压力开关检修</td><td>12</td><td></td><td></td><td></td></tr>
<tr><td>7</td><td>压力开关验收</td><td>6</td><td>12W</td><td>热工监督 2</td><td>开关动作灵活、可靠，定值准确，误差合格</td></tr>
<tr><td>7.1</td><td>真空低压力开关 A</td><td>0.5</td><td>W1</td><td></td><td></td></tr>
<tr><td>7.2</td><td>真空低压力开关 B</td><td>0.5</td><td>W2</td><td></td><td></td></tr>
<tr><td>7.3</td><td>真空低压力开关 C</td><td>0.5</td><td>W3</td><td></td><td></td></tr>
<tr><td>7.4</td><td>真空低压力开关 D</td><td>0.5</td><td>W4</td><td></td><td></td></tr>
<tr><td>7.5</td><td>润滑油压低压力开关 A</td><td>0.5</td><td>W5</td><td></td><td></td></tr>
<tr><td>7.6</td><td>润滑油压低压力开关 B</td><td>0.5</td><td>W6</td><td></td><td></td></tr>
<tr><td>7.7</td><td>润滑油压低压力开关 C</td><td>0.5</td><td>W7</td><td></td><td></td></tr>
<tr><td>7.8</td><td>润滑油压低压力开关 D</td><td>0.5</td><td>W8</td><td></td><td></td></tr>
<tr><td>7.9</td><td>EH 油压低压力开关 A</td><td>0.5</td><td>W9</td><td></td><td></td></tr>
<tr><td>7.10</td><td>EH 油压低压力开关 B</td><td>0.5</td><td>W10</td><td></td><td></td></tr>
<tr><td>7.11</td><td>EH 油压低压力开关 C</td><td>0.5</td><td>W11</td><td></td><td></td></tr>
<tr><td>7.12</td><td>EH 油压低压力开关 D</td><td>0.5</td><td>W12</td><td></td><td></td></tr>
<tr><td>8</td><td>ETS 手操盘检查</td><td>2</td><td></td><td></td><td></td></tr>
<tr><td>9</td><td>电超速通道校验</td><td>4</td><td></td><td>热工监督 3</td><td>动作可靠、定值设定正确</td></tr>
<tr><td>10</td><td>电缆绝缘检查</td><td>16</td><td></td><td></td><td></td></tr>
<tr><td>11</td><td>电磁阀检修</td><td>2</td><td></td><td></td><td></td></tr>
<tr><td>12</td><td>清扫卫生、端子排紧线</td><td>6</td><td></td><td></td><td></td></tr>
<tr><td>13</td><td>系统试验联调</td><td>4</td><td></td><td>热工监督 4</td><td>功能正确</td></tr>
<tr><td>14</td><td>系统功能试验验收</td><td>2</td><td>1P</td><td></td><td></td></tr>
<tr><td>15</td><td>系统品质再鉴定</td><td>4</td><td></td><td></td><td></td></tr>
<tr><td>16</td><td>撤消工作票</td><td>2</td><td></td><td></td><td></td></tr>
<tr><td>17</td><td>工时合计</td><td>92</td><td></td><td></td><td></td></tr>
<tr><td></td><td></td><td></td><td></td><td></td><td></td></tr>
<tr><td></td><td></td><td></td><td></td><td></td><td></td></tr>
<tr><td></td><td></td><td></td><td></td><td></td><td></td></tr>
<tr><td></td><td></td><td></td><td></td><td></td><td></td></tr>
</table>

<table>
<tr><td colspan="2">华电集团
××发电厂/公司</td><td colspan="2">×号机组汽轮机 ETS 系统
大修作业文件包</td><td>版次：B
2006 年×号机组大修使用有效</td></tr>
<tr><td colspan="5">安全风险分析以及预防措施</td></tr>
<tr><td colspan="2">工作名称</td><td colspan="3">×号机组 ETS 系统大修</td></tr>
<tr><td>序号</td><td>工作内容</td><td>危险点分析</td><td>应采取的预防措施</td><td>预防措施
执行情况</td></tr>
<tr><td>1</td><td rowspan="3">隔离措施</td><td></td><td>工作负责人按照规定要求办理工作票手续</td><td rowspan="3"></td></tr>
<tr><td>2</td><td>防止走错位置、间隔，引起机组误跳闸</td><td>核对检修设备名称，确认设备与工作票内容相符合，确认隔离措施已经执行</td></tr>
<tr><td>3</td><td>防止人身触电</td><td>设备的电源开关：UPS 及保安段均已停电，并悬挂警示牌</td></tr>
<tr><td>4</td><td rowspan="3">着装装备</td><td>工作人员戴帽、着装不当，易造成自身保护、防护能力不够</td><td>工作人员必须按规定戴好安全帽</td><td rowspan="3"></td></tr>
<tr><td>5</td><td>工作人员戴帽、着装不当，易造成自身保护、防护能力不够</td><td>工作人员必须穿合格的工作服和绝缘鞋</td></tr>
<tr><td>6</td><td>使用电动工具时，着装不当易发生触电</td><td>使用电动工具时，要戴绝缘手套，并穿绝缘鞋</td></tr>
<tr><td>7</td><td rowspan="2">作业环境</td><td rowspan="2"></td><td>工作现场照明充足</td><td rowspan="2"></td></tr>
<tr><td>8</td><td>材料、工器具、零部件定置管理，防止高空落物</td></tr>
<tr><td>9</td><td rowspan="3">临时电源</td><td rowspan="3">防止人身触电</td><td>现场使用的临时性电源盘要有合格证，并在电源开关处悬挂标示牌</td><td rowspan="3"></td></tr>
<tr><td>10</td><td>电源插座完整，固定牢固，电源插头应完整</td></tr>
<tr><td>11</td><td>电源由专职人员接、拆线</td></tr>
<tr><td>12</td><td>绝缘测量</td><td>回路绝缘测试时，可能会损坏卡件</td><td>断开与卡件的端子排连接，选择合适电压等级的绝缘电阻表，绝缘电阻表的连线与被检查的线路接触良好，不能有毛刺现象，以免漏电损坏设备或引起其他不安全因素</td><td></td></tr>
<tr><td>13</td><td>设备停送电、拆接线</td><td>设备停送电、拆接线时，易发生触电或电源接地事故</td><td>设备停送电、拆接线时要先验电，线头要包好</td><td></td></tr>
<tr><td>14</td><td>压力开关拆装</td><td>压力开关拆除时，如系统隔离不好易发生油系统泄漏</td><td>压力开关拆除时，在运行人员做好安全隔离措施后方可进行工作</td><td></td></tr>
<tr><td>15</td><td>仪表拆装、运输、校验</td><td>仪表拆装、运输、校验过程中易损坏</td><td>仪表拆装、运输、校验过程中要轻拿轻放，仪表接头要包好</td><td></td></tr>
</table>

续表

<table>
<tr><td colspan="3">华电集团
××发电厂/公司</td><td>×号机组汽轮机 ETS 系统
大修作业文件包</td><td>版次：B
2006 年×号机组大修使用有效</td></tr>
<tr><td colspan="5">安全风险分析以及预防措施</td></tr>
<tr><td colspan="2">工作名称</td><td colspan="3">×号机组 ETS 系统大修</td></tr>
<tr><td>序号</td><td>工作内容</td><td>危险点分析</td><td>应采取的预防措施</td><td>预防措施执行情况</td></tr>
<tr><td>16</td><td>压力开关校验</td><td>防止开关校验时超压</td><td>选择量程合适压力校验台</td><td></td></tr>
<tr><td>17</td><td>设备送电</td><td>防止人员触电及设备损坏</td><td>检修完毕送电时，应确保设备无人工作，送电并验电，设备应无异味，无异音，各电源指示灯工作正常</td><td></td></tr>
<tr><td>18</td><td>文明检修</td><td>防止检修现场污染</td><td>工作完毕后，工作负责人终结工作票，检修现场做到工完、料净、场地清</td><td></td></tr>
<tr><td colspan="5">学习人员签字：

主持人： 时间：</td></tr>
</table>

华电集团 ××发电厂/公司	×号机组汽轮机 ETS 系统 大修作业文件包	版次：B 2006 年×号机组大修使用有效

检 修 程 序

1　概述：本程序是根据《××发电厂/公司企业标准×××MW 机组设备检修工艺规程（B 版）》、厂家资料、汽轮机 ETS 系统安装资料、原检修工序卡，并参照各种规程、标准编写；适用于××发电厂/公司＃X—＃X 机组×××MW 汽轮机 ETS 系统的标准大修；本程序需经技术管理部门审核、检修副总工程师批准后方可使用；检修工作应严格按照本程序执行，确保修后各项指标符合程序的检修质量标准要求和检修工作保质、保量、按期完成。

2　开工前的准备工作确认

2.1　安全预防措施

□办理工作票，工作票内所列安全、隔离措施应全面、准确、完善。

□确认工作票所列安全措施及系统隔离措施得到可靠落实后，方可开工。

2.2　作业区

□工作现场照明充足，通风良好。

□工作作业区域围栏已围设整齐、布置完备；出、入口设置合理，警示明显。

□作业区信息牌悬挂规范。

□检修区域胶皮铺设整齐、卫生清洁。

2.3　工器具

□工器具已按计划准备齐全，满足使用。

2.4　材料和备品备件准备

□材料和备品备件已按计划准备齐全，满足使用。

3 检修工序与质量标准

3.1　系统外观检查

□设备完好整洁，操作盘及机柜面板灯光指示正常。

3.2　ETS 系统机柜检修

□3.2.1　检查确认设备已停电，并确认相应电气开关把手已悬挂“禁止合闸，有人工作”标志牌。

□3.2.2　验电。

□3.2.3　卫生清扫 ，设备见本色。

□3.2.4　风扇清扫检修，转动灵活。

□3.2.5　机柜接地检查，接地牢靠，阻值＜0.5Ω。

□3.2.6　回路接线检查，接线压接紧固，与图纸相符。

3.3　PLC 检查

3.3.1　主 PLC 检查

□3.3.1.1　主 PLC 外观检查正常，功能正常，灯指示状态正常。（热工监督 1）

技术监督名称	监督内容	标准要求	结论	监督人	监督时间
热工监督	主 PLC 检查	功能正常			年　月　日　时　分

□3.3.1.2　I/O 卡件检查，接线正确，卡件指示灯状态正确。

3.3.2　副 PLC 检查

□3.3.2.1　副 PLC 外观检查正常，功能正常，灯指示状态正常。（热工监督 1）

技术监督名称	监督内容	标准要求	结论	监督人	监督时间
热工监督	副 PLC 检查	功能正常			年　月　日　时　分

□3.3.2.2　I/O 卡件检查，接线正确，卡件指示灯状态正确。

工作负责人签字：	日期：

续表

华电集团 ××发电厂/公司	×号机组汽轮机 ETS 系统 大修作业文件包	版次：B 2006 年×号机组大修使用有效

检 修 程 序

3.4 电源系统检查

□3.4.1 交、直流电源保险检查良好。

□3.4.2 电源接线正确、接触牢靠、绝缘良好。

□3.4.3 电源投入、切换正常，备用可靠。

□3.4.4 电源应安全可靠，波动不应超过 5%。

3.5 压力开关检修

□3.5.1 外观检查：设备完好整洁。

3.5.2 开关校验

□3.5.2.1 设备隔离，关闭相应二次门。

□3.5.2.2 验电、开关拆线。

□3.5.2.3 开关拆卸。

□3.5.2.4 开关取样管口封堵。

□3.5.2.5 开关校验，执行检定规程，填写检定报告。

3.5.3 压力开关验收（热工监督 2）（W 点）。

□3.5.3.1 热工监督

技术监督名称	监督内容	标准要求	结论	监督人	监督时间
热工监督	压力开关验收	开关动作灵活、可靠，定值准确，误差合格			年 月 日 时 分

□3.5.3.2 W1 点验收

W1 点

质检点名称	ETS 系统真空低压力开关 A 验收				
质量标准	开关动作灵活、可靠，定值准确，设备编号清晰，卫生清洁				
检修描述	□修理 □更换 □调整 □保持原状态				
验收结论					
检定人		核验人		时 间	
工作负责人		承包方 QC		设备管理部门验收人	

□3.5.3.3 W2 点验收

W2 点

质检点名称	ETS 系统真空低压力开关 B 验收				
质量标准	开关动作灵活、可靠，定值准确，设备编号清晰，卫生清洁				
检修描述	□修理 □更换 □调整 □保持原状态				
验收结论					
检定人		核验人		时 间	
工作负责人		承包方 QC		设备管理部门验收人	

工作负责人签字：	日期：

续表

<table>
<tr><td colspan="2">华电集团
××发电厂/公司</td><td colspan="2">×号机组汽轮机 ETS 系统
大修作业文件包</td><td colspan="2">版次：B
2006 年×号机组大修使用有效</td></tr>
<tr><td colspan="6">检 修 程 序</td></tr>
<tr><td colspan="6">□3.5.3.4 W3 点验收
W3 点</td></tr>
<tr><td>质检点名称</td><td colspan="5">ETS 系统真空低压力开关 C 验收</td></tr>
<tr><td>质量标准</td><td colspan="5">开关动作灵活、可靠，定值准确，设备编号清晰，卫生清洁</td></tr>
<tr><td>检修描述</td><td colspan="5">□修理 □更换 □调整 □保持原状态</td></tr>
<tr><td>验收结论</td><td colspan="5"></td></tr>
<tr><td>检定人</td><td></td><td>核验人</td><td></td><td>时 间</td><td></td></tr>
<tr><td>工作负责人</td><td></td><td>承包方 QC</td><td></td><td>设备管理部门验收人</td><td></td></tr>
<tr><td colspan="6">□3.5.3.5 W4 点验收
W4 点</td></tr>
<tr><td>质检点名称</td><td colspan="5">ETS 系统真空低压力开关 D 验收</td></tr>
<tr><td>质量标准</td><td colspan="5">开关动作灵活、可靠，定值准确，设备编号清晰，卫生清洁</td></tr>
<tr><td>检修描述</td><td colspan="5">□修理 □更换 □调整 □保持原状态</td></tr>
<tr><td>验收结论</td><td colspan="5"></td></tr>
<tr><td>检定人</td><td></td><td>核验人</td><td></td><td>时 间</td><td></td></tr>
<tr><td>工作负责人</td><td></td><td>承包方 QC</td><td></td><td>设备管理部门验收人</td><td></td></tr>
<tr><td colspan="6">□3.5.3.6 W5 点验收
W5 点</td></tr>
<tr><td>质检点名称</td><td colspan="5">ETS 系统润滑油压力低压力开关 A 验收</td></tr>
<tr><td>质量标准</td><td colspan="5">开关动作灵活、可靠</td></tr>
<tr><td>检修描述</td><td colspan="5">□修理 □更换 □调整 □保持原状态</td></tr>
<tr><td>验收结论</td><td colspan="5"></td></tr>
<tr><td>检定人</td><td></td><td>核验人</td><td></td><td>时 间</td><td></td></tr>
<tr><td>工作负责人</td><td></td><td>承包方 QC</td><td></td><td>设备管理部门验收人</td><td></td></tr>
<tr><td colspan="6">□3.5.3.7 W6 点验收
W6 点</td></tr>
<tr><td>质检点名称</td><td colspan="5">ETS 系统润滑油压力低压力开关 B 验收</td></tr>
<tr><td>质量标准</td><td colspan="5">开关动作灵活、可靠，定值准确，设备编号清晰，卫生清洁</td></tr>
<tr><td>检修描述</td><td colspan="5">□修理 □更换 □调整 □保持原状态</td></tr>
<tr><td>验收结论</td><td colspan="5"></td></tr>
<tr><td>检定人</td><td></td><td>核验人</td><td></td><td>时 间</td><td></td></tr>
<tr><td>工作负责人</td><td></td><td>承包方 QC</td><td></td><td>设备管理部门验收人</td><td></td></tr>
<tr><td colspan="6"></td></tr>
<tr><td colspan="3">工作负责人签字：</td><td colspan="3">日期：</td></tr>
</table>

续表

华电集团 ××发电厂/公司	×号机组汽轮机 ETS 系统 大修作业文件包	版次：B 2006 年×号机组大修使用有效

检 修 程 序

□3.5.3.8 W7 点验收

W7 点

质检点名称	ETS 系统润滑油压力低压力开关 C 验收				
质量标准	开关动作灵活、可靠，定值准确，设备编号清晰，卫生清洁				
检修描述	□修理 □更换 □调整 □保持原状态				
验收结论					
检定人		核验人		时 间	
工作负责人		承包方 QC		设备管理部门验收人	

□3.5.3.9 W8 点验收

W8 点

质检点名称	ETS 系统润滑油压力低压力开关 D 验收				
质量标准	开关动作灵活、可靠，定值准确，设备编号清晰，卫生清洁				
检修描述	□修理 □更换 □调整 □保持原状态				
验收结论					
检定人		核验人		时 间	
工作负责人		承包方 QC		设备管理部门验收人	

□3.5.3.10 W9 点验收

W9 点

质检点名称	ETS 系统 EH 油压低压力开关 A 验收				
质量标准	开关动作灵活、可靠，定值准确，设备编号清晰，卫生清洁				
检修描述	□修理 □更换 □调整 □保持原状态				
验收结论					
检定人		核验人		时 间	
工作负责人		承包方 QC		设备管理部门验收人	

□3.5.3.11 W10 点验收

W10 点

质检点名称	ETS 系统 EH 油压低压力开关 B 验收				
质量标准	开关动作灵活、可靠，定值准确，设备编号清晰，卫生清洁				
检修描述	□修理 □更换 □调整 □保持原状态				
验收结论					
检定人		核验人		时 间	
工作负责人		承包方 QC		设备管理部门验收人	

工作负责人签字：	日期：

续表

<table>
<tr><td>华电集团
××发电厂/公司</td><td colspan="3">×号机组汽轮机 ETS 系统
大修作业文件包</td><td colspan="2">版次：B
2006 年×号机组大修使用有效</td></tr>
<tr><td colspan="6">检　修　程　序</td></tr>
<tr><td colspan="6">□3.5.3.12　W11 点验收
W11 点</td></tr>
<tr><td>质检点名称</td><td colspan="5">ETS 系统 EH 油压低压力开关 C 验收</td></tr>
<tr><td>质量标准</td><td colspan="5">开关动作灵活、可靠，定值准确，设备编号清晰，卫生清洁</td></tr>
<tr><td>检修描述</td><td colspan="5">□修理　□更换　□调整　□保持原状态</td></tr>
<tr><td>验收结论</td><td colspan="5"></td></tr>
<tr><td>检定人</td><td></td><td>核验人</td><td></td><td>时　间</td><td></td></tr>
<tr><td>工作负责人</td><td></td><td>承包方 QC</td><td></td><td>设备管理部门验收人</td><td></td></tr>
<tr><td colspan="6">□3.5.3.13　W12 点验收
W12 点</td></tr>
<tr><td>质检点名称</td><td colspan="5">ETS 系统 EH 油压低压力开关 D 验收</td></tr>
<tr><td>质量标准</td><td colspan="5">开关动作灵活、可靠，定值准确，设备编号清晰，卫生清洁</td></tr>
<tr><td>检修描述</td><td colspan="5">□修理　□更换　□调整　□保持原状态</td></tr>
<tr><td>验收结论</td><td colspan="5"></td></tr>
<tr><td>检定人</td><td></td><td>核验人</td><td></td><td>时　间</td><td></td></tr>
<tr><td>工作负责人</td><td></td><td>承包方 QC</td><td></td><td>设备管理部门验收人</td><td></td></tr>
<tr><td colspan="6">3.5.4　开关复装
□3.5.4.1　开关复装。
□3.5.4.2　开关取样管恢复。
□3.5.4.3　开关接线恢复。
□3.5.4.4　开关二次门开启。
3.5.5　开关外观检查
□设备完好整洁、无漏点。
3.6　ETS 操作盘检查
□3.6.1　触摸按钮灵活、可靠。
□3.6.2　面板完好、整洁。
□3.6.3　操作盘卫生清扫，设备见本色。
□3.6.4　接线、插头检查接触良好。
3.7　电超速系统检查
3.7.1　测速探头检查
□3.7.1.1　测速探头电阻测试、电缆对地绝缘测试。
□3.7.1.2　测速通道校验正确。</td></tr>
<tr><td colspan="3">工作负责人签字：</td><td colspan="3">日期：</td></tr>
</table>

续表

<table>
<tr><td>华电集团
××发电厂/公司</td><td>×号机组汽轮机 ETS 系统
大修作业文件包</td><td>版次：B
2006 年×号机组 C 级检修使用有效</td></tr>
<tr><td colspan="3">检 修 程 序</td></tr>
</table>

3.7.1.3 测速继电器检查

□3.7.1.3.1 测速继电器线圈电阻、触点电阻测试。

3.7.1.3.2 从端子排＃2—53/54，外加频率信号，测试继电器的动作情况及动作值。（热工监督 3）

□3.7.1.3.2.1 测速继电器 A 定值设定正确，动作可靠（定值 3300r/min）。

□3.7.1.3.2.2 测速继电器 B 定值设定正确，动作可靠（定值 3300r/min）。

□3.7.1.3.2.3 测速继电器 C 定值设定正确，动作可靠（定值 3300r/min）。

技术监督名称	监督内容	标准要求	结论	监督人	监督时间
热工监督	电超速通道校验	动作可靠、定值设定正确			年 月 日 时 分

□3.8 电缆绝缘检查，绝缘≥50MΩ

3.9 电磁阀检修

□3.9.1 线圈良好，吸合正常。

□3.9.2 线圈电阻测试、电缆对地绝缘电阻测量。（对地绝缘电阻≥50MΩ）

□3.10 系统送电

□3.11 系统试验联调正常（参见检修记录系统功能试验卡）（热工监督 4）

技术监督名称	监督内容	标准要求	结论	监督人	监督时间
热工监督	系统试验联调	功能正确			年 月 日 时 分

□3.12 品质再鉴定（参见检修记录系统功能试验卡及品质再鉴定单）（功能试验：P 点验收）

P 点验收单

<table>
<tr><td>质检点名称</td><td colspan="5">大机 ETS 系统功能试验</td></tr>
<tr><td>质量标准</td><td colspan="5">功能试验正常，开关动作灵活、可靠，手操盘开关状态指示正确，设备卫生清洁</td></tr>
<tr><td>检修描述</td><td colspan="5">□修理 □更换 □调整 □保持原状态</td></tr>
<tr><td>验收结论</td><td colspan="5"></td></tr>
<tr><td>试验人</td><td></td><td>监护人</td><td></td><td>时 间</td><td></td></tr>
<tr><td>工作负责人</td><td></td><td>承包方 QC</td><td></td><td>设备管理部门验收人</td><td></td></tr>
<tr><td>技术管理部门验收人</td><td></td><td>总工程师</td><td></td><td>日 期</td><td></td></tr>
</table>

□3.13 恢复条件，达到启动状态

□3.14 终结工作票

工作负责人签字：	日期：

<table>
<tr><td colspan="2">华电集团
××发电厂/公司</td><td colspan="2">×号机组汽轮机 ETS 系统
大修作业文件包</td><td colspan="2">版次：B
2006 年×号机组大修使用有效</td></tr>
<tr><td colspan="6">设备品质再鉴定</td></tr>
<tr><td>设备名称</td><td colspan="2">×号机组汽轮机 ETS 系统检修</td><td>再鉴定编号</td><td colspan="2"></td></tr>
<tr><td>再鉴定时间</td><td colspan="5">开始时间：　年　月　日　时　分
结束时间：　年　月　日　时　分</td></tr>
<tr><td>设备所处状态说明</td><td colspan="5">运行</td></tr>
<tr><td rowspan="5">设备再鉴定情况</td><td>控制程序确认</td><td colspan="4">检修程序已全部执行，现场无异常：　是□　否□
工作负责人：　承包方 QC：　再鉴定负责人：</td></tr>
<tr><td rowspan="4">再鉴定记录</td><td colspan="4">一次元件系统检查
检查人：</td></tr>
<tr><td colspan="4">PLC 状态检查
检查人：</td></tr>
<tr><td colspan="4">系统整体功能试验
试验人：</td></tr>
<tr><td colspan="4">其他
检查人：</td></tr>
<tr><td rowspan="3">再鉴定意见</td><td colspan="2">工作负责人</td><td colspan="2">运行管理部门人员</td><td>再鉴定负责人</td></tr>
<tr><td colspan="2">意见：</td><td colspan="2">意见：</td><td>意见：</td></tr>
<tr><td colspan="2">签名：</td><td colspan="2">签名：</td><td>签名：</td></tr>
</table>

<table>
<tr><td colspan="2">华电集团
××发电厂/公司</td><td colspan="2">×号机组汽轮机 ETS 系统
大修作业文件包</td><td>版次：B
2006 年×号机组大修使用有效</td></tr>
<tr><td colspan="5">检 修 报 告</td></tr>
<tr><td colspan="2">检修情况说明及设备检修后健康状况分析</td><td colspan="3"></td></tr>
<tr><td colspan="2">检修更换的主要备品配件（名称、规格型号、数量）</td><td colspan="3"></td></tr>
<tr><td colspan="2">检修使用的消耗性材料</td><td colspan="3"></td></tr>
<tr><td colspan="2">检修所用工时（人×小时）</td><td colspan="3"></td></tr>
<tr><td colspan="2">设备检修异常以及消除的主要缺陷</td><td colspan="3"></td></tr>
<tr><td colspan="2">尚未消除的缺陷及未消除的原因</td><td colspan="3"></td></tr>
<tr><td colspan="2">设备变更和改进情况</td><td colspan="3"></td></tr>
<tr><td colspan="2">技术监督情况（监督项目名称、监督结果、报告日期、监督人）</td><td colspan="3"></td></tr>
<tr><td rowspan="2">信息反馈</td><td>您发现本检修作业文件包存在哪些问题</td><td colspan="3"></td></tr>
<tr><td>您对本厂设备管理、检修管理、质量管理、工艺标准等方面的建议</td><td colspan="3"></td></tr>
<tr><td>程序执行情况</td><td colspan="4">检修程序已全部执行，无异常：是□，否□。</td></tr>
</table>

<table>
<tr><td colspan="2">华电集团
××发电厂/公司</td><td colspan="3">×号机组汽轮机 ETS 系统
大修作业文件包</td><td colspan="2">版次：B
2006 年×号机组大修使用有效</td></tr>
<tr><td colspan="7">检　修　报　告</td></tr>
<tr><td colspan="7">检修情况说明</td></tr>
<tr><td>序号</td><td>工序名称</td><td>检修基本情况</td><td>遇到的问题</td><td>解决的方法</td><td>应吸取的教训</td><td>结　　果</td></tr>
<tr><td>1</td><td>ETS 系统机柜检修</td><td></td><td></td><td></td><td></td><td></td></tr>
<tr><td>2</td><td>PLC 检查</td><td></td><td></td><td></td><td></td><td></td></tr>
<tr><td>3</td><td>电源检查</td><td></td><td></td><td></td><td></td><td></td></tr>
<tr><td>4</td><td>压力开关检修</td><td></td><td></td><td></td><td></td><td></td></tr>
<tr><td>5</td><td>ETS 操作盘检查</td><td></td><td></td><td></td><td></td><td></td></tr>
<tr><td>6</td><td>电超速系统检查</td><td></td><td></td><td></td><td></td><td></td></tr>
<tr><td>7</td><td>电缆绝缘检查</td><td></td><td></td><td></td><td></td><td></td></tr>
<tr><td>8</td><td>电磁阀检修</td><td></td><td></td><td></td><td></td><td></td></tr>
<tr><td>9</td><td>系统功能试验</td><td></td><td></td><td></td><td></td><td></td></tr>
<tr><td></td><td></td><td></td><td></td><td></td><td></td><td></td></tr>
<tr><td></td><td></td><td></td><td></td><td></td><td></td><td></td></tr>
<tr><td></td><td></td><td></td><td></td><td></td><td></td><td></td></tr>
<tr><td></td><td></td><td></td><td></td><td></td><td></td><td></td></tr>
<tr><td></td><td></td><td></td><td></td><td></td><td></td><td></td></tr>
<tr><td></td><td></td><td></td><td></td><td></td><td></td><td></td></tr>
<tr><td></td><td></td><td></td><td></td><td></td><td></td><td></td></tr>
<tr><td></td><td></td><td></td><td></td><td></td><td></td><td></td></tr>
<tr><td></td><td></td><td></td><td></td><td></td><td></td><td></td></tr>
<tr><td></td><td></td><td></td><td></td><td></td><td></td><td></td></tr>
<tr><td></td><td></td><td></td><td></td><td></td><td></td><td></td></tr>
<tr><td></td><td></td><td></td><td></td><td></td><td></td><td></td></tr>
<tr><td></td><td></td><td></td><td></td><td></td><td></td><td></td></tr>
<tr><td colspan="4">工作负责人签字：　　　　日期：</td><td colspan="3">承包方 QC 签字：　　　　日期：</td></tr>
</table>

华电集团 ××发电厂/公司	×号机组汽轮机 ETS 系统 大修作业文件包	版次：B 2006 年×号机组大修使用有效

检 修 报 告

更换备品配件统计

序 号	名 称	规格型号	单 位	数 量	单 价	总 价
	合计					

消耗材料统计

序 号	名 称	规格型号	单 位	数 量	单 价	总 价
	合计					

工作负责人签字： 日期：	承包方 QC 签字： 日期：

<table>
<tr><td colspan="2">华电集团
××发电厂/公司</td><td colspan="3">×号机组汽轮机 ETS 系统
大修作业文件包</td><td colspan="3">版次：B
2006 年×号机组大修使用有效</td></tr>
<tr><td colspan="8">检　修　报　告</td></tr>
<tr><td colspan="8">检修实际所用工时</td></tr>
<tr><td>序号</td><td>工序名称</td><td>专责工</td><td>作业工</td><td>临时工</td><td>电焊工</td><td>试验工</td><td>架子工</td></tr>
<tr><td>1</td><td>办理工作票</td><td></td><td></td><td></td><td></td><td></td><td></td></tr>
<tr><td>2</td><td>作业区布置</td><td></td><td></td><td></td><td></td><td></td><td></td></tr>
<tr><td>3</td><td>ETS 机柜检修、回路接线检查</td><td></td><td></td><td></td><td></td><td></td><td></td></tr>
<tr><td>4</td><td>PLC 检查</td><td></td><td></td><td></td><td></td><td></td><td></td></tr>
<tr><td>5</td><td>电源系统检修</td><td></td><td></td><td></td><td></td><td></td><td></td></tr>
<tr><td>6</td><td>压力开关检修</td><td></td><td></td><td></td><td></td><td></td><td></td></tr>
<tr><td>7</td><td>压力开关验收</td><td></td><td></td><td></td><td></td><td></td><td></td></tr>
<tr><td>8</td><td>ETS 手操盘检查</td><td></td><td></td><td></td><td></td><td></td><td></td></tr>
<tr><td>9</td><td>电超速检查、通道校验</td><td></td><td></td><td></td><td></td><td></td><td></td></tr>
<tr><td>10</td><td>电缆绝缘检查</td><td></td><td></td><td></td><td></td><td></td><td></td></tr>
<tr><td>11</td><td>电磁阀检修</td><td></td><td></td><td></td><td></td><td></td><td></td></tr>
<tr><td>12</td><td>系统试验联调</td><td></td><td></td><td></td><td></td><td></td><td></td></tr>
<tr><td>13</td><td>系统功能试验验收</td><td></td><td></td><td></td><td></td><td></td><td></td></tr>
<tr><td>14</td><td>清扫卫生、端子排紧线</td><td></td><td></td><td></td><td></td><td></td><td></td></tr>
<tr><td>15</td><td>撤消工作票</td><td></td><td></td><td></td><td></td><td></td><td></td></tr>
<tr><td>16</td><td>系统试验联调</td><td></td><td></td><td></td><td></td><td></td><td></td></tr>
<tr><td>17</td><td>工时合计</td><td></td><td></td><td></td><td></td><td></td><td></td></tr>
<tr><td></td><td></td><td></td><td></td><td></td><td></td><td></td><td></td></tr>
<tr><td></td><td></td><td></td><td></td><td></td><td></td><td></td><td></td></tr>
<tr><td></td><td></td><td></td><td></td><td></td><td></td><td></td><td></td></tr>
<tr><td></td><td></td><td></td><td></td><td></td><td></td><td></td><td></td></tr>
<tr><td></td><td></td><td></td><td></td><td></td><td></td><td></td><td></td></tr>
<tr><td></td><td></td><td></td><td></td><td></td><td></td><td></td><td></td></tr>
<tr><td></td><td></td><td></td><td></td><td></td><td></td><td></td><td></td></tr>
<tr><td></td><td></td><td></td><td></td><td></td><td></td><td></td><td></td></tr>
<tr><td></td><td></td><td></td><td></td><td></td><td></td><td></td><td></td></tr>
<tr><td></td><td></td><td></td><td></td><td></td><td></td><td></td><td></td></tr>
<tr><td></td><td></td><td></td><td></td><td></td><td></td><td></td><td></td></tr>
<tr><td></td><td></td><td></td><td></td><td></td><td></td><td></td><td></td></tr>
<tr><td colspan="4">工作负责人签字：　　　　日期：</td><td colspan="4">承包方 QC 签字：　　　　日期：</td></tr>
</table>

<table>
<tr><td colspan="2">华电集团
××发电厂/公司</td><td>×号机组汽轮机 ETS 系统
大修作业文件包</td><td>版次：B
2006 年×号机组大修使用有效</td></tr>
<tr><td colspan="4">检 修 报 告</td></tr>
<tr><td colspan="4">检 修 记 录 清 单</td></tr>
<tr><td>序号</td><td>记 录 名 称</td><td>记 录 编 号</td><td>工 序 名 称</td></tr>
<tr><td>1</td><td>ETS 控制柜接地电阻测试表</td><td>06#4DX-019-001</td><td>3.2.5 工序：机柜接地检查</td></tr>
<tr><td>2</td><td>主 PLC 指示灯检查表</td><td>06#4DX-019-002</td><td>3.3.1.1 工序：主 PLC 指示灯检查</td></tr>
<tr><td>3</td><td>主 PLC 卡件检查表</td><td>06#4DX-019-003</td><td>3.3.1.2 工序：I/O 卡件接线，卡件指示灯检查</td></tr>
<tr><td>4</td><td>副 PLC 指示灯检查表</td><td>06#4DX-019-004</td><td>3.3.2.1 工序：副 PLC 指示灯检查</td></tr>
<tr><td>5</td><td>副 PLC 卡件检查表</td><td>06#4DX-019-005</td><td>3.3.2.2 工序：副 PLC 的 I/O 卡件接线，卡件指示灯检查</td></tr>
<tr><td>6</td><td>电源熔断器检查表</td><td>06#4DX-019-006</td><td>3.4.1 工序：交、直流电源熔断器检查</td></tr>
<tr><td>7</td><td>电缆绝缘测试表</td><td>06#4DX-019-014</td><td>3.4.2 工序：电源接线正确、绝缘良好</td></tr>
<tr><td>8</td><td>开关二次门隔离记录表</td><td>06#4DX-019-007</td><td>3.5.2.1 工序：设备隔离，关闭相应二次门
3.5.4.4 工序：开关二次门开启</td></tr>
<tr><td>9</td><td>拆接线记录表</td><td>06#4DX-019-008</td><td>3.5.2.2 工序：验电、开关拆线
3.5.4.3 工序：开关接线恢复</td></tr>
<tr><td>10</td><td>开关拆装记录表</td><td>06#4DX-019-009</td><td>3.5.2.3 工序：开关拆卸
3.5.4.1 工序：开关复装</td></tr>
<tr><td>11</td><td>开关取样管拆装记录表</td><td>06#4DX-019-010</td><td>3.5.2.4 工序：开关取样管封堵
3.5.4.2 工序：开关取样管恢复</td></tr>
<tr><td>12</td><td>真空低压力开关 A 检定记录</td><td>06#4DX-019-KG008</td><td>3.5.2.5 工序：开关校验，填写出检定报告</td></tr>
<tr><td>13</td><td>真空低压力开关 B 检定记录</td><td>06#4DX-019-KG010</td><td></td></tr>
<tr><td>14</td><td>真空低压力开关 C 检定记录</td><td>06#4DX-019-KG012</td><td></td></tr>
<tr><td>15</td><td>真空低压力开关 D 检定记录</td><td>06#4DX-019-KG014</td><td></td></tr>
<tr><td>16</td><td>EH 低压力开关 A 检定记录</td><td>06#4DX-019-KG060</td><td></td></tr>
<tr><td>17</td><td>EH 低压力开关 B 检定记录</td><td>06#4DX-019-KG062</td><td></td></tr>
<tr><td>18</td><td>EH 低压力开关 C 检定记录</td><td>06#4DX-019-KG064</td><td></td></tr>
<tr><td>19</td><td>EH 低压力开关 D 检定记录</td><td>06#4DX-019-KG066</td><td></td></tr>
<tr><td>20</td><td>润滑油压低压力开关 A 检定记录</td><td>06#4DX-019-KG016</td><td></td></tr>
<tr><td>21</td><td>润滑油压低压力开关 B 检定记录</td><td>06#4DX-019-KG018</td><td></td></tr>
<tr><td>22</td><td>润滑油压低压力开关 C 检定记录</td><td>06#4DX-019-KG020</td><td></td></tr>
<tr><td>23</td><td>润滑油压低压力开关 D 检定记录</td><td>06#4DX-019-KG022</td><td></td></tr>
</table>

续表

华电集团 ××发电厂/公司	×号机组汽轮机 ETS 系统 大修作业文件包		版次：B 2006 年×号机组大修使用有效
检　修　报　告			
检修记录清单			
序号	记录名称	记录编号	工序名称
24	跳闸阀控制油压力开关 A 检定记录	06＃4DX－019－KG069	
25	跳闸阀控制油压力开关 B 检定记录	06＃4DX－019－KG071	
26	测速探头电阻测试表	06＃4DX－019－011	3.7.1.1 工序：测速探头电阻测试
27	测速通道测试报告	06＃4DX－019－012	3.7.1.2 工序：测速通道校验正确
28	测速继电器检查记录	06＃4DX－019－013	3.7.1.3.1 工序：测速继电器线圈电阻、触点电阻测试
29	电缆绝缘测试表	06＃4DX－019－014	3.8 工序：电缆绝缘检查
30	电磁阀检查记录	06＃4DX－019－015	3.9.2 工序：线圈电阻测试值
31	汽轮机 ETS 系统整体功能试验卡	06＃4DX－019－016	第 3.11 工序：工序系统整体功能试验

华电集团 ××发电厂/公司	×号机组汽轮机 ETS 系统 大修作业文件包	版次：B 2006 年×号机组大修使用有效

检 修 报 告

检 修 记 录

3.2.5 机柜接地电阻检查

机柜接地电阻测试表 编号：06＃4DX-019-001

项 目 名 称	接地电阻标准	测 量 部 位	实 测 值
ETS 机柜接地电阻检查	<0.5Ω		____Ω
			____Ω
			____Ω
			____Ω
			____Ω
			____Ω

3.3.1.1 主 PLC 指示灯状态检查

主 PLC 指示灯状态检查表 编号：06＃4DX-019-002

序 号	指示灯状态	指示灯颜色	备 注
1			
2			
3			
4			
5			
6			

3.3.1.2 I/O 卡件接线，卡件指示灯状态检查。

主 PLC 卡件检查表 编号：06＃4DX-019-003

序 号	卡件指示灯状态	指示灯颜色	接 线 检 查

3.3.2.1 副 PLC 指示灯状态

副 PLC 指示灯状态检查表 编号：06＃4DX-019-004

序 号	指示灯状态	指示灯颜色	备 注
1			
2			
3			
4			
5			
6			

续表

华电集团 ××发电厂/公司	×号机组汽轮机 ETS 系统 大修作业文件包	版次：B 2006 年×号机组大修使用有效
检　修　报　告		
检　修　记　录		

3.2.2.2　副 PLC 的 I/O 卡件接线，卡件指示灯状态检查。

副 PLC 卡件检查表　　编号：06＃4DX－019－005

序　　号	卡件指示灯状态	指示灯颜色	接 线 检 查
1			
2			
3			
4			
5			
6			

3.7.1.1　测速探头电阻测试

测速探头电阻测试表　　编号：06＃4DX－019－011

名　　称	测　量　值（Ω）	
	WS	结　　论
汽轮机转速		

3.7.1.2　测速通道校验

测速通道测试报告　　编号：06＃4DX－019－012

名　　称	频率标准值（Hz）	转速标准值（r/min）	测　量　值（r/min）		
			WSA	WSB	WSC
汽轮机转速	0	0			
	692	500			
	1383	1000			
	2075	1500			
	2767	2000			
	3458	2500			
	4150	3000			
	4274	3090			
	4565	3300			
测速探头阻值					
结论					

工作负责人签字：	日期：

续表

华电集团 ××发电厂/公司	×号机组汽轮机 ETS 系统 大修作业文件包	版次：B 2006 年×号机组大修使用有效

检 修 记 录

3.8 电缆绝缘检查

电缆绝缘测试表 编号：06＃4DX－019－014

电 缆 名 称	对地绝缘电阻值（MΩ）	芯芯之间绝缘电阻值（MΩ）	结 论
润滑油压力低 PS3635A			
润滑油压力低 PS3635B			
润滑油压力低 PS3635C			
润滑油压力低 PS3635D			
真空低压力开关 PS3556			
真空低压力开关 PS3557			
真空低压力开关 PS3558			
真空低压力开关 PS3559			
EH 油压力低开关 PS5418A			
EH 油压力低开关 PS5418B			
EH 油压力低开关 PS5418C			
EH 油压力低开关 PS5418D			
跳闸阀控制油压力开关 PS5440			
跳闸阀控制油压力开关 PS5441			
转速			
UPS 电源			
UPS 电源			
保安电源			
保安电源			

3.9.2 电磁阀线圈电阻测试

电磁阀检查记录 编号：06＃4DX－019－015

名 称	电磁阀阻值（Ω）	绝缘值（MΩ）	结 论
汽轮机跳闸电磁阀 20－1/AST			
汽轮机跳闸电磁阀 20－3/AST			
汽轮机跳闸电磁阀 20－2/AST			
汽轮机跳闸电磁阀 20－4/AST			
汽轮机试验低真空遮断电磁阀 20－1/LVT			
汽轮机试验低真空遮断电磁阀 20－2/LVT			
汽轮机试验低 EH 油压遮断电磁阀 20－1/LPT			
汽轮机试验低 EH 油压遮断电磁阀 20－2/LPT			
汽轮机试验低润滑油压遮断电磁阀 20－1/LBOT			
汽轮机试验低润滑油压遮断电磁阀 20－2/LBOT			

工作负责人签字：	日期：

××发电厂/公司热控专业熔断器检查表

编号：06＃4DX－019－006

机 组 号		×号	检 修 类 别		大 修
控制系统		汽轮机 ETS 系统	检查日期		
检查人			审核人		
序号	熔 断 器 名 称	容量（A）	电阻值（Ω）	结 论	备 注
1	F1				
2	F2				
3	F3				
4	F4				
5	F5				
6	F6				
7	F7				
8	F8				

××发电厂/公司热控专业开关二次门隔离记录表

编号：06＃4DX－019－007

序号	设备名称	关闭人	恢复人	备注
1	真空低开关A二次门			
2	真空低开关B二次门			
3	真空低开关C二次门			
4	真空低开关D二次门			
5	EH油压低开关A二次门			
6	EH油压低开关B二次门			
7	EH油压低开关C二次门			
8	EH油压低开关D二次门			
9	润滑油压低开关A二次门			
10	润滑油压低开关B二次门			
11	润滑油压低开关C二次门			
12	润滑油压低开关D二次门			
13	跳闸阀控制油压力开关A二次门			
14	跳闸阀控制油压力开关B二次门			

××发电厂/公司热控专业开关拆装记录表

编号：06＃4DX－019－009

序号	设备名称	拆卸人	复装人	备注
1	真空低开关A			
2	真空低开关B			
3	真空低开关C			
4	真空低开关D			
5	EH油压低开关A			
6	EH油压低开关B			
7	EH油压低开关C			
8	EH油压低开关D			
9	润滑油压低开关A			
10	润滑油压低开关B			
11	润滑油压低开关C			
12	润滑油压低开关D			
13	跳闸阀控制油压力开关A			
14	跳闸阀控制油压力开关B			

××发电厂/公司热控专业拆接线记录表

编号：06＃4DX－019－008

机组号	4号	设备名称	汽轮机 ETS	检修类别	大 修	
拆线人		拆线日期		接线人	接线日期	
设 备 名 称		拆线号头	端子排号	接线号头	端子排号	备 注
真空低开关 A－1						
真空低开关 A－2						
真空低开关 B－1						
真空低开关 B－2						
真空低开关 C－1						
真空低开关 C－2						
真空低开关 D－1						
真空低开关 D－2						
EH 油压低开关 A－1						
EH 油压低开关 A－2						
EH 油压低开关 B－1						
EH 油压低开关 B－2						
EH 油压低开关 C－1						
EH 油压低开关 C－2						
EH 油压低开关 D－1						
EH 油压低开关 D－2						
润滑油压低开关 A－1						
润滑油压低开关 A－2						
润滑油压低开关 B－1						
润滑油压低开关 B－2						
润滑油压低开关 C－1						
润滑油压低开关 C－2						
润滑油压低开关 D－1						
润滑油压低开关 D－2						
跳闸阀控制油压力开关 A						
跳闸阀控制油压力开关 B						

对于拆接线情况如上述表格不能清晰描述，可在此处画出接线图：

××发电厂/公司热控专业开关取样管拆装记录表

编号：06＃4DX－019－010

序　号	设备名称	拆　卸　人	复　装　人	备　　注
1	真空低开关 A			
2	真空低开关 B			
3	真空低开关 C			
4	真空低开关 D			
5	EH 油压低开关 A			
6	EH 油压低开关 B			
7	EH 油压低开关 C			
8	EH 油压低开关 D			
9	润滑油压低开关 A			
10	润滑油压低开关 B			
11	润滑油压低开关 C			
12	润滑油压低开关 D			
13	跳闸阀控制油压力开关 A			
14	跳闸阀控制油压力开关 B			

××发电厂/公司热控专业测速继电器检查记录

编号：06＃4DX－019－014

序　号	设　备　名　称	线圈阻值	接点阻值	检　查　人
1	测速继电器 A			
2	测速继电器 B			
3	测速继电器 C			

压力控制器检定记录(单)NO:06#XDX-019-CKG069

送检单位		××班		检定依据	JJG544-97压力控制器检定规程		
×号机组	检修类型	大修	√	型号规格	控压范围	准确度等级	
		扩大性小修		制造厂	BARKSDALE	出厂编号	
		小修		外观检查	合格 √ 不合格	计量器具分类	A类 √ B类 C类
		周检		环境温度 21 ℃ 相对湿度 52 %			
		新购					
测点名称		×号机跳闸阀控制油压力开关		开关方向 上 √ 下	空气 √ 工作介质 变压器油 蓖麻油		

标准器型号		测量范围	kPa	出厂编号	
准确度等级		最小分度值	kPa	检定证书号	2005026

设定点(kPa)	调校前记录		检修后记录		切换中值	设定点误差	重复性误差	切换差
	上1	下1	上1	下1				
	上2	下2	上2	下2				
	上3	下3	上3	下3				
	上平	下平	上平	下平	上平\下平	中值—设定值		

	检定结果				说明:
	检定项目		允许值	实际值	设定点允许误差=±控压范围×1.5%
调修记录:	设定点误差(kPa)				重复性允许误差=控压范围×1.5%
	重复性误差(kPa)				允许切换差:最小≤控压范围的10% 最大≥控压范围的30%
调整定值	切换差(kPa)				选择项目—— 用√选择;不需要填写的项目用斜杠/表示
	绝缘电阻	端子之间(MΩ)	≥20 MΩ		
		端子~地(MΩ)	≥20 MΩ	250	结论: 符合1.5 级

检定证书编号: 检定员: 核验: 检定日期:____年__月__日

编号：06＃XDX—019-017

××电厂/公司4号机组

汽轮机ETS保护功能试验卡

第1页共6页

开始时间： 年 月 日		结束时间： 年 月 日	
试验条件			
序 号	试验条件内容	条 件 确 认	备 注
1	汽轮机润滑油压正常	实际工况□ 信号仿真□	
2	汽轮机EH油压正常	实际工况□ 信号仿真□	
3	汽轮机真空正常	实际工况□ 信号仿真□	
4	汽轮机轴向位移正常	实际工况□ 信号仿真□	
5	汽轮机振动正常	实际工况□ 信号仿真□	
6	锅炉MFT信号正常	实际工况□ 信号仿真□	
7	发电机跳闸信号、断水信号、内部故障信号正常	实际工况□ 信号仿真□	
8	汽轮机手动跳闸信号正常	实际工况□ 信号仿真□	
9	DEH失电信号正常	实际工况□ 信号仿真□	
10	超速信号正常	实际工况□ 信号仿真□	
11	汽轮机挂闸	实际工况□ 信号仿真□	
12			
13			
14			
15			
16			
17			
18			
19			
20			
结 论			

续表

××电厂/公司 4 号机组

汽轮机 ETS 保护功能试验卡

第 2 页共 6 页

试　验　步　骤

1. EH 油 1（2）号通道试验

步　骤		试　验　方　法	结果确认	备　注
1		在键盘上通过按“进入试验方式”键入试验方式	是□ 否□	
2		按“试验 通道＃1（＃2）”键对应于实验通道 1	是□ 否□	
3		按下要 EH 油试验功能键	是□ 否□	
4		按“试验确认”键	是□ 否□	
5		验证显示面板显示被试验通道的传感器正处于非正常状态	是□ 否□	
6		验证亮的指示灯所指示的实验通道处于遮断状态	是□ 否□	
7		按“退出试验”键复置遮断通道	是□ 否□	
8		验证传感器已经返回到正常状态	是□ 否□	
9		验证试验的通道 1（2）号不再处于遮断状态	是□ 否□	
联锁动作情况	1	试验中显示面板显示被试验通道的传感器正处于非正常状态	是□ 否□	
	2	试验退出后显示试验通道 1（2）号不再处于遮断状态	是□ 否□	
结论		通道试验正常		
存在问题		无		
措施恢复		EH 油 1、2 号通道试验联锁试验完成，恢复所有的信号仿真	是□	

2. 润滑油 1（2）号通道试验

步　骤		试　验　方　法	结果确认	备　注
1		在键盘上通过按“进入试验方式”键入试验方式	是□ 否□	
2		按“试验 通道＃1（＃2）”键对应于实验通道 1		
3		按下要润滑油试验功能键		
4		按“试验确认”键		
5		验证显示面板显示被试验通道的传感器正处于非正常状态		
6		验证亮的指示灯所指示的实验通道处于遮断状态		
7		按“退出试验”键复置遮断通道		
8		验证传感器已经返回到正常状态		
9		验证试验的通道 1（2）号不再处于遮断状态		
联锁动作情况	1	试验中显示面板显示被试验通道的传感器正处于非正常状态	是□ 否□	
	2	试验退出后显示试验通道 1（2）号不再处于遮断状态	是□ 否□	
结　论		通道试验正常		
存在问题		无		
措施恢复		润滑油 1、2 号通道试验联锁试验完成，恢复所有的信号仿真	是□	

3. 真空 1（2）号通道试验

步　骤	试　验　方　法	结果确认	备　注
1	在键盘上通过按“进入试验方式”键入试验方式	是□ 否□	
2	按“试验 通道＃1（＃2）”键对应于实验通道 1	是□ 否□	

续表

××电厂/公司4号机组

汽轮机ETS保护功能试验卡

第3页共6页

<table>
<tr><td colspan="5">试 验 步 骤</td></tr>
<tr><td colspan="5">3. 真空1（2）号通道试验</td></tr>
<tr><td>步 骤</td><td colspan="2">试 验 方 法</td><td>结果确认</td><td>备 注</td></tr>
<tr><td>3</td><td colspan="2">按下要真空试验功能键</td><td>是□ 否□</td><td></td></tr>
<tr><td>4</td><td colspan="2">按“试验确认”键</td><td>是□ 否□</td><td></td></tr>
<tr><td>5</td><td colspan="2">验证显示面板显示被试验通道的传感器正处于非正常状态</td><td>是□ 否□</td><td></td></tr>
<tr><td>6</td><td colspan="2">验证亮的指示灯所指示的实验通道处于遮断状态</td><td>是□ 否□</td><td></td></tr>
<tr><td>7</td><td colspan="2">按“退出试验”键复置遮断通道</td><td>是□ 否□</td><td></td></tr>
<tr><td>8</td><td colspan="2">验证传感器已经返回到正常状态</td><td>是□ 否□</td><td></td></tr>
<tr><td>9</td><td colspan="2">验证试验的通道1（2）号不再处于遮断状态</td><td>是□ 否□</td><td></td></tr>
<tr><td rowspan="2">联锁动作情况</td><td>1</td><td>试验中显示面板显示被试验通道的传感器正处于非正常状态</td><td>是□ 否□</td><td rowspan="2"></td></tr>
<tr><td>2</td><td>试验退出后显示试验通道1（2）号不再处于遮断状态</td><td>是□ 否□</td></tr>
<tr><td>结 论</td><td colspan="4">通道试验正常</td></tr>
<tr><td>存在问题</td><td colspan="4">无</td></tr>
<tr><td>措施恢复</td><td colspan="2">真空1、2号通道试验联锁试验完成，恢复所有的信号仿真</td><td colspan="2">是□</td></tr>
<tr><td colspan="5">4. 轴向位移1（2）号通道试验</td></tr>
<tr><td>步 骤</td><td colspan="2">试 验 方 法</td><td>结果确认</td><td>备 注</td></tr>
<tr><td>1</td><td colspan="2">在键盘上通过按“进入试验方式”键入试验方式</td><td>是□ 否□</td><td></td></tr>
<tr><td>2</td><td colspan="2">按“试验 通道#1（#2）”键对应于实验通道1</td><td></td><td></td></tr>
<tr><td>3</td><td colspan="2">按下要轴向位移试验功能键</td><td></td><td></td></tr>
<tr><td>4</td><td colspan="2">按“试验确认”键</td><td></td><td></td></tr>
<tr><td>5</td><td colspan="2">验证显示面板显示被试验通道的传感器正处于非正常状态</td><td></td><td></td></tr>
<tr><td>6</td><td colspan="2">验证亮的指示灯所指示的实验通道处于遮断状态</td><td></td><td></td></tr>
<tr><td>7</td><td colspan="2">按“退出试验”键复置遮断通道</td><td></td><td></td></tr>
<tr><td>8</td><td colspan="2">验证传感器已经返回到正常状态</td><td></td><td></td></tr>
<tr><td>9</td><td colspan="2">验证试验的通道1（2）号不再处于遮断状态</td><td></td><td></td></tr>
<tr><td rowspan="2">联锁动作情况</td><td>1</td><td>试验中显示面板显示被试验通道的传感器正处于非正常状态</td><td>是□ 否□</td><td rowspan="2"></td></tr>
<tr><td>2</td><td>试验退出后显示试验通道1（2）号不再处于遮断状态</td><td>是□ 否□</td></tr>
<tr><td>结论</td><td colspan="4">通道试验正常</td></tr>
<tr><td>存在问题</td><td colspan="4">无</td></tr>
<tr><td>措施恢复</td><td colspan="2">轴向位移1、2号通道试验联锁试验完成，恢复所有的信号仿真</td><td colspan="2">是□</td></tr>
<tr><td colspan="5">5. 超速1（2）号通道试验</td></tr>
<tr><td>步 骤</td><td colspan="2">试 验 方 法</td><td>结果确认</td><td>备 注</td></tr>
<tr><td>1</td><td colspan="2">在键盘上通过按“进入试验方式”键入试验方式</td><td>是□ 否□</td><td></td></tr>
<tr><td>2</td><td colspan="2">按“试验通道#1（#2）”键对应于实验通道1</td><td>是□ 否□</td><td></td></tr>
</table>

续表

<table>
<tr><td colspan="5">××电厂/公司4号机组
汽轮机ETS保护功能试验卡
第4页共6页</td></tr>
<tr><td colspan="5">试　验　步　骤</td></tr>
<tr><td colspan="5">5. 超速1（2）号通道试验</td></tr>
<tr><td>步　骤</td><td colspan="2">试　验　方　法</td><td>结果确认</td><td>备　注</td></tr>
<tr><td>3</td><td colspan="2">按下要超速试验功能键</td><td>是□　否□</td><td></td></tr>
<tr><td>4</td><td colspan="2">按“试验确认”键</td><td>是□　否□</td><td></td></tr>
<tr><td>5</td><td colspan="2">验证显示面板显示被试验通道的传感器正处于非正常状态</td><td>是□　否□</td><td></td></tr>
<tr><td>6</td><td colspan="2">验证亮的指示灯所指示的实验通道处于遮断状态</td><td>是□　否□</td><td></td></tr>
<tr><td>7</td><td colspan="2">按“退出试验”键复置遮断通道</td><td>是□　否□</td><td></td></tr>
<tr><td>8</td><td colspan="2">验证传感器已经返回到正常状态</td><td>是□　否□</td><td></td></tr>
<tr><td>9</td><td colspan="2">验证试验的通道1（2）号不再处于遮断状态</td><td>是□　否□</td><td></td></tr>
<tr><td rowspan="2">联锁动作情况</td><td>1</td><td>试验中显示面板显示被试验通道的传感器正处于非正常状态</td><td>是□　否□</td><td rowspan="2"></td></tr>
<tr><td>2</td><td>试验退出后显示试验通道#1（#2）不再处于遮断状态</td><td>是□　否□</td></tr>
<tr><td>结论</td><td colspan="4">通道试验正常</td></tr>
<tr><td>存在问题</td><td colspan="4">无</td></tr>
<tr><td>措施恢复</td><td colspan="2">超速1、2号通道试验联锁试验完成，恢复所有的信号仿真</td><td colspan="2">是□</td></tr>
<tr><td colspan="5">6. 发电机跳闸信号、断水信号、内部故障信号1（2）号通道试验</td></tr>
<tr><td>步　骤</td><td colspan="2">试　验　方　法</td><td>结果确认</td><td>备　注</td></tr>
<tr><td>1</td><td colspan="2">短接ETS柜内“发电机跳闸信号、断水信号、内部故障信号”1（2）号通道</td><td>是□　否□</td><td></td></tr>
<tr><td>2</td><td colspan="2">验证显示面板显示被试验通道的传感器正处于非正常状态</td><td></td><td></td></tr>
<tr><td>3</td><td colspan="2">验证亮的指示灯所指示的实验通道处于遮断状态</td><td></td><td></td></tr>
<tr><td>4</td><td colspan="2">按“退出试验”键复置遮断通道</td><td></td><td></td></tr>
<tr><td>5</td><td colspan="2">验证传感器已经返回到正常状态</td><td></td><td></td></tr>
<tr><td>6</td><td colspan="2">验证试验的通道1（2）号不再处于遮断状态</td><td></td><td></td></tr>
<tr><td rowspan="2">联锁动作情况</td><td>1</td><td>试验中显示面板显示被试验通道的传感器正处于非正常状态</td><td>是□　否□</td><td rowspan="2"></td></tr>
<tr><td>2</td><td>试验退出后显示试验通道1（2）号不再处于遮断状态</td><td>是□　否□</td></tr>
<tr><td>结　论</td><td colspan="4">通道试验正常</td></tr>
<tr><td>存在问题</td><td colspan="4">无</td></tr>
<tr><td>措施恢复</td><td colspan="2">发电机跳闸信号、断水信号、内部故障信号1、2号通道试验联锁试验完成，恢复所有的信号仿真</td><td colspan="2">是□</td></tr>
<tr><td colspan="5">7. DEH失电信号1（2）号通道试验</td></tr>
<tr><td>步　骤</td><td colspan="2">试　验　方　法</td><td>结果确认</td><td>备　注</td></tr>
<tr><td>1</td><td colspan="2">短接ETS柜内“DEH失电信号”1（2）号通道</td><td>是□　否□</td><td></td></tr>
<tr><td>2</td><td colspan="2">验证显示面板显示被试验通道的传感器正处于非正常状态</td><td>是□　否□</td><td></td></tr>
<tr><td>3</td><td colspan="2">验证亮的指示灯所指示的实验通道处于遮断状态</td><td>是□　否□</td><td></td></tr>
<tr><td>4</td><td colspan="2">按“退出试验”键复置遮断通道</td><td>是□　否□</td><td></td></tr>
<tr><td>5</td><td colspan="2">验证传感器已经返回到正常状态</td><td>是□　否□</td><td></td></tr>
</table>

续表

××电厂/公司4号机组 **汽轮机ETS保护功能试验卡** 第5页共6页			
试　验　步　骤			
7. DEH失电信号1（2）号通道试验			
步　骤	试　验　方　法	结果确认	备　注
6	验证试验的通道1（2）号不再处于遮断状态	是□ 否□	
联锁动作情况	1　试验中显示面板显示被试验通道的传感器正处于非正常状态	是□ 否□	
	2　试验退出后显示试验通道1（2）号不再处于遮断状态	是□ 否□	
结　论	通道试验正常		
存在问题	无		
措施恢复	DEH失电信号1、2号通道试验联锁试验完成，恢复所有的信号仿真	是□	
8. 锅炉MFT信号1（2）号通道试验			
步　骤	试　验　方　法	结果确认	备　注
1	短接ETS柜内“锅炉MFT信号”1（2）号通道	是□ 否□	
2	验证显示面板显示被试验通道的传感器正处于非正常状态		
3	验证亮的指示灯所指示的实验通道处于遮断状态		
4	按“退出试验”键复置遮断通道		
5	验证传感器已经返回到正常状态		
6	验证试验的通道1（2）号不再处于遮断状态		
联锁动作情况	1　试验中显示面板显示被试验通道的传感器正处于非正常状态	是□ 否□	
	2　试验退出后显示试验通道1（2）号不再处于遮断状态	是□ 否□	
结　论	通道试验正常		
存在问题	无		
措施恢复	锅炉MFT信号1、2号通道试验联锁试验完成，恢复所有的信号仿真	是□	
9. 汽轮机振动信号1（2）号通道试验			
步　骤	试　验　方　法	结果确认	备　注
1	短接ETS柜内“汽轮机振动信号”1（2）号通道	是□ 否□	
2	验证显示面板显示被试验通道的传感器正处于非正常状态	是□ 否□	
3	验证亮的指示灯所指示的实验通道处于遮断状态	是□ 否□	
4	按“退出试验”键复置遮断通道	是□ 否□	
5	验证传感器已经返回到正常状态	是□ 否□	
6	验证试验的通道1（2）号不再处于遮断状态	是□ 否□	
10. 电源拉路试验			
步　骤	试　验　方　法	结果确认	备　注
1	UPS电源拉路试验，ETS操作面板报警状态指示正确	是□ 否□	
2	UPS电源恢复，电源中断恢复时，保护不误发动作信号	是□ 否□	
3	保安电源拉路试验，ETS操作面板报警状态指示正确	是□ 否□	
4	保安电源恢复，电源中断恢复时，保护不误发动作信号	是□ 否□	

续表

<table>
<tr><td colspan="5">××电厂/公司4号机组
汽轮机 ETS 保护功能试验卡
第6页共6页</td></tr>
<tr><td colspan="5">试　验　步　骤</td></tr>
<tr><td colspan="5">10. 电源拉路试验</td></tr>
<tr><td rowspan="2">联锁动作情况</td><td>1</td><td>试验中显示面板显示被试验通道的传感器正处于非正常状态</td><td>是□ 否□</td><td rowspan="2"></td></tr>
<tr><td>2</td><td>试验退出后显示试验通道1（2）号不再处于遮断状态</td><td>是□ 否□</td></tr>
<tr><td>结　　论</td><td colspan="4"></td></tr>
<tr><td>存在问题</td><td colspan="4"></td></tr>
<tr><td>措施恢复</td><td colspan="2">汽轮机振动信号1、2号通道试验联锁试验完成，恢复所有的信号仿真</td><td colspan="2">是□</td></tr>
<tr><td colspan="5">试　验　结　论</td></tr>
<tr><td colspan="5"></td></tr>
<tr><td colspan="5">遗留问题及处理意见</td></tr>
<tr><td colspan="5"></td></tr>
<tr><td colspan="5">试验结论确认（签字）</td></tr>
<tr><td colspan="5">检修承包方：

设备管理部门：

技术管理部门：

总工程师：

年　月　日</td></tr>
</table>

<table>
<tr><td>华电集团
××发电厂/公司</td><td>×号机组汽轮机 ETS 系统
大修作业文件包</td><td>版次：B
2006 年×号机组大修使用有效</td></tr>
</table>

<table>
<tr><td colspan="4">设备质量缺陷报告（QDR）</td></tr>
<tr><td>质量缺陷报告名称</td><td colspan="3"></td></tr>
<tr><td>报告编号</td><td colspan="3"></td></tr>
<tr><td>设备名称</td><td></td><td>编码</td><td></td></tr>
<tr><td colspan="4">设备异常描述：

原因初步分析：

建议措施：

报告人：　　批准人：　　日期：　　单位：</td></tr>
<tr><td colspan="2" rowspan="4">原因分析（设备管理部门点检员填写）

处理意见：

修理□，更换□，调整□，返工□，保持原状态□，降级使用□，其他□。</td><td>编写人</td><td>日期</td></tr>
<tr><td></td><td></td></tr>
<tr><td>批准人</td><td>日期</td></tr>
<tr><td colspan="2"></td></tr>
<tr><td colspan="2" rowspan="2">工作负责人执行结果验证：</td><td>工作负责人</td><td>日期</td></tr>
<tr><td></td><td></td></tr>
<tr><td colspan="2" rowspan="2">承包方验证：</td><td>承包方验证人</td><td>日期</td></tr>
<tr><td></td><td></td></tr>
<tr><td colspan="2" rowspan="2">设备管理部门验证：</td><td>设备部验证人</td><td>日期</td></tr>
<tr><td></td><td></td></tr>
<tr><td>关闭</td><td colspan="3">设备管理部门点检长签字：　　日期：</td></tr>
</table>

<table>
<tr><td colspan="2">华电集团
××发电厂/公司</td><td colspan="2">×号机组汽轮机 ETS 系统
大修作业文件包</td><td>版次：B
2006 年×号机组大修使用有效</td></tr>
<tr><td colspan="5">不符合项报告</td></tr>
<tr><td>不符合项报告名称</td><td colspan="4"></td></tr>
<tr><td>报告编号</td><td colspan="4"></td></tr>
<tr><td>设备名称</td><td></td><td>编码</td><td colspan="2"></td></tr>
<tr><td>承包方</td><td></td><td>责任单位</td><td colspan="2"></td></tr>
<tr><td colspan="5">不符合事实描述：

工作负责人签字：　承包方 QC：　年　月　日</td></tr>
<tr><td colspan="5">整改措施：

设备管理部门点检长签字：　年　月　日</td></tr>
<tr><td colspan="5">审核意见：

设备管理部门主任签字：　年　月　日</td></tr>
<tr><td colspan="5">批准意见：

总工程师签字：　年　月　日</td></tr>
<tr><td colspan="5">不符合项关闭：

设备管理部门专点检长签字：　年　月　日</td></tr>
</table>

注　1. 当异常项发生时，不符合项报告中不需要总工程师签字。

2. 当不合格项发生时，报告中“不符合项关闭”不需要签字。

<table>
<tr><td colspan="2">华电集团
××发电厂/公司</td><td colspan="2">×号机组汽轮机 ETS 系统
大修作业文件包</td><td>版次：B
2006 年×号机组大修使用有效</td></tr>
<tr><td colspan="5">设备试运行申请单</td></tr>
<tr><td>设备名称</td><td colspan="2"></td><td>设备编号</td><td></td></tr>
<tr><td>申请单位</td><td colspan="2"></td><td>负责人签名</td><td></td></tr>
<tr><td>申请单位主任意见</td><td colspan="2"></td><td>主任签名</td><td></td></tr>
<tr><td>试运行时间</td><td colspan="4">开始时间：　年　月　日　时　分
结束时间：　年　月　日　时　分</td></tr>
<tr><td>设备所处状态说明</td><td colspan="4">运行</td></tr>
<tr><td rowspan="4">相关专业意见</td><td>锅炉</td><td colspan="3">负责人：</td></tr>
<tr><td>汽轮机</td><td colspan="3">负责人：</td></tr>
<tr><td>电气</td><td colspan="3">负责人：</td></tr>
<tr><td>热控</td><td colspan="3">负责人：</td></tr>
<tr><td>值班负责人</td><td colspan="4"></td></tr>
<tr><td>机组长意见</td><td colspan="2"></td><td>值长意见</td><td></td></tr>
</table>

反事故技术措施回执单

编号：

<table>
<tr><td>技术名称</td><td colspan="3"></td></tr>
<tr><td>更改依据</td><td colspan="3"></td></tr>
<tr><td colspan="4">更　改　方　案</td></tr>
<tr><td colspan="4"></td></tr>
<tr><td>计划工作时间</td><td></td><td>实际完成时间</td><td></td></tr>
<tr><td colspan="4">归　档　资　料</td></tr>
<tr><td colspan="4"></td></tr>
</table>

执行人		审核人		批准人	

附录十八

大修外包考核细则

序号	考核项目	考核要求	扣款数额	承包方申报	业主核实
1	检修准备管理				
1.1	检修工器具准备	所需工器具已检验、试验合格，全部到位	每项不合格扣罚××元		
1.2	检修人员的安全与技术培训	所需人员充足，已培训考试合格	每人次扣罚××元		
1.3	检修物资准备	所需物资已全部到位，验收合格	每项扣罚××元		
1.4	检修组织成立，人员职责明确	按业主要求成立承包方检修组织机构，职责明确	每项扣罚××元		
1.5	制度、文件完备	编制各项制度文件齐全，符合业主要求	每项扣罚××元		
2	检修项目管理				
2.1	标准项目、非标项目、更改项目、五项监督等项目	以对应的项目计划为准不发生漏项	每项扣罚××元		
2.2	质监项目	以质量检验计划为准，不漏项	每项扣罚××元		
3	检修现场管理				
3.1	现场管理	标牌遗失或错挂	每次××元		
3.2		设备检修后未进行清洁或未达到清洁要求	每次××元		
3.3		现场工器具、材料、设备部件摆放不整齐，未进行标识	每次××元		
3.4		现场安全施工管理规范，符合业主与现场要求	每次××元		
4	检修质量、工艺管理				
4.1	违犯工作包规定	以规定标准及程序为准	每项扣罚××元		
4.2	违犯工艺纪律	以发电设备检修工艺纪律为准	每项扣罚××元		
4.3	设备损坏事故	主设备	每项扣罚××元		
		重要设备	每项扣罚××元		
		一般设备（非主设备和重要设备）	每项扣罚××元		
4.4	H点验收不合格	按质量标准	每项扣罚××元		
4.5	W点验收不合格	按质量标准	每项扣罚××元		
4.6	P点验收不合格	按质量标准	每项扣罚××元		
4.7	H点验收人无故不到场或到位不及时	被通知人必须到场，超过规定时间30min	每项扣罚××元		

续表

序号	考核项目	考核要求	扣款数额	承包方申报	业主核实
4.8	H点未经验收即进行下道工序	不验收合格不能进行下道工序	每项扣罚××元		
4.9	由于责任心不强造成不符合项	以不符合项造成的原因为准（技术管理部门断定）	每项扣罚××元		
4.10	冷态验收未达良好标准	以质量手册及检修全过程管理标准为准	每项扣罚××元		
4.11	品质再鉴定	主设备不低于合格率100%	一次不合格每项扣安全质量保证金的×% 两次不合格每项扣安全质量保证金的×% 三次及以上不合格扣安全质量保证金的100%		
		重要设备不低于合格率99%	每项每次不合格扣罚××元		
		一般设备（非关键和重要设备）不低于98%	每项每次不合格扣罚××元		
4.12	功能再鉴定	主设备不低于合格率100%	一次不合格每项扣安全质量保证金的×% 两次不合格每项扣安全质量保证金的×% 三次及以上不合格扣安全质量保证金的100%		
4.13		重要设备不低于合格率99%	每项每次不合格扣罚××元		
4.14		一般设备（非关键和重要设备）不低于98%	每项每次不合格扣罚××元		
4.15	返工（重新开票，重复实施原检修内容）	主设备	每项扣罚××元		
		重要设备	每项扣罚××元		
		一般设备（非关键和重要设备）	每项扣罚××元		
5	分部调试管理				
5.1	设备调试启动没有技术记录或记录不全	必须作好技术记录	每项扣罚××元		
5.2	调试中发现的缺陷消除不及时	以指挥部规定的消除期限为准	每项扣罚××元		
5.3	第一次启动发现问题没有纠正就进行第二次启动	第一次启动中发现的问题，在没有纠正前，不能进行第二次启动	每项扣罚××元		
5.4	机组启动目标管理				
5.4.1	水压试验第一次未成功	指挥部认定为准	扣罚××元		
5.4.2	第一次启动未成功	指挥部认定为准	扣罚××元		
5.4.3	第一次冲转未成功	指挥部认定为准	扣罚××元		

续表

序号	考核项目	考核要求	扣款数额	承包方申报	业主核实
5.4.4	第一次并网未成功	指挥部认定为准	扣罚××元		
6	修后经济指标管理				
6.1	排烟温度高于目标值	以热力试验报告为准	扣罚××元		
6.2	锅炉漏风系数高于规定值	以热力试验报告为准、以规程规定为准	扣罚××元		
6.3	给水温度低于目标值	以热力试验报告为准	扣罚××元		
6.4	汽轮机热耗高于目标值	以热力试验报告为准	扣罚××元		
6.5	真空严密性试验达不到目标值	以热力试验报告为准	扣罚××元		
6.6	热工自动装置投入率	≥100%	扣罚××元		
6.7	热工主保护投入率	100%	扣罚××元		
6.8	继电保护投入率	100%	扣罚××元		
6.9	主设备继电保护正确动作率	≥100%	扣罚××元		
6.10	修后安全运行天数	以运行可靠性记录为准，修后连续运行大于120天	每少一天扣罚××元		
6.11	质保期内无设备质量问题	质保期内出现因大修质量造成或迫使系统不可用	安全质量保证金的100%		
		因质量缺陷返修但无须停机处理	每项扣罚××元		
		出现跑、冒、滴、漏	每次扣罚××元		
7	检修其他管理				
7.1	工期问题	工期每延误一小时	每小时扣罚××元		
7.2	安全、环保问题	勒令停工、火灾未遂、人身轻伤	每一项扣罚××元		
		环保事件	每一次扣罚××元		
7.3	完工文件及时、完整正确地返回	完工文件在并网后20天内全部返回	延误返回的工作包，每项每天扣罚××元		
		返回文件完整、正确	退回重新编写文件，每个工作包扣罚××元		
备注：质量保证金为合同结算价的10%					

注 以汽轮机侧为例，主设备可包括汽轮机汽缸、调节汽门、再热调节汽门、主汽门、再热主汽门、主发电机、定子冷却水泵、控制油主油泵及电动机、密封油主油泵及电动机、凝汽器、除氧器、主凝结水泵及电动机、主给水泵、辅助给水泵及电动机、UPS系统设备、主要热交换器等设备。重要设备可包括主蒸汽轴封供汽压力控制阀旁路阀，主蒸汽轴封供汽压力控制阀旁路阀，主蒸汽轴封供汽压力控制阀旁路阀，主蒸汽轴封供汽压力控制阀，除氧器安全阀，轴封加热器，轴封系统压力控制阀，控制油系统冷油器、密封油真空泵、密封油循环泵、润滑油主油泵、汽轮机盘车装置、除氧器安全阀，抽汽止回阀等。

附录十九

××××（项目名称）的技术协议

甲方：××××

乙方：××××

为了明确××××（项目名称）中的有关技术问题，甲乙双方经友好协商达成如下协议。

一、技术要求、标准或参数。

二、甲方在技术方面的责任。

三、乙方在技术方面的责任。

四、其他约定事项。

五、本协议为主合同的附件随主合同生效而生效，与主合同具有同等效力。

甲方签字：　　　　　　　　　　　　乙方签字：

甲方盖章：　　　　　　　　　　　　乙方盖章：

附录二十

汽轮机运行平台的现场布置图

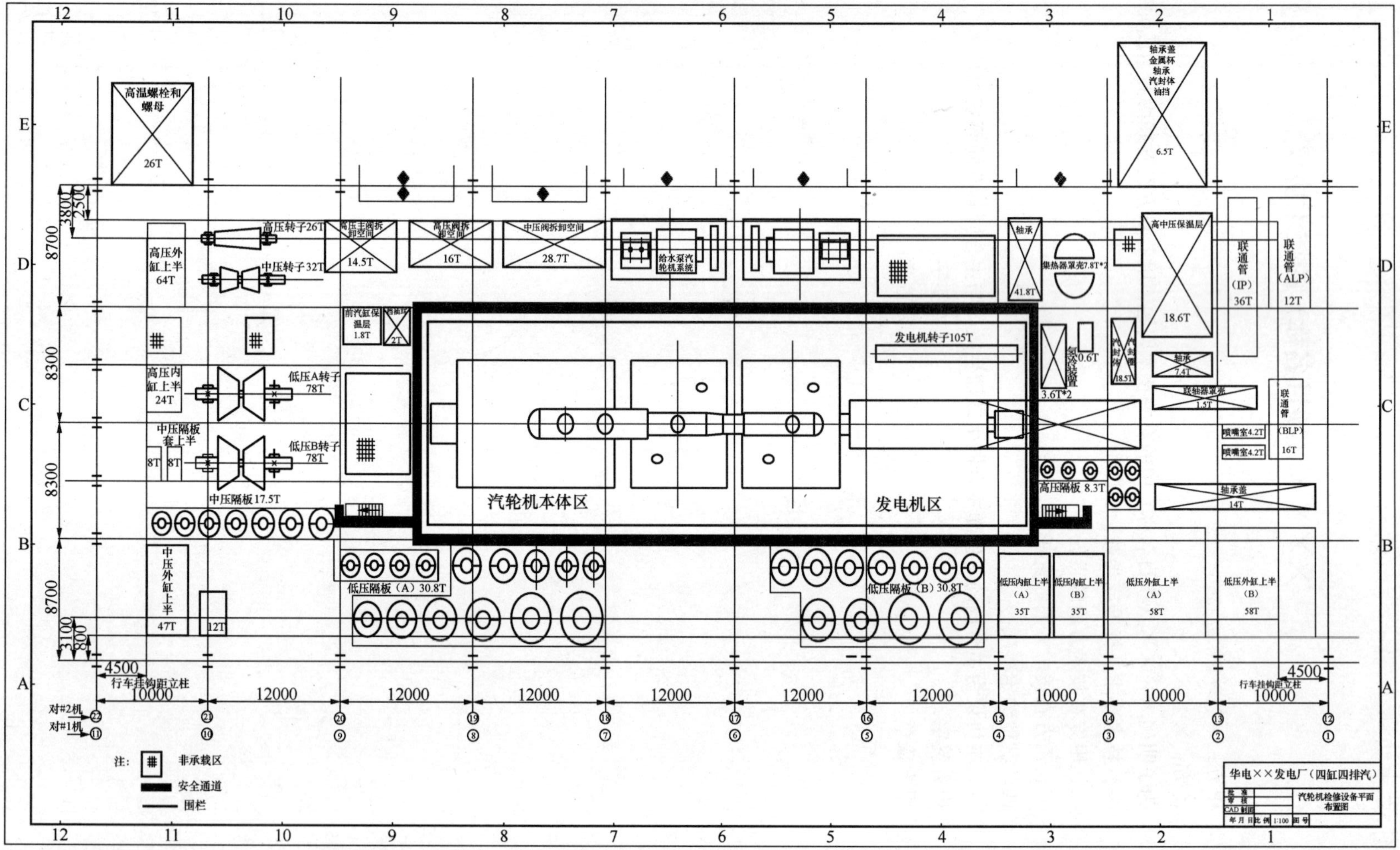

高温螺栓和螺母 26T
轴承盖 金属环 轴承 汽封体 油挡 6.5T
高压转子26T
中压转子32T
高压外缸上半 64T
高压主阀拆卸空间 14.5T
高压阀拆卸空间 16T
中压阀拆卸空间 28.7T
给水泵汽轮机系统
轴承 41.8T
集热器罩壳7.8T*2
高中压保温层 18.6T
联通管（IP）36T
联通管（ALP）12T
前汽缸保温层 1.8T
2T
发电机转子105T
氢冷却装置 3.6T*2
0.6T
18.5T
轴承 7.4T
联轴器罩壳 1.5T
联通管（BLP）16T
喷嘴室4.2T
喷嘴室4.2T
高压内缸上半 24T
低压A转子 78T
低压B转子 78T
中压隔板套上半 8T 8T
中压隔板17.5T
汽轮机本体区
发电机区
高压隔板 8.3T
轴承盖 14T
中压外缸上半 47T
12T
低压隔板（A）30.8T
低压隔板（B）30.8T
低压内缸上半（A）35T
低压内缸上半（B）35T
低压外缸上半（A）58T
低压外缸上半（B）58T
行车挂钩距立柱
对#2机
对#1机

注：非承载区
安全通道
围栏

华电××发电厂（四缸四排汽）
汽轮机检修设备平面布置图
批准
审核
CAD制图
年 月 日 比例 1:100 图号

附录二十一

锅炉专业总结报告

一、大修工作概况

1. 检修项目完成情况

内　容	合　计	标准项目	非标项目	重大技措改造项目	增加项目	减少项目	备　注
计划数							
完成数							

检修项目增减情况及原因说明：

2. 质量监督情况

内　容	H点			W点			P点			不符合项通知单	备　注
	合计	合格	不合格	合计	合格	不合格	合计	合格	不合格	合　计	
计划数											
完成数											

质检项目增减情况及原因说明：

3. 技术监督情况

内　容	金属监督		化学监督		绝缘监督		电气仪表		热工仪表		备　注
	计划	实际	计划	实际	计划	实际	计划	实际	计划	实际	
数　量											

4. 检修文件包使用情况

内　容	计　划　数	实际使用数	覆盖率（%）		备　注
			一 般 项 目	特 殊 项 目	
份　数					

5. 耗用人工

内　容		计　划	实　际	备　注
工　时	标准项目			
	非标项目			

6. 大修费用

内　容		计　划	实　际	备　注
万　元	标准项目			
	非标项目			

7. 安全情况

人身事故	设备事故

8. 大修未消除缺陷及遗留问题统计表

序号	系统或设备名称	遗留问题	未处理原因	特护措施
1				
2				

9. 大修备品更换记录

序号	系统或设备名称	备品名称	规格型号	更换原因
1				
2				

10. 大修缺陷处理情况汇总表

序号	缺陷内容	处理情况	消除人	验收人
1				
2				

二、工作评语

三、简要总结

(1) 大修中消除的设备重大缺陷及采取的主要措施。

(2) 设备的重大改进内容及效果。

(3) 人工和费用的简要分析（包括重大特殊项目人工及费用）。

(4) 大修后尚存的主要问题及准备采取的对策。

(5) 试验结果的简要分析。

(6) 好的经验及应吸取的教训。

(7) 不符合项检验纠正单。

附录二十二

汽轮机专业总结报告

一、大修工作概况

1. 检修项目完成情况

内　容	合　计	标准项目	非标项目	重大技措改造项目	增加项目	减少项目	备　注
计划数							
完成数							

检修项目增减情况及原因说明：

2. 质量监督情况

内　容	H点			W点			P点			不符合项通知单	备　注
	合计	合格	不合格	合计	合格	不合格	合计	合格	不合格	合　　计	
计划数											
完成数											

质检项目增减情况及原因说明：

3. 技术监督情况

内　容	金属监督		化学监督		绝缘监督		电气仪表		热工仪表		备　注
	计划	实际	计划	实际	计划	实际	计划	实际	计划	实际	
数　量											

4. 文件包使用情况

内　容	计　划　数	实际使用数	覆盖率（%）		备　　注
			一 般 项 目	特 殊 项 目	
份　数					

5. 耗用人工

内　　容		计　　划	实　　际	备　　注
工　时	标准项目			
	非标项目			

6. 大修费用

内　　容		计　　划	实　　际	备　　注
万　元	标准项目			
	非标项目			

7. 安全情况

人　身　事　故	设　备　事　故

8. 大修未消除缺陷及遗留问题统计表

序　号	系统或设备名称	遗留问题	未处理原因	特护措施
1				
2				

9. 大修备品更换记录

序　号	系统或设备名称	备品名称	规格型号	更换原因
1				
2				

10. 大修缺陷处理情况汇总表

序　号	缺陷内容	处理情况	消除人	验收人
1				
2				

二、检修工作评语

三、简要总结

（1）大修中消除的设备重大缺陷及采取的主要措施。

（2）设备的重大改进内容及效果。

（3）人工和费用的简要分析（包括重大特殊项目人工及费用）。

（4）大修后尚存的主要问题及准备采取的对策。

（5）试验结果的简要分析。

（6）好的经验及应吸取的教训。

附录二十三

电气专业总结报告

一、大修工作概况

1. 大修项目完成情况

内　容	合计	标准项目	非标项目	重大技措改造项目	增加项目	减少项目	备　注
计划数							
完成数							

检修项目增减情况及原因说明：

2. 质量监督情况

内　容	H点			W点			P点			不符合项通知单	备　注
	合计	合格	不合格	合计	合格	不合格	合计	合格	不合格	合　　计	
计划数											
完成数											

质检项目增减情况及原因说明：

3. 技术监督情况

内　容	金属监督		化学监督		绝缘监督		电气仪表		热工仪表		备　注
	计划	实际	计划	实际	计划	实际	计划	实际	计划	实际	
数　量											

4. 电气“三率”情况

内　容	保护投入率（%）		自动投入率（%）		仪表正确率（%）	备　注
	计划投入数	实际投入数	计划投入数	实际投入数		
数　值						

5. 文件包使用情况

内　容	计 划 数	实际使用数	覆盖率（%）		备　　注
			一般项目	特殊项目	
份　数					

6. 耗用人工

内　　容		计　　划	实　　际	备　　注
工　时	标准项目			
	非标项目			

7. 大修费用

内　　容		计　　划	实　　际	备　　注
万　元	标准项目			
	非标项目			

8. 安全情况

人身事故	设备事故

9. 大修未消除缺陷及遗留问题统计表

序号	系统或设备名称	遗留问题	未处理原因	特护措施
1				
2				

10. 大修备品更换记录

序号	系统或设备名称	备品名称	规格型号	更换原因
1				
2				

11. 大修缺陷处理情况汇总表

序号	缺陷内容	处理情况	消除人	验收人
1				
2				

二、检修工作评语

三、简要总结

(1) 大修中消除的设备重大缺陷及采取的主要措施。

(2) 设备的重大改进内容及效果。

(3) 人工和费用的简要分析（包括重大特殊项目人工及费用）。

(4) 大修后尚存的主要问题及准备采取的对策。

(5) 试验结果的简要分析（对氢冷、水内冷发电机应包括大修前后的漏氢率，定子、转子绕组进出口水温差（最高值）、水导电率等在此说明，对于不能按预防性试验标准进行试验时应说明原因）。

(6) 自动、保护、联锁、定值变动情况。自动装置解除情况及原因、保护联锁装置解除情况及原因、定值修改情况。

(7) 好的经验及应吸取的教训。

附录二十四

热控专业总结

一、大修工作概况

1. 大修项目完成情况

内　容	合　计	标准项目	非标项目	重大技措改造项目	增加项目	减少项目	备　注
计划数							
完成数							

检修项目增减情况及原因说明：

2. 质量监督情况

内　容	H点			W点			P点			不符合项通知单	备　注
	合计	合格	不合格	合计	合格	不合格	合计	合格	不合格	合　计	
计划数											
完成数											

质检项目增减情况及原因说明：

3. 技术监督情况

内　容	金属监督		化学监督		绝缘监督		电气仪表		热工仪表		备　注
	计划	实际	计划	实际	计划	实际	计划	实际	计划	实际	
数　量											

4. 热控“三率”情况

内　容	保护投入率（%）		自动投入率（%）		仪表正确率（%）	备　注
	计划投入数	实际投入数	计划投入数	实际投入数		
数　值						

5. 文件包使用情况

内　容	计划数	实际使用数	覆盖率（%）		备　注
			一般项目	特殊项目	
份　数					

6. 耗用人工

内　容		计　划	实　际	备　注
工　时	标准项目			
	非标项目			

7. 大修费用

内　容		计　划	实　际	备　注
万元	标准项目			
	非标项目			

8. 安全情况

人 身 事 故	设 备 事 故

9. 大修未消除缺陷及遗留问题统计表

序　号	系统或设备名称	遗 留 问 题	未 处 理 原 因	特 护 措 施
1				
2				

10. 大修备品更换记录

序　号	系统或设备名称	备 品 名 称	规 格 型 号	更 换 原 因
1				
2				

11. 大修缺陷处理情况汇总表

序　号	缺 陷 内 容	处 理 情 况	消　除　人	验　收　人
1				
2				

12. 热工设备检定测试情况

设 备 种 类	计　划	增　加	减　少	实　际	合　格	不合格
变送器						
指示表						
热电偶						
热电阻						
压力表						
开关						
组件						
基地仪表						
记录表						
合　计						

二、检修工作评语

三、简要总结

（1）大修中消除的设备重大缺陷及采取的主要措施。

（2）设备的重大改进内容及效果。

（3）人工和费用的简要分析（包括重大特殊项目人工及费用）。

（4）大修后尚存的主要问题及准备采取的对策。

（5）结果的简要分析。

（6）经验及应吸取的教训。

（7）保护、联锁、定值变动情况：自动装置解除情况及原因、保护联锁装置解除情况及原因、定值修改情况。

附录二十五

化学、灰水、燃料专业总结报告

一、大修工作概况

1. 大修项目完成情况

内　容	合　计	标准项目	非标项目	重大技措改造项目	增加项目	减少项目	备　注
计划数							
完成数							

检修项目增减情况及原因说明：

2. 质量监督情况

内　容	H点			W点			P点			不符合项通知单	备　注
	合计	合格	不合格	合计	合格	不合格	合计	合格	不合格	合　计	
计划数											
完成数											

质检项目增减情况及原因说明：

3. 技术监督情况

内　容	金属监督		化学监督		绝缘监督		电气仪表		热工仪表		备　注
	计划	实际	计划	实际	计划	实际	计划	实际	计划	实际	
数　量											

4. 文件包使用情况

内　容	计　划　数	实际使用数	覆盖率（%）		备　注
			一般项目	特殊项目	
份　数					

5. 耗用人工

内　容		计　划	实　际	备　注
工　时	标准项目			
	非标项目			

6. 大修费用

内　容		计　划	实　际	备　注
万　元	标准项目			
	非标项目			

7. 安全情况

人 身 事 故	设 备 事 故

8. 大修未消除缺陷及遗留问题统计表

序　号	系统或设备名称	遗 留 问 题	未处理原因	特护措施
1				
2				

9. 大修备品更换记录

序　号	系统或设备名称	备 品 名 称	规 格 型 号	更 换 原 因
1				
2				

10. 大修缺陷处理情况汇总表

序　号	缺 陷 内 容	处 理 情 况	消　除　人	验　收　人
1				

二、工作评语

三、简要总结

(1) 大修中消除的设备重大缺陷及采取的主要措施。

(2) 设备的重大改进的内容及效果。

(3) 人工和费用的简要分析（包括重大特殊项目人工及费用）。

(4) 大修后尚存的主要问题及准备采取的对策。

(5) 结果的简要分析。

(6) 经验及应吸取的教训。

附录二十六

××公司××发电厂（公司）

×× 机组检修总结报告

一、机组简介

锅炉型号	制造厂家	额定蒸发量（t/h）	主汽压力（MPa）	主汽温度（℃）
汽轮机型号	制造厂家	额定容量（MW）	进汽压力（MPa）	进汽温度（℃）
发电机型号	制造厂家	额定容量（MVA）	额定电压（kV）	冷却方式
主变压器型号	制造厂家	额定容量（MVA）	额定电压（kV）	上次A修日期
DCS型号及厂家	FSSS型号及厂家	DEH型号及厂家	TSI型号及厂家	MEH型号及厂家
DCS功能范围				

二、大修概况

（一）停用日数

计划：______年____月____日至______年____月____日，进行第____次机组大修，共计____日。

实际：______年____月____日至______年____月____日报竣工，共计____日。

（二）人工统计

计划：____________工时，实际：____________工时。

（三）检修费用统计

单位：万元

专业	标准费用		特殊费用		更改费用		备注
	计划	实际	计划	实际	计划	实际	
锅炉							
汽轮机							
电气							
热控							
除灰							
其他							
合计							

（四）上次检修结束至本次大修开始机组运行小时数________，备用小时数________。

（五）检修项目完成情况

内容	合计	标准项目	特殊项目	更改项目	增加项目	减少项目	备注
计划数							
实际数							

（六）质量验收情况

内　容	H点			W点			不符合项通知单	三级验收	备　注
	合计	合格	不合格	合计	合格	不合格			
计划数									
实际数									

（七）锅炉检修前后主要技术指标

序　号	技　术　指　标	单　　位	修　　前	修　　后
1	蒸发量	t/h		
2	过热蒸汽压力	MPa		
3	过热蒸汽温度	℃		
4	再热蒸汽压力	MPa		
5	再热蒸汽温度	℃		
6	省煤器进口给水温度	℃		
7	排烟温度	℃		
8	过剩空气系数	—		
9	飞灰可燃物	%		
10	灰渣可燃物	%		
11	锅炉总效率	%		
12	蒸汽含盐量	Mg/L		
13	空气预热器出口一次风温	℃		
14	空气预热器出口二次风温	℃		
15	空气预热器漏风率	%		
16	空气预热器烟气阻力	Pa		

（八）汽轮机检修前后主要技术指标

序号	技　术　指　标	单　位	修　　前			修　　后		
1	额定参数下最大出力	MW						
2	各主轴承（或轴）振动值	mm	⊥	—	⊙	⊥	—	⊙
	1号轴承（或轴）	mm						
	2号轴承（或轴）	mm						
	…							
3	汽耗率	kg/（kWh）						
4	热耗率	kJ/（kWh）						
5	凝结水流量	t/h						
6	循环水入口温度	℃						
7	排汽压力（绝对压力）	kPa						
8	排汽温度与循环水出口温度差	℃						
9	真空严密性（在___MW负荷下）	Pa/min						
10	调速系统速度变动率	%						
11	调速系统迟缓率	%						

（九）发电机检修前后主要技术指标

序　号	技　术　指　标	单　　位	修　　前	修　　后
1	漏氢率	%		
2	定子线棒出口风温	℃		
3	定子绕组冷却水进出口温差（最高值）	℃		
4	转子绕组冷却水进出口温差（最高值）	℃		
5	定子线棒层间温度/温差（最高值）	℃		
6	水导电率			

（十）主变压器检修原因____。
检修地点__________，吊检天气__________，环境温度_____℃，相对湿度_____%。
吊罩（芯）检查于___月___日___时___分至___月___日___时___分。
参加吊罩（芯）人员：____。

（十一）热工监督“三率”情况

内　　容	修　　前		修　　后		备　注
	设计数量	投入或正确率	设计数量	投入或正确率	
仪表正确率					
自动投入率					
保护投入率					

（十二）检修工作评语____

____。

三、简要文字总结

（1）施工组织与安全情况。

（2）检修文件包或工序卡或作业指导书应用情况。

（3）检修中消除的设备重大缺陷及采取的主要措施。

（4）设备重大改进内容和效果。

（5）自动、保护、联锁、定值变动情况。

（6）人工和费用的简要分析（包括重大特殊准项目和更改项目）。

（7）检修后尚存在的主要问题及准备采取的对策。

（8）发电机、主变有关试验结果的简要分析。

（9）其他。

附录二十七

检修评价检查表

（按检修过程分组进行检查评价）

接受评价单位：________　　　　评价时间：________

项　目	检查内容	评　价　要　求	检查评价			备注
			优	合格	不合格	
一、检修准备工作评价	（一）是否编制检修管理文件或检修管理手册？	1. 查阅文件、手册等资料：主要内容是否齐全？ 2. 文件发放是否有签字记录？ 3. 组织机构是否齐全？质量验证人员是否明确？ 4. 安全目标、质量目标、工期目标是否明确？ 5. 是否有质量控制点设置、质检计划？ 6. 适用于本次检修的管理制度是否齐全？				
	（二）检修项目计划编制是否齐全？	1. 检查有关资料：各类检修项目、技术监督计划是否齐全？反措项目是否在项目计划中得到落实？ 2. 项目内容是否详细？ 3. 项目负责人是否明确？ 4. 项目是否有工期计划安排？				
	（三）工期控制计划是否可行？	1. 目标工期、节点控制工期是否明确？是否科学合理？ 2. 各级工期网络计划、重点项目补充工期计划、专业配合工期计划、厂家配合计划是否齐全、衔接合理？				
	（四）参加大修工作人员的受控情况	1. 大修组织机构及人员的配备是否齐全？ 2. 参加大修的人员安排是否齐全？各级人员特别是质检是否具备资格？ 3. 各级人员职责、目标和工作标准是否明确？ 4. 是否经过有关培训、授权？ 5. 外来检修人员是否经过安全技术培训、考试合格？				
	（五）基本控制文件情况	控制文件是否齐全，有效？				
	（六）操作性文件准备情况	1. 对资料室、技术部门、检修班组进行检查并查阅文件，各类文件是否齐全、规范，下发落实？ 2. 图纸标准规程是否足够且有效？ 3. 基本控制程序文件是否齐全？ 4. 检修文件包内容覆盖率如何，是否准确？ 5. 特殊或技改项目是否编制了安全技术组织措施？ 6. 是否编制各专业检修工艺纪律？ 7. 定置管理、设备安全隔离操作措施是否齐全？				
	（七）检修物资准备情况	1. 对技术部门、物资部门、检修班组进行调查并查阅文件和质量记录，材料需用计划是否编制，是否符合检修要求？ 2. 是否编制物资采购大纲？ 3. 检修物资到货是否及时？ 4. 检修物资是否有质量控制措施、验收及保管领用制度？				
	（八）工器具的准备情况	1. 安全工器具、常用工器具、测量仪器、特种设备、运输车辆、专用工器具是否齐全、可用？ 2. 计量工器具是否校定合格？安全工器具、特种设备、运输车辆等是否检验合格，是否均有合格证书及检验报告？				

续表

项 目	检查内容	评价要求	检查评价			备注
			优	合格	不合格	
二、检修实施阶段评价	（一）检修现场安全文明管理情况	1. 危险源辨识、风险评价及风险控制的工作是否进行？开展情况如何？				
		（1）安全管理部门是否组织确定了本单位重大危险因素，制定危险源辨识和风险评价的计划、方案，并组织实施？				
		（2）技术管理部门是否组织制定了设备重大危险因素管理方案或控制措施？				
		（3）在机组检修活动的全过程中，包括外包工程的施工活动、临时工作人员以及所有进入作业场所的人员的活动过程中是否开展了对电能、热能、化学能、放射能、生物因素、人机工程因素等七种类型进行危险源辨识？				
		（4）是否采用作业条件危险性评价法对选定危险源辨识的危险因素进行评价？				
		（5）是否根据辨识的危险因素及确定的重大风险，形成《危险源辨识与风险评价结果一览表》、《重大危险因素清单》？				
		（6）安全管理部门是否组织对重大危险因素进行审核、汇总，形成全厂的《危险源辨识与风险评价结果一览》、《重大危险因素清单》，经厂长批准后下发？				
		（7）风险控制措施编制原则是否确定？风险控制措施编制完成后，是否交由检修单位在项目检修过程中实施？检修过程中安全管理部门专工是否定期对安全控制点进行重点监督？是否把控制措施的执行情况作为重点内容进行监督检查？				
		2. 对现场安全管理的基本要求工作是否符合规定？				
		（1）人员着装和安全帽佩戴是否符合《电业安全工作规程》有关要求？				
		（2）高处作业是否使用安全带（存有火种时，使用防火安全带），上下传递物件是否使用绳索，在危险的边沿处工作，临空的一面是否装设安全网或防护栏杆、护板等？				
		（3）在有可能造成高空落物和电气焊作业的下方是否设围栏和安全标志，并设监护人？				
		（4）交叉作业上部是否有防止落物的封闭遮挡措施？交叉作业工作现场一律使用工具袋，不准将材料、工具放在管道上、钢架上、格栅上。				
		（5）在锅炉格栅平台上放置螺丝和零星工具是否使用托盘，做好防止坠落的措施？				
		（6）是否做好防止二次污染措施？凡油系统有工作，必须在地面铺上塑料布，再在上面铺一层胶皮，防止油等液体渗漏到地面。				
		（7）揭开盖板或打开孔洞，是否设置符合防护要求的围栏和护板，并挂安全警告牌？				
		（8）平台栏杆及楼梯扶手是否按要求管理？严禁随意拆除，因工作需要，确需拆除时，须向生产技术部申请，经批准并采取可靠的防止摔跌的安全防护措施后，方可实施。修后应及时恢复原貌				
		3. 检修现场重点安全要求是否符合规定？对九个方面是否按照相应管理规定及管理规范要求制定措施并严格执行？施工临时电源，防异（落）物措施，交叉作业，起重作业，脚手架搭设拆除，设备仪器、工器具、材料、备品备件，防火措施，车辆管理，酸碱工作				

续表

项　目	检查内容	评　价　要　求	检查评价			备注
			优	合格	不合格	
二、检修实施阶段评价	（一）检修现场安全文明管理情况	4. 安全目标制定情况检查				
		（1）是否无人员伤亡、重大火灾及设备损坏事故？				
		（2）是否无10万元以上经济损失事故？				
		（3）是否无人员误操作事故？				
		（4）是否未发生各种违章？				
	（二）检修现场定置管理情况	1. 检修现场定置管理必须包含的以下几项重点内容是否落实：				
		（1）进出场通道布置是否符合要求？				
		（2）设备和备品、材料的摆放和标识是否符合要求？				
		（3）工具箱的摆放是否符合要求？现场使用的工具箱应摆放整齐，所有暂时不用的工器具必须按规格、品种进行分类存放在工具箱内。工具箱的摆放地点不应占用通道位置				
		（4）集装箱布置是否符合要求？				
		（5）对暂时存化学危险品集装箱的附加安全要求是否满足？				
		（6）检修电源点的设置是否符合要求？				
		（7）气、水源点的设置是否符合要求？				
		（8）废弃物的管理情况是否符合要求？				
		2. 现场定置管理图是否符合以下要求？定置图绘制以简明、扼要、完整为原则，物形为大概轮廓、尺寸按比例，相对位置要准确，区域划分清晰鲜明。定置图是对生产现场所在物进行定置，并通过调整物品来改善场所中人与物、人与场所、物与场所相互关系的综合反映图。其种类有室外区域定置图，车间定置图，各作业区定置图，仓库、资料室、工具室、计量室、办公室等定置图和特殊要求定置图（如工作台面、工具箱内，以及对安全、质量有特殊要求的物品定置图）				
	（三）现场作业区隔离管理情况	1. 设置作业隔离区的范围，规范隔离区设置的条件和要求是否明确？				
		2. 隔离区布置方式是否满足检修规范的要求？				
		3. 隔离区清洁度是否满足检修规范的要求？工作负责人应确保作业期间作业隔离区内的场地整洁度				
		4. 作业信息牌的悬挂是否实施和规范？				
	（四）检修工艺规程管理情况	1. 检修中检修工艺规程是否与文件包要求一致？				
		2. 检修工艺规程是否覆盖全面？是否得到执行严格？				
	（五）检修质量管理情况	1. 编制的质量控制文件实际工作中是否符合实际需要？				
		2. 质量控制顺利实施是否有组织管理措施保证？				
		（1）机组检修质量管理组织结构是否及时有效地开展工作？				
		（2）会议制度是否得到执行？				
		（3）质量考核制度实际是否得到有效实施？				
		3. 质量控制过程控制是否符合要求？				
		（1）检修实施阶段质量控制情况				

续表

项目	检查内容	评价要求	检查评价			备注
			优	合格	不合格	
二、检修实施阶段评价	（五）检修质量管理情况	1）质量计划中的各项质量控制点是否签证齐全？				
		2）管理和控制检修过程中出现的不符合项是否按流程处理？				
		3）检修活动中质量保证签证工作是否按规定执行？				
		4）特殊过程的控制是否满足特定程序要求？				
		5）QDR是否按规范程序执行？				
		6）修前、修后记录是否及时、真实？				
		7）检修工艺纪律是否得到执行？				
		8）不合格项程序执行是否规范？是否制定了预防措施？				
		（2）修后调试阶段质量控制情况。检修项目必须按文件规定完成最终检验和试验				
		1）再鉴定计划是否完备？执行中是否存在计划与工艺和工期要求不符合的情况？				
		2）再鉴定是否100%完成？				
		3）再鉴定记录是否规范、齐全？				
		4）是否存在返工检修情况？				
		（3）冷态验收与整组启动控制。是否所有影响整组启动的因素均已排除？是否按规定要求进行冷态验收？冷态验收是否合格？整组启动试验是否正常并记录完整？				
	（六）检修文件包使用情况	1. 编制的检修文件包的内容是否全面，是否符合设备的实际情况？				
		2. 文件包执行是否规范？特别是检修工序是否按要求打勾、记录？				
		3. 文件包在执行过程中是否出现了异常项？				
		4. 文件包整理				
		（1）手签文件包整理，所有要求的签字是否无遗漏？				
		（2）文件包电子版整理是否根据手签文件包内容，将文件包整理成WORD文档？关闭后的“不合格报告”作为检修报告、设备再鉴定单等附件是否齐全？				
		（3）检修文件包中空白表格或没用表格是否清理掉？				
		5. 文件包验收与关闭：工作负责人是否在设备再鉴定结束后24h内填好检修报告，并将文件包送技术管理部门审查签字认可后将文件包关闭？				
	（七）检修工期控制情况	1. 编制检修网络工期计划在实际执行中是否合理？				
		2. 大修组织机构是否认真履行职责，统一指挥和协调，及时进行检修工期进度调整和控制？				
		3. 机组检修工期考核机制执行是否有效？				
		4. 检修工期是否按计划或提前完成？关键路径工期是否按时完成？各项目工期配合是否合理？				
	（八）检修费用管理情况	1. 是否建立健全预算管理体系，增强预算约束的刚性，保证费用支出不超预算安排？				

续表

项　目	检查内容	评价要求	检查评价			备注
			优	合格	不合格	
二、检修实施阶段评价	（八）检修费用管理情况	2. 是否严格执行费用计划？不得随意调整计划项目及安排计划外费用				
		3. 费用管理是否规范，节奖超罚？				
		4. 应加强成本控制、资金管理，采取费用定额管理、物资需用计划的多级审核、物资集团采购等有效手段，合理控制费用支出，实现检修费用管理的规范化、定额化、精细化				
三、发电设备检修总结阶段指标评价	（一）检修竣工、总结及评估情况	1. 是否及时提交了机组检修竣工报告？				
		2. 是否及时按要求进行了检修总结？				
		3. 是否进行了检修效果评估工作、机组修后热力试验工作、机组热态验收工作？				
	（二）修后检修资料整理和归档情况	1. 总结文件是否分类齐全？				
		2. 检修资料整理是否分工明确，整理及归档符合要求？				
	（三）修后指标评估情况	1. 检修技术经济类指标评价。修前修后性能试验是否按时进行？经济类指标发电厂用电指标、发电煤耗、辅机单耗、锅炉、汽轮机、电气小指标、技术类指标，锅炉、汽轮机、发电机检修后主要技术指标是否达到目标值？是否进行了检修前后比较分析？				
		2. 费用类指标的评价。设备材料、人工费用、消耗性材料等统计是否在检修文件包中完全、细致记录？大修资金控制是否在批复计划资金范围内？超支的项目是否统计和原因分析是否进行？				
		3. 可靠性指标评价（机组主要可靠性指标、辅机可靠性指标等）				
		（1）机组大修后连续运行天数是否达到目标？				
		（2）机组主机和辅机可靠性指标是否正确统计？是否达到目标要求？对存在的问题是否进行了原因分析？				
		4. 热工“三率”、电气仪表正确率、保护动作正确率是否正确统计？是否达到目标要求？对存在的问题是否进行了原因分析？				
	（四）大修后资料修编情况	1. 规程修编：是否结合检修情况、设备再鉴定以及运行调试结果，对相关检修规程、运行规程的内容进行修编？是否结合大修中完成的更改项目及设备（系统）异动竣工报告以及出现的异常项，编制或修编相关检修、运行规程？				
		2. 工作包修编：是否结合文件包实际使用中出现的问题以及承包商的经验反馈，从工作程序、质量标准、物料准备以及工时定额等方面对文件包进行修编，逐步完善标准项目工作包，从而逐步建立并充实标准项目检修工作文件包库，方便以后的检修工作？				
		3. 图纸修编：是否根据大修过程中发现的与现场实际不相符的情况，对相关图纸进行修改？				
		4. 设备台账录入：以下内容是否根据项目检修情况全面录入（包括设备规范，主要附属设备规范，检修经历，事故、障碍、重大异常记录，设备变更、异动记录，设备评定级记录，设备投产前说明）？台账录入是否及时？根据设备在大修中所进行的检修项目的不同，对台账中的不同内容进行输入。对于只进行了标准项目检修的设备，台账输入的主要内容有检修经历和设备评定级记录等。对于特殊、更改项目相关的设备，台账输入的主要内容包括设备及其主要附属设备规范、检修经历、设备异动变更记录、设备评定级和设备投产前的说明等				

附录二十八

检修综合评价报告

______厂______机______修评价

检查评价组成员： 组长： 成员：
检修综合指标评价的基本情况：
检查中发现不符合评价指标的不符合项情况：
检查评价结论（含改进建议）：

____年___月___日

附录二十九

检修综合评价不符合项登记表

（不符合检修评价指标）

________厂________机________修评价

序号	不符合项内容	建议处理意见	检　查　人

______年___月___日

附录三十

质量验收统计表

内容	P点			H点			W点			不符合项通知单	品质再鉴定一次合格率（%）	功能再鉴定一次合格率（%）
	合计	合格	不合格率	合计	合格	不合格率	合计	合格	不合格率	合　计		
大修前目标值									*%		*%	*%
实际完成数												
评价												

品质再鉴定及功能再鉴定一次合格率计算标准：

$$品质再鉴定一次合格率 = \frac{品质再鉴定设备总数 - 一次不合格设备数}{品质再鉴定设备总数} \times 100\%$$

$$功能再鉴定一次合格率 = \frac{功能再鉴定设备总数 - 一次不合格设备数}{功能再鉴定设备总数} \times 100\%$$

附录三十一

检修项目完成数

内　容	标准项目	特殊项目	技术改造项目	增加项目	减少项目	合　计	备　注
项目计划数							
完成数							
完成百分比（%）							
合格数							
合格百分比（%）							

附录三十二

检修评价主要经济类指标

主要经济指标	大修前同期	大 修 后	同 期 差 值	评 价
发电厂用电［g/（kW·h)］				
发电煤耗（%）				
辅机单耗				
给水泵耗电率（%）				
循环水泵耗电率（%）				
凝结水泵耗电率（%）				
引风机耗电率（%）				
送风机耗电率（%）				
排粉机耗电率（%）				
磨煤机耗电率（%）				
除灰除尘耗电率（%）				
输煤系统耗电率（%）				
化水系统耗电率（%）				
脱硫系统耗电率（%）				
补水率（%）				

附录三十三

检修评价技术类指标：锅炉检修前后主要运行技术指标（大修后一般应达到设计值）

序号	指标项目	单 位	设计值	修 前	大修目标值	修 后	评 价
1	蒸发量	t/h					
2	过热蒸汽压力	MPa（表压）					
3	过热蒸汽温度	℃					
4	再热蒸汽压力	MPa（表压）					
5	再热蒸汽温度	℃					
6	省煤器进口给水温度	℃					
7	排烟温度	℃					
8	氧量	（%）					
9	过剩气系数	—					
10	锅炉出口						
11	飞灰可燃物	%					
12	灰渣可燃物	%					
13	锅炉总效率	%					
14	蒸汽含盐量	mg/L					
15	空气预热器出口一次风温	℃					
16	空气预热器出口二次风温	℃					
17	空气预热器漏风率	%					
18	空气预热器烟气阻力	Pa					
19	电除尘投入率	100%					
20	除尘效率	>%					

附录三十四

检修评价技术类指标：汽轮机检修前后主要运行技术指标

<table>
<tr><th>序号</th><th>指 标 项 目</th><th>单 位</th><th colspan="3">修 前</th><th colspan="3">大修目标</th><th colspan="3">修 后</th><th>评价</th></tr>
<tr><td>1</td><td>在额定参数下最大出力</td><td>MW</td><td colspan="3"></td><td colspan="3"></td><td colspan="3"></td><td></td></tr>
<tr><td rowspan="6">2</td><td>各主轴承（或轴）振动值（包括发电机）</td><td>mm</td><td rowspan="6">⊥</td><td rowspan="6">—</td><td rowspan="6">⊙</td><td rowspan="6">⊥</td><td rowspan="6">—</td><td rowspan="6">⊙</td><td rowspan="6">⊥</td><td rowspan="6">—</td><td rowspan="6">⊙</td><td></td></tr>
<tr><td>号轴承（或轴）</td><td></td><td></td></tr>
<tr><td>号轴承（或轴）</td><td></td><td></td></tr>
<tr><td>……</td><td></td><td></td></tr>
<tr><td>……</td><td></td><td></td></tr>
<tr><td></td><td></td><td></td></tr>
<tr><td rowspan="3">3</td><td>效率</td><td></td><td colspan="3"></td><td colspan="3"></td><td colspan="3"></td><td></td></tr>
<tr><td>（1）汽耗率</td><td>kg/（kW·h）</td><td colspan="3"></td><td colspan="3"></td><td colspan="3"></td><td></td></tr>
<tr><td>（2）热耗率</td><td>kJ/（kW·h）</td><td colspan="3"></td><td colspan="3"></td><td colspan="3"></td><td></td></tr>
<tr><td rowspan="3">4</td><td>凝汽器特性</td><td></td><td colspan="3"></td><td colspan="3"></td><td colspan="3"></td><td></td></tr>
<tr><td>（1）凝结水流量</td><td>t/h</td><td colspan="3"></td><td colspan="3"></td><td colspan="3"></td><td></td></tr>
<tr><td>（2）循环水入口温度</td><td>℃</td><td colspan="3"></td><td colspan="3"></td><td colspan="3"></td><td></td></tr>
<tr><td rowspan="2">5</td><td>（1）排汽压力</td><td>kPa（绝对压力）</td><td colspan="3"></td><td colspan="3"></td><td colspan="3"></td><td></td></tr>
<tr><td>（2）排汽温度与循环水出口温度差</td><td>℃</td><td colspan="3"></td><td colspan="3"></td><td colspan="3"></td><td></td></tr>
<tr><td>6</td><td>真空严密性（在____MW负荷下）</td><td>Pa/min</td><td colspan="3"></td><td colspan="3"></td><td colspan="3"></td><td></td></tr>
<tr><td rowspan="3">7</td><td>调速系统特性</td><td></td><td colspan="3"></td><td colspan="3"></td><td colspan="3"></td><td></td></tr>
<tr><td>（1）速度变动率</td><td>%</td><td colspan="3"></td><td colspan="3"></td><td colspan="3"></td><td></td></tr>
<tr><td>（2）迟缓率</td><td>%</td><td colspan="3"></td><td colspan="3"></td><td colspan="3"></td><td></td></tr>
</table>

附录三十五

检修评价技术类指标：发电机检修前后主要技术指标

序号	技　术　指　标	单　位	修　前	大修目标值	修　后	评　价
1	漏氢率	%				
2	定子线棒出口风温	℃				
3	定子绕组冷却水进出口温差（最高值）	℃				
4	转子绕组冷却水进出口温差（最高值）	℃				
5	定子线棒层间温度/温差（最高值）	℃				
6	水导电率					
7	备注					

附录三十六

检修费用类指标的评价表

项　目	材　料	人工 （含外包费用）	其他费用	合　计	备　注
计　划					
实　际					
比例% （计划/实际）					
评　价					

附录三十七

检修分项费用统计

万元

专业	标准费用		特殊费用		技改费用		备注
	计划	实际	计划	实际	计划	实际	
锅炉							
汽轮机							
电气							
热控							
除灰							
其他							
合计							
评价							

附录三十八

可靠性类指标：机组主要可靠性指标

指标 统计时间	出力系数（%）	运行系数（%）	等效可用系数（%）	等效强迫停运率（%）	非计划停运率（%）	非计划停机次数	运行暴露率（%）	备注
××××年大修后—××××年大修前（上一次大修后）								
××××年大修后—××××年×月（本次大修）								
大修后较大修前指标增（+）减（−）								
大修目标值								
与大修目标值增（+）减（−）								
评价								

附录三十九

可靠性类指标：辅机可靠性指标

指标 / 统计时间	可用系数（%）	非计划停运率（%）	故障率［次/（台·年）］	备　注
××××年大修后—××××年大修前（上一次大修后）				
××××年大修后—××××年×月（本次大修）				
大修后较大修前指标增（+）减（−）				
大修目标值				
与大修目标值增（+）减（−）				
评　价				

附录四十

热工监督“三率”情况

内　容	修　前		大修目标值		修　后		评　价	
	设计数量（套、块）	投入或正确率（%）	数量（套、块）	投入或正确率（%）	设计数量（套、块）	投入或正确率（%）	设计数量（套、块）	投入或正确率（%）
仪表正确率								
自动投入率								
保护投入率								

附录四十一

电气仪表正确率、保护动作正确率

内　容	修　前		大修目标值		修　后		评　价	
	电气仪表	电气保护	电气仪表	电气保护	电气仪表	电气保护	电气仪表	电气保护
投入率								
正确率								

参考文献

1. 发电企业设备检修导则．中华人民共和国电力行业标准（DL/T 838—2003），2003 年
2. 火力发电企业设备点检定修管理导则．中华人民共和国电力行业标准化指导性技术文件（DL/Z 870—2004），2004 年
3. 李葆文，徐保强编著．规范化的设备维修管理 SOON. 北京：机械工业出版社，2006 年
4. 倪瑞龙主编．点检定修工作手册．北京：中国电力出版社，2006 年
5. （英）莫布雷著．以可靠性为中心的维修．北京：机械工业出版社，2000 年
6. 萧国泉，李泓泽主编．电力企业经济管理．北京：中国电力出版社，2000 年
7. 沈永刚编．现代设备管理．北京：机械工业出版社，2000 年
8. 鲍定赏主编．发电设备检修质量管理．北京：中国电力出版社，2005
9. 中国建设监理协会组织编写．建设工程质量控制．北京：中国建设工业出版社，2003
10. 黄晓飞．核电站大修项目计划管理的新方法．项目管理技术，总第 26 期
11. 工艺管理导则．中国机械行业标准（JB/T 9169）．10—1998
12. 周宝欣主编．火力发电厂生产技术管理．北京：中国电力出版社，2005 年
13. 施明融．发电厂设备检修管理改革刍议．中国电力，2002，35（增刊）